U0299163

天津市科协资助出版

现代应用物理学丛书

太阳电池器件物理

〔美〕Stephen Fonash 著

张晓丹　刘一鸣　倪　牮　译
吴春亚　校

科　学　出　版　社
北　京

图字：01-2016-0921

内 容 简 介

　　纳米材料和纳米结构之应用于太阳电池，为其进一步发展提供了可能。为此原作者在《太阳电池器件物理(原著第 2 版)》中增添了对纳米结构和纳米材料，如量子点，在太阳电池中应用的阐述，这些研究可以促使太阳电池更富成本低廉及效率提高。本书首先介绍了太阳能电池器件的基础，然后讲述了光伏能量转换的物理机制、太阳电池材料与结构、同质结太阳电池、半导体与半导体异质结电池以及表面势垒太阳电池，乃至近几年发展起来的染料敏化电池与有机电池。此外，作者把理论中的方程式放到了附录当中，以提高本书的易读性。更进一步，作者利用 AMPS 计算机代码进行仿真模拟，验证了太阳电池器件的物理原理，且为新型电池的材料与结构设计提供指导。

　　本书适合作为高等院校高年级学生、研究生、教师的教材或参考书，也适合作为工作在光伏电池、光电子器件科学与相关技术领域的科研人员、工程技术人员的参考书。

This edition of *Solar Cell Device Physics* by Stephen Fonash is published by arrangement with **ELSEVIER INC.**, a Delaware corporation having its principal place of business at 360 Park Avenue South, New York, NY 10010, USA.
本书英文版 *Solar Cell Device Physics*，作者 Stephen Fonash，由 **ELSEVIER INC.**出版，地址 360 Park Avenue South，纽约，NY 10010，美国。

图书在版编目（CIP）数据

　　太阳电池器件物理 ／（美）福纳什（Stephen Fonash）著；张晓丹，刘一鸣，倪牮译. —北京：科学出版社，2016.6
　　（现代应用物理学丛书）
　　书名原文：Solar Cell Device Physics
　　ISBN 978-7-03-049334-7

　　I. ①太… II. ①福…②张…③刘…④倪… III. ①太阳能电池-元器件-物理性质 IV. ①TM914.401

　　中国版本图书馆 CIP 数据核字（2016）第 150950 号

责任编辑：钱　俊　田轶静／责任校对：彭　涛
责任印制：张　伟／封面设计：楠竹文化

科 学 出 版 社 出版
北京东黄城根北街 16 号
邮政编码：100717
http://www.sciencep.com

北京中石油彩色印刷有限责任公司 印刷
科学出版社发行　各地新华书店经销
*
2016 年 7 月第 一 版　　开本：720×1000　B5
2019 年 1 月第三次印刷　　印张：19 3/4
字数：360 000

定价：128.00 元
（如有印装质量问题，我社负责调换）

译 者 序

Stephen Fonash 是美国宾夕法尼亚州立大学（Pennsylvania State University）资深教授兼工程科学主席，现任宾夕法尼亚州纳米技术教育与应用中心主任，美国国家科学基金会纳米技术先进技术教育中心主任，美国电器和电子工程师学会会士与电化学学会会士。Stephen Fonash 教授在太阳电池研发领域有着极为丰富的经验。他的著作《太阳电池器件物理》是太阳电池物理领域的经典之作，所研发的太阳电池模拟软件 AMPS 目前在全球范围已有超过 800 个课题组在使用。Stephen Fonash 教授拥有 29 项专利，多数已经授权给工业界，还是两家公司的创办者之一。

随着太阳电池研究的发展，各类传统亦或新型的电池不断取得效率的突破。但究其成长速度，对这类器件的理论认识却尚存不足，深感普及太阳电池器件物理的基本理论，责无旁贷。为此，我们选择 Stephen Fonash 教授再版的 *Solar Cell Device Physics* 一书的电子版（2011 年）进行了翻译。纸质的第一版始于 1981 年，历经近三十年的积淀，他进行了再版。相信熟读该书，会对促进太阳电池的研究具有重要意义。

本书的特点是：以太阳电池能量转换的基本原理为出发点，分别对太阳电池的材料特性和器件物理基础进行了阐述。探讨了太阳电池的结构、关键材料等在光伏转换过程中的作用机理和影响，并且重点围绕着同质结的太阳电池和异质结的太阳电池进行了系统的理论分析。最后也讨论了表面势垒和染料敏化新型太阳电池。本书对于光伏领域的研究人员具有非常重要的指导意义。

博士生刘伯飞、王奉友、方家和王烁参与了第四章、第五章的初译；刘一鸣博士后和丁毅副教授对第四章和第五章、熊绍珍教授对第六章和第七章进行了初校，全书由吴春亚就语序及词句的统一，以及物理内涵进行了最终校对。科学出版社的钱俊先生为本书的编辑和出版也贡献颇多。我们向他(她)们表示由衷的感谢。

由于译者水平有限，书中不免存在不妥和疏漏之处，恳请广大读者和同行批评指正。

译校者

2016 年 5 月于南开大学电子信息与光学工程学院

中文版序言

    我十分高兴我的著作——《太阳电池器件物理》（第2版），现在推出了中文版本。我写此书的初衷，是想以言简意赅的方式，诠释太阳电池（以及光电探测器）运行背后所涉及的材料与器件的物理原理。我很欣慰此书已经被全世界的大学师生和工业界研究者们采纳，用以实现这个目标。

    太阳电池的工作机理十分复杂，它的准费米能级、光生载流子产生与复合、陷阱俘获、静电势、漂移扩散等现象全部发生在一个"黑箱"当中，而此"黑箱"的电极处又具有例如热电子发射、隧穿效应等界面现象。为了引导读者理解其中丰富的物理内涵，《太阳电池器件物理》独特地采用了 AMPS 计算机程序作为教学工具。该 AMPS 程序是由我在宾夕法尼亚州立大学的团队研发，并应用在了本书的所有器件物理章节当中，以帮助读者领会。AMPS 软件与《太阳电池器件物理》一书皆已发行，是理解与设计太阳电池结构的有力工具。

    在众多对我太阳电池研究和教学作出贡献的研究生和访问学者当中，很多人来自中国。他们当中包括侯靖亚博士、纪立明博士，二人皆为博士后，还有朱虹博士与一位在读博士生。在这群人中还有刘一鸣博士，我与他的愉快互动已经进行了多年。曾对《太阳电池器件物理》作出过贡献的他们，现在能够通过母语看到自己的影响，这是一件多么美妙的事情。

Stephen J. Fonash

2016 年 1 月

Preface to the Chinese Language Edition

I am very pleased to have my book *Solar Cell Device Physics*, 2nd edition, now available in the Chinese language. I wrote the book with the goal of explaining clearly and concisely the material and device physics principles behind solar cell, and by inference, photodetector operation. I am delighted that the book is considered by students, faculty, and industry researchers around the world to have met that goal.

Solar cell operation can be complex with its quasi-Fermi levels, photogeneration, recombination, trapping, electrostatics, drift, and diffusion all taking place in a "box" with interface phenomenon such as thermionic emission and tunneling at its contacts. To guide the reader in understanding this rich physics *Solar Cell Device Physics* is unique in its incorporation of the AMPS computer code as a teaching tool. This AMPS transport code, developed by my group at Penn State, is integrated into all the device physics chapters to enhance comprehension. Both AMPS and *Solar Cell Device Physics* are offered as tools for understanding and designing solar cell structures.

Among the many graduate students and visiting scholars who have contributed to my solar cell research and teaching approach, a number have been from China. These include Dr. Jingya Hou and Dr. Liming Ji, both post-doctoral scholars, and Dr. Hong Zhu, a Ph. D. student while at Penn State. Also in this group is Dr. Yiming Liu. I have had the pleasure of interacting with him now for several years. It is very appropriate that these people who made contributions to *Solar Cell Device Physics* now can see the impact of their influence in their native language.

Stephen J. Fonash

Jan, 2016

原 书 序 言

如同《太阳电池器件物理》的第一版，本书着重关注的是光伏器件当中的材料、结构与器件物理机制。自从第一版发行以来，光伏领域产生了许多新的事物，比如出现了激子电池与纳米技术。捕获这些前沿进展的精华，使写作变得不仅有趣而且富有挑战，其结果就是《太阳电池器件物理》这本书几乎又重写了一遍。对于所有的太阳电池进展，新版在全书中贯穿了一个统一的方针。例如，此统一方针强调了所有的太阳电池，无论基于产生激子的光吸收还是基于直接产生电子-空穴对的光吸收，都需要具有一个打破自由电子、空穴对称性的结构。此对称性破缺是太阳电池能够产生电力的根本要求。本书的观点认为，此对称性破缺的产生，可以缘于内建静电场，或者态密度分布（能级位置、数量或兼具二者）空间变化而导致的有效场。静电场是经典 pn 结硅太阳电池所使用的方法，而有效场则是例如染料敏化电池所采用的方法。

为了理解并探索器件物理机制，本版同时运用了解析方法与数值方法分析各种太阳电池结构。解析分析的诸多细节放在了附录当中，从而使方程的推导不会妨碍物理思路的展开。数值分析则使用了作者课题组研发并被广泛使用的软件 AMPS。在本书中，AMPS 用在了引言部分以促进理解光伏作用的机理。它也用在了专门讲述不同电池类型的章节，以详细考察从无机 pn 结电池到有机异质结和染料敏化电池的所有类型的太阳电池。计算机仿真给出了电池的暗态与亮态电流电压曲线，然而更重要的是，它"撬开"了电池的内部构造，从而可以细致地考察当前工作状态下的电流分量、电场和复合等相关信息。此书中讨论的各种示例可以通过访问 AMPS 网站(www.ampsmodeling.org)获得。希望读者可以更加细致地分析这些数值模拟案例，并且有可能将他们用作进一步探索器件物理的工具。

需要注明的是，作者习惯的一些特定表达方式也潜入了本书中。比如，许多著作使用 q 作为基本电子电量，而此书则使用符号 e 来代替。还有随机热能的度量 kT，书中每处使用的单位都是电子伏特(eV，室温下为 0.026 eV)。这意味着在其他书中写成 $e^{qV/kT}$ 的项，在此书中则为 $e^{V/kT}$，其中 V 的单位为 V，kT 的单位为电 eV。这也意味着，诸如与空穴扩散系数 D_p 与迁移率 μ_p 有关的爱因斯坦关系式，在本书中写成 $D_p = kT\mu_p$。

随着可替代能源重要性的持续增长，光伏也会继续快速地发展。本书不旨在综述我们目前取得的成就或进展如何，尽管这些内容在器件章节会简要涉及。本书的目的是传授基础理论知识，使读者能够跟上此令人兴奋领域的不断发展，并为之作出相应的贡献。

致　谢

　　本书第一版源于作者给宾夕法尼亚州立大学研究生讲授的太阳电池课程。它很大程度上受益于参加过此课程的许多学生的意见。我们课题组的所有学生与博士后也在不同程度上对本书作出了贡献。其中 Joseph Cuiffi 博士对本书的数值模拟部分提供了极大的帮助。

　　同时也很感谢 Lisa Daub, Darlene Fink 以及 Kristen Robinson 所作的努力。他们在图表和参考文献方面提供了出色的协助。Travis Benanti 博士，Wook Jun Nam 博士，Amy Brunner 以及 Zac Gray 在从校阅到制图的许多事情上作出了重要贡献。所有这些人以及其他很多人的帮助，使得本书得以顺利完成。在我的妻子 Joyce 的鼓励与支持下，本书得以出版。

符 号 列 表

符号	描述（单位）
α	吸收系数 $(\text{nm}^{-1}, \text{cm}^{-1})$
β_1	n 型准中性区长度与空穴扩散长度之比的无量纲参数
β_2	n 型准中性区长度与吸收长度之比的无量纲参数
β_3	受光表面空穴复合速率与 n 区空穴扩散–复合速率之比的无量纲参数
β_4	直至 p 型准中性区开始位置的光吸收层厚度与吸收长度之比的无量纲参数
β_5	p 型准中性区长度与电子扩散长度之比的无量纲参数
β_6	p 型准中性区长度与吸收长度之比的无量纲参数
β_7	背表面电子复合速率与电子扩散–复合速率之比的无量纲参数
γ	带间复合强度系数 $(\text{cm}^3 \cdot \text{s}^{-1})$
Δ	界面偶极子导致的能量转移大小(eV)
Δ	DSSC 中的染料分子层厚度(nm)
Δ	多晶材料的晶粒大小(nm)
Δ_C	异质结两材料间的导带边失调值(eV)
Δ_V	异质结两材料间的价带边失调值(eV)
$\Phi_0(\lambda)$	以波长为变量、每单位带宽所含的光子数目 $(\text{m}^{-2} \cdot \text{s}^{-1} \cdot \text{带宽}^{-1}$, 带宽以 nm 为单位)
Φ_B	M-S 或 M-I-S 结构的肖特基势垒高度(eV)
Φ_BI	M-I-S 结构中位于半导体表面的 n 型材料 E_C 与 E_F 能量之差或 p 型材料 E_F 与 E_V 能量之差(eV)
Φ_C	计入了反射和吸收影响的材料入射光通量 $(\text{m}^{-2} \cdot \text{s}^{-1} \cdot \text{带宽}^{-1}$, 此处带宽以 nm 为单位)
Φ_W	材料的功函数(eV)
Φ_WM	金属的功函数(eV)
Φ_Wn	n 型半导体的功函数(eV)
Φ_Wp	p 型半导体的功函数(eV)
ε	介电常数(F/cm)

η	器件能量转换效率（%）
λ	光子或声子的波长(nm)
μ_{Gi}	位于定域隙态上的载流子的迁移率(cm²/（V·s）)
μ_n	电子迁移率(cm²/（V·s）)
μ_p	空穴迁移率(cm²/（V·s）)
ν	电磁辐射频率(Hz)
ξ	电场强度(V/cm)
ξ_0	热平衡时的电场强度(V/cm)
$\xi_n{}'$	电子有效力场(V/cm)
$\xi_p{}'$	空穴有效力场(V/cm)
ρ	电荷密度(C/cm³)
σ_n	定域态对电子的俘获截面(cm²)
σ_p	定域态对空穴的俘获截面(cm²)
τ_E	激子寿命(s)
τ_n	p 型材料电子寿命(以 $\tau_n{}^R$, $\tau_n{}^L$, $\tau_n{}^A$ 指代)(s)
$\tau_n{}^A$	p 型材料电子俄歇寿命(s)
$\tau_n{}^L$	p 型材料电子 S-R-H 复合寿命(s)
$\tau_n{}^R$	p 型材料电子辐射复合寿命(s)
τ_p	n 型材料空穴寿命(以 $\tau_n{}^R$, $\tau_n{}^L$, $\tau_n{}^A$ 指代)(s)
$\tau_p{}^A$	n 型材料空穴的俄歇寿命(s)
$\tau_p{}^L$	n 型材料空穴的 S-R-H 复合寿命(s)
$\tau_p{}^R$	n 型材料空穴的辐射复合寿命(s)
χ	电子亲和势(eV)
a	晶格常数(nm)
A_{abs}	吸收率
A^*	有效理查德森常数(对自由电子为 120A/(cm²·K²)) (A/(cm²·K²))
$A_{1A}{}^A$	图 2.18（a）中所示俄歇复合速率常数(cm⁶/s)
$A_{1B}{}^A$	图 2.18（b）中所示的俄歇复合速率常数(cm⁶/s)
$A_{1C}{}^A$	图 2.18（c）中所示的俄歇跃迁速率常数(cm⁶/s)
$A_{1D}{}^A$	图 2.18（d）中所示的俄歇跃迁速率常数(cm⁶/s)
$A_{1E}{}^A$	图 2.18（e）中所示的俄歇跃迁速率常数(cm⁶/s)
$A_{1F}{}^A$	图 2.18（f）中所示的俄歇跃迁速率常数(cm⁶/s)
$A_{2A}{}^A$	对应图 2.18（a）的俄歇产生速率常数(s⁻¹)
$A_{2B}{}^A$	对应图 2.18（b）的俄歇产生速率常数(s⁻¹)

A_C	聚光电池中收集光子的太阳电池面积(cm^2 或 m^2)
A_C	用于态密度模型 $g_{eC}(E) = A_C(E-E_C)^{1/2}$ ($\text{cm}^{-3} \cdot \text{eV}^{3/2}$)
A_S	聚光电池中产生电流的太阳电池面积(cm^2 或 m^2)
A_V	用于态密度模型公式 $g_{e}v(E) = A_V(E_V-E)^{1/2}$ ($\text{cm}^{-3} \cdot \text{eV}^{3/2}$)中的前因子
c	光速(2.998×10^{17} nm/s)
d	表示器件中的距离或位置(cm,nm)
D_E	激子扩散系数(cm^2/s)
D_n	电子扩散系数或扩散率(cm^2/s)
$D_n{}^T$	电子热扩散(Soret)系数(cm^2/(K·s))
D_p	空穴扩散系数或扩散率(cm^2/s)
$D_p{}^T$	空穴热扩散(Soret)系数(cm^2/(K·s))
e	电子电量(1.6×10^{-19}C)
E	电子、光子或声子的能量(eV)
E_C	导带边能级,有机半导体中通常称为 LUMO(eV)
E_{Fn}	随空间变化的电子准费米能级(eV)
E_{Fp}	随空间变化的空穴准费米能级(eV)
E_{gm}	迁移率带隙(eV)
E_G	禁带宽度(eV)
E_{pn}	声子能量(eV)
E_{pt}	光子能量(eV)
E_0	Franz-Keldysh 效应模型中的能量系数,用 $E_0 = \frac{3}{2}(m^*)^{-1/3}(e\hbar\zeta)^{2/3} \times 6.25 \times 10^{18}$ 表示,其中 $m^*, \hbar, \zeta$ 使用 MKS 单位(eV)
E_V	价带边能级,有机半导体中通常称为 HOMO(eV)
E_{VL}	真空能级(eV)
F_e	电子的总作用力 $F_e = -e[\xi - (\text{d}\chi/\text{d}x) - kT_n(\text{d}\ln N_C/\text{d}x)]$ [计算时所有项使用 MKS 单位。来源于电场和电子有效电场](N)
F_h	空穴的总作用力 $F_h = e\{\xi - [\text{d}(\chi+E)/\text{d}x] + kT_p(\text{d}\ln N_V/\text{d}x)\}$ [计算时所有项使用 MKS 单位。来源于电场和空穴有效电场](N)
$g_A{}^A$	图 2.18(a)中所示俄歇过程的载流子热产生率($\text{cm}^{-3} \cdot \text{s}^{-1}$)
$g_B{}^A$	图 2.18(b)中所示俄歇过程的载流子热产生率($\text{cm}^{-3} \cdot \text{s}^{-1}$)
$g(E)$	单位体积的能态密度($\text{eV}^{-1} \cdot \text{cm}^{-3}$)

$g_e^C(E)$	单位体积的导带态密度($\text{eV}^{-1}\cdot\text{cm}^{-3}$)
$g_e^V(E)$	单位体积的价带态密度($\text{eV}^{-1}\cdot\text{cm}^{-3}$)
$g_{pn}(E)$	声子态密度($\text{eV}^{-1}\cdot\text{cm}^{-3}$)
g_{th}^R	单位时间单位体积由于带间跃迁的导带电子和价带空穴的热产生率($\text{cm}^{-3}\cdot\text{s}^{-1}$)
$G(\lambda,x)$	过程 3~5(图 2.11)中单位时间单位体积材料单位带宽的吸收次数($\text{cm}^{-3}\cdot\text{s}^{-1}\cdot\text{nm}^{-1}$)
G'	激子产生速率($\text{cm}^{-3}\cdot\text{s}^{-1}$)
G_n''	代表任何电子的产生速率($\text{cm}^{-3}\cdot\text{s}^{-1}$)
G_p''	代表任何空穴的产生速率($\text{cm}^{-3}\cdot\text{s}^{-1}$)
$G_{ph}^n(\lambda,x)$	单位时间单位体积材料、单位带宽的自由电子产生率($\text{cm}^{-3}\cdot\text{s}^{-1}\cdot\text{nm}^{-1}$)
$G_{ph}^p(\lambda,x)$	单位时间单位体积材料、单位带宽的自由空穴产生率($\text{cm}^{-3}\cdot\text{s}^{-1}\cdot\text{nm}^{-1}$)
$G_{ph}(\lambda,x)$	单位时间单位体积材料、单位带宽的自由载流子产生率($\text{cm}^{-3}\cdot\text{s}^{-1}\cdot\text{nm}^{-1}$)[当 $G_{ph}^n(\lambda,x)= G_{ph}^p(\lambda,x)$ 时使用]
h	普朗克常量($4.14\times10^{-15}\ \text{eV}\cdot\text{s}$)
$\hbar$	普朗克常量除以 2π($1.32\times10^{-15}\ \text{eV}\cdot\text{s}$)
$I(\lambda)$	入射到器件上的光通量($\text{cm}^{-2}\cdot\text{s}^{-1}$)
I	器件产生的电流(A)
I	单位界面上激子分离速率($\text{cm}^{-2}\cdot\text{s}^{-1}$)
$I(x)$	穿越材料的光密度(以单位面积单位带宽的光子数计)($\text{cm}^{-2}\cdot\text{s}^{-1}\cdot\text{nm}^{-1}$)
I_0	入射光密度(单位面积单位带宽的光子数)($\text{cm}^{-2}\cdot\text{s}^{-1}\cdot\text{nm}^{-1}$)
J	电流密度;从器件终端流出的电流密度(A/cm^2)
J_0	多步隧穿模型的前指数项 $J_{MS}=-J_0e^{BT}e^{AV}$(A/cm^2)
J_{DK}	暗态电流密度 (A/cm^2)
J_{FE}	源自结区场发射的界面电流密度 (A/cm^2)
J_I	界面复合电流模型中的前因子(参见 $J_I(e^{V/n_ikT}-1)$)(A/cm^2)
J_{IR}	源自缺陷辅助界面复合的界面电流密度(特别是异质结界面复合损失的电流密度)(A/cm^2)
J_{mp}	最大功率点时的电流密度(A/cm^2)
J_{MS}	结区源自多步隧穿的电流密度(A/cm^2)
J_n	传统电子(导带)电流密度 (A/cm^2)
J_{OB}	界面处越过能量势垒的电流密度 (A/cm^2)

J_p	传统空穴（价带）电流密度 (A/cm^2)
J_{SB}	光态下背电极复合损失的电流密度 (A/cm^2)
J_{SB}^D	暗态下背电极复合损失的电流密度 (A/cm^2)
J_{sc}	短路电流密度 (A/cm^2)
J_{SCR}	空间电荷复合电流密度模型中的前因子 （参见 $J_{SCR}(e^{V/n_{SCR}kT}-1)$）$(A/cm^2)$
J_{ST}	光态下顶电极复合损失的电流密度 (A/cm^2)
J_{ST}^D	暗态下顶电极复合损失的电流密度 (A/cm^2)
k	玻尔兹曼常量$(8.7\times10^{-5}\,eV/K)$
$\boldsymbol{k}$	光子、声子和电子的波矢(nm^{-1})
$k_\parallel$	与结面平行的波矢分量(nm^{-1})
L_{ABS}	吸收长度(本书中定义为可吸收 85%入射光所需的材料厚度) $(\mu m, nm)$
L_C	光生载流子的收集长度 $(\mu m, nm)$
L_E^{Diff}	激子扩散长度 (nm)
L_n	电子扩散长度 $(\mu m, nm)$
L_n^{Drift}	电子漂移长度 (nm)
L_p	空穴扩散长度 $(\mu m, nm)$
L_p^{Drift}	空穴漂移长度 (nm)
LUMO	最低未被占据分子轨道(能级)(eV)
m^*	电子有效质量(kg)
n	单位体积导带自由电子数(cm^{-3})
n	二极管理想（或品质）因子
n_0	热平衡态单位体积导带自由电子数(cm^{-3})
n_i	本征载流子浓度(cm^{-3})
n_I	界面复合模型（$J_I(e^{V/n_IkT}-1)$）中的二极管理想（或品质）因子
n_1	由公式 $n_1=N_Ce^{-(E_C-E_T)/kT}$ 定义，其中 E_T 为参与 S-R-H 复合中的隙态能级位置(cm^{-3})
n_{p0}	热平衡时 p 型材料的电子数 (cm^{-3})
n_{SCR}	空间电荷复合模型（$J_{SCR}(e^{V/N_{SCR}kT}-1)$）中的二极管理想（或品质）因子
n_T	单位体积被电子占据的，位于某个能级 E 的受主态数目 (cm^{-3})
$\tilde{n}_T$	单位体积被电子占据的，位于某个能级 E 的能态数目 (cm^{-3})
N_A	受主掺杂密度(cm^{-3})

N_A^-	单位体积电离的掺杂受主数目(cm^{-3})
N_C	导带有效状态密度(cm^{-3})
N_D	施主掺杂密度(cm^{-3})
N_D^+	单位体积电离的掺杂施主数目(cm^{-3})
N_I	界面处位于某能级 E 处的缺陷态密度(cm^{-3})
N_T	位于某能级 E 处的隙态密度(cm^{-3})
N_{TA}	位于某能级 E 的受主型隙态密度(cm^{-3} 或 cm$^{-3}\cdot$eV^{-1})
N_{TD}	位于某能级 E 的施主型隙态密度(cm^{-3} 或 cm$^{-3}\cdot$eV^{-1})
N_V	价带有效态密度
p	单位体积价带自由空穴数(cm^{-3})
p_0	热平衡时单位体积价带自由空穴数(cm^{-3})
p_D	DSSC 中光生染料分子空穴数(cm^{-3})
p_{n0}	热平衡时 n 型材料中价带内的自由空穴数 (cm^{-3})
p_1	由公式 $p_1 = N_V e^{-(E_T-E_V)/kT}$ 定义,其中 E_T 为参与 S-R-H 复合的能态位置(cm^{-3})
p_T	单位体积内位于能级 E 处未被电子占据的施主态数目(cm^{-3})
$\tilde{p}_T$	单位体积内位于能级 E 处未被电子占据的能级数目 (cm^{-3})
P_E	单位体积激子数(cm^{-3})
P_{IN}	给定光谱 $\Phi_0(\lambda)$ 入射到电池上的单位面积功率。可由对 $\Phi_0(\lambda)$ 整个光谱进行积分得到(W/cm^2)
P_{OUT}	光照时电池单位面积的输出功率(W/cm^2)
r_A^A	通过图 2.18 路径 a 的俄歇复合速率(cm$^{-3}\cdot$s^{-1})
r_B^A	通过图 2.18 路径 b 的俄歇复合速率(cm$^{-3}\cdot$s^{-1})
r_C^A	通过图 2.18 路径 c 的俄歇跃迁速率(cm$^{-3}\cdot$s^{-1})
r_D^A	通过图 2.18 路径 d 的俄歇跃迁速率(cm$^{-3}\cdot$s^{-1})
r_E^A	通过图 2.18 路径 e 的俄歇跃迁速率(cm$^{-3}\cdot$s^{-1})
r_F^A	通过图 2.18 路径 f 的俄歇跃迁速率(cm$^{-3}\cdot$s^{-1})
$R(\lambda)$	反射的光子流(cm$^{-2}\cdot$s^{-1})
R^{AA}	图 2.18 路径 a 的俄歇过程的净复合率(cm$^{-3}\cdot$s^{-1})
R^{AB}	图 2.18 路径 b 的俄歇过程的净复合率(cm$^{-3}\cdot$s^{-1})
R^L	净 S-R-H 复合速率(cm$^{-3}\cdot$s^{-1})
R^R	净辐射复合速率(cm$^{-3}\cdot$s^{-1})
S_n	电子对泽贝克(Seebeck)系数的贡献,也称为热电动势(eV/K)

S_n	电子表面复合速度(cm/s)
S_p	空穴对泽贝克系数的贡献，也称为热电动势 (eV/K)
S_p	空穴表面复合速度(cm/s)
T	绝对温度(K)
T	透射的光子流($\text{cm}^{-2} \cdot \text{s}^{-1}$)
T_n	随空间变化的电子有效温度(K)
T_p	随空间变化的空穴有效温度(K)
υ	电子或空穴的热运动速度(cm/s)
V	电压；端电压(V)
V_{Bi}	内建电势(eV)
V_{mp}	最大功率点的器件电压
V_n	在某点 x 处导带底与电子准费米能级之差(eV)
V_{oc}	开路电压(V)
V_p	在某点 x 处空穴准费米能级与价带顶之差(eV)
V_{TEB}	异质结导带的有效总电子势垒(eV)
V_{THB}	异质结价带的有效总空穴势垒(eV)
W	载流子在带隙定域态之间跳跃的激活能(eV)
W	空间电荷区宽度(μm,nm)
x	泛指在器件内或层中的位置(cm,nm)

缩写词列表

ALD	原子层沉积
AM	大气质量
AR	减反
a-Si:H	氢化非晶硅
AZO	掺铝氧化锌
BCC	体心立方（晶格）
BHJ	体异质结
CB	导带
CM	载流子倍增
DSSC	染料敏化太阳电池
DSSSC	固态染料敏化太阳电池
EBL	电子阻挡层
EPC	电化学光伏电池
EQE	外量子效率(通常以百分比表示)
ETL	电子传输层
FCC	面心立方(晶格)
FF	填充因子，恒等于$(J_{mp}V_{mp}/J_{sc}V_{oc})$(是 J-V 曲线中最大功率点矩形的量度，因此小于等于 1)
HBL	空穴阻挡层
HJ	异质结
HTL	空穴传输层
IB	中间带
IQE	内量子效率(通常以百分比表示)
ITO	铟锡氧化物
mc	多晶
MEG	多重激子激发效应
M-I-S	金属–绝缘层–半导体
MOCVD	金属有机化学气相沉积
M-S	金属–半导体

nc	纳米晶-多晶材料，由尺寸小于 100nm 的晶粒组成
P3HT	3-己基噻吩聚合物
PCBM	苯基-C61-丁酸甲酯
PEDOT-PSS	聚（3,4-乙撑二氧噻吩）-聚（苯乙烯磺酸盐）
PHJ	平面异质结
poly-Si	多晶硅
QD	量子点
RT	室温
SAM	自组装分子层
SB	肖特基势垒(由金/半接触导致多子耗尽的势垒)
SC	简单立方(晶格)
SH	简单六方(晶格)
S-I-S	半导体-中间层-半导体
S-R-H	肖克莱-里德-霍尔复合
TCO	透明导电氧化物
TE	热力学平衡
VB	价带
μc	晶粒尺寸在 100 nm 至小于 1000 μm 的微晶材料

目　　录

第 1 章

引　言

1.1　光伏能量转换

光伏能量转换是将电磁能，即光(包括红外光、可见光、紫外光等)，直接转换为电流和电压形式的电能。光伏能量转变必须具备以下四个基本步骤：

(1)光吸收过程——材料吸收入射光，引起基态到激发态的跃迁；

(2)激发态转变为一个带正电和一个带负电的自由载流子对；

(3)通过一种有识别性的输运机制，使带负电的自由载流子向阴极方向迁移，带正电的自由载流子向阳极迁移；

有能量的、带负电的自由载流子到达阴极，产生电子并通过外电路输运出去。在外电路上，经过做功在电负载上把能量消耗掉，最终回到阳极。每个回到阳极的电子完成光伏能量转换的第 4 步，即完成整个循环过程。

(4)与运动到阳极的带正电的载流子复合，使吸收层回到基态。

在某些材料中，激发态可能是一个光生电子-空穴对。在这种情况下，步骤（1）和（2）同时进行（相当于材料吸收光以后，直接转换为电子空穴对）。而在另一些材料中，激发态可能是激子，此时步骤（1）和（2）是分开进行的。

本书主要讲述能实现这四个步骤的人类所能制备的各种光伏器件的物理基础。我们主要感兴趣的是能将太阳光的能量有效地转化为可利用的电能的光伏器件。这些器件被称为太阳电池或太阳光伏器件。光伏器件可以通过设计使其有效利用电磁能谱而不仅仅是太阳光。例如，可以使光伏器件转换辐射的热能（红外光）为可利用的电能，即所谓的热光伏器件。也可以使光伏器件把光能直接转换为化学能。这种情况下，光生激发态用于促进化学反应，而不是驱动电子在电路中运动，如用于光分解作用的光伏器件。本书着重讲述产生电能的太阳电池，而光分解器件会在本书后半部分作简略的讨论。

1.2　太阳电池及太阳能转换

太阳电池的能量来源于太阳释放出的光子，这种能量的输入分布取决于纬度、光照时间、大气环境、不同的波长等。各种可能的能量分布称为太阳光谱。对于太阳电池来说，输入光能产生可用的电压和电流形式的电能。地球表面或上空可获得的来自太阳的一些标准能谱如图 1.1(a)所示，横坐标为波长（λ），纵坐标为太阳辐射能量($W \cdot m^{-2} \cdot nm^{-1}$)。图 1.1(b)为纵坐标变换为太阳光子数谱($\#/（cm^2 \cdot s \cdot nm）$)的光谱图。图 1.1(a)中所示的光谱为以某一波长为中心，1nm 范围内(带宽 $\Delta \lambda$)每平方米的能量。在此图中，AM0 光谱基于 ASTM E490 标准[1]，适用于太空应用领域。AM1.5G 光谱基于 ASTM G173 标准，适用于陆地，包括直接照射光和散射光，规整为 $1000W \cdot m^{-2}$。AM1.5D 光谱也是基于 ASTM G173 标准[2]，同样适用于陆地，但是只包括直接照射的光，能量为 $888W \cdot m^{-2}$。图 1.1(b)所示光谱为把能量转化为每平方厘米每秒所含光子数的 AM1.5G 标准光谱，带宽为 20nm。光子数谱 $\Phi_0(\lambda)$ 更适用于太阳电池的评估，因为在图 1.1 中所述的光伏能量转换四步骤的前两个中，理想情况是每个光子经过吸收变为一个自由电子–空穴对。

不论在太阳电池的研究、开发还是市场化时，都需要统一化的标准太阳光谱，因为实际照射到电池上的太阳光由于天气、季节、时间、地点等原因会发生变化。标准光谱可以用于电池性能的测试以及与其他电池性能的比较，具有较高的公平性，因为此时电池是被照射在公认的、相同的光谱下。太阳电池的对比测试甚至可以在实验室中进行，因为标准太阳光谱可以通过太阳模拟器来获得。

对于一个给定的光子数谱($\Phi_0(\lambda)$)，照射到每个电池上的总能量 P_{IN} 定义为每秒单位面积每个带宽的入射能量在整个光子数谱上的积分，即

$$P_{IN} = \int_{\lambda} \frac{hc}{\lambda} \phi_0(\lambda) d\lambda \tag{1.1}$$

其中，$\Phi_0(\lambda)$ 为某一给定波长处单位时间、单位面积、单位带宽的光子数，其图谱如图 1.1(b)所示。式(1.1)中，h 为普朗克常量，c 为光速。图 1.2 为典型的太阳电池结构示意图，在电池的工作电压为 V、输送电流为 I(由入射光能量决定)的情况下，电池输出的电功率 P_{OUT} 是电流 I 和电压 V 的乘积除以电池面积。

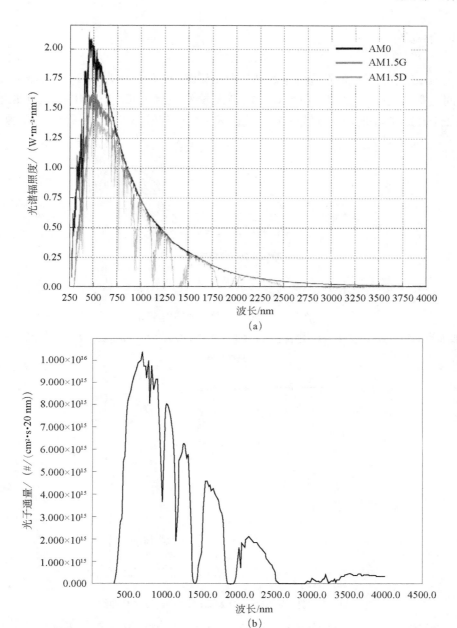

图 1.1　太阳能量光谱

(a)光谱分别为 AM0 (来自参考文献[1]，已授权)，AM1.5G，AM1.5D (来自参考文献[2]，已授权)，纵坐标为能量
($W \cdot m^{-2} \cdot nm^{-1}$)；(b) AM1.5G 光谱的入射光子数，纵坐标为光子数/($s \cdot cm^2 \cdot 20nm$)

在这里，引入电流密度 J，定义为电流 I 除以电池面积，因此输出功率 P_{OUT}

可以简化为

$$P_{\text{OUT}} = JV \qquad\qquad (1.2)$$

图 1.2 中所示电池在光照下的 $J\text{-}V$ 曲线如图 1.3 所示，J_{sc} 和 V_{oc} 分别表示电极之间没有输出电压(光照下电池处于短路状态)和电极之间没有输出电流(光照下电池处于开路状态)的两种极端情况。在图 1.3 中的任何输出点，P_{OUT} 取决于 JV 乘积。

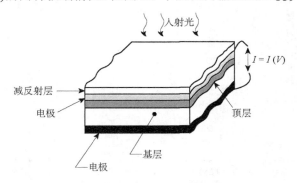

图 1.2　典型的太阳电池的剖面图

光照面积和产生电流的面积一样，减反射(AR)层是为了降低反射损失，集电极(阴极和阳极)的上电极为透明电极

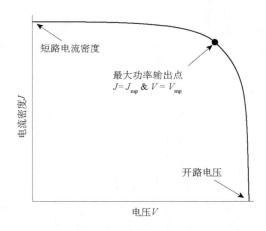

图 1.3　图 1.2 中所示的太阳电池的光态 $J\text{-}V$ 曲线

J_{sc} 为短路电流密度，V_{oc} 为开路电压，最大功率输出点为 $J\text{-}V$ 最大乘积。器件效率 $\eta = \dfrac{(J_{\text{mp}} V_{\text{mp}})}{P_{\text{IN}}}$，

P_{IN} 为单位面积下的入射功率

如图 1.3 所示的 $J\text{-}V$ 特性中，输出功率 P_{OUT} 在最大功率点处达到最大值，此时电流密度和电压分别记为 J_{mp}、V_{mp}，此工作点可获得 JV 的最大乘积值。因此，图 1.2 所示电池的最大热力学效率 η 表示如下

$$\eta = \frac{J_{mp}V_{mp}}{P_{IN}} \tag{1.3}$$

在式(1.3)中假设光照面积和产生电流的面积相当，即有效面积即为光照面积，如图 1.2 所示。当电池的有效面积小于光照面积时，即所谓的聚光式太阳电池，式（1.3）变为

$$\eta = \frac{A_s}{A_c} \frac{J_{mp}V_{mp}}{P_{IN}} \tag{1.4}$$

其中，A_s 是电池的有效面积，A_c 是太阳光照射的面积。当电池面积一定时，这种聚光式太阳电池的优势在于可以俘获更多的光子。

从图 1.3 中可以看到，理想的 J-V 曲线应该是呈现矩形状的，在电压达到开路电压 V_{oc} 之前输出恒定的电流密度 J_{sc}。对于这种理想情况，最大功率点的电流密度为 J_{sc}，电压为 V_{oc}。因此引入填充因子 FF 参数，以表示实际电池性能和理想的矩形 J-V 特性的差别，定义如下

$$FF = \frac{J_{mp}V_{mp}}{J_{sc}V_{oc}} \tag{1.5}$$

由定义可见 $FF \leqslant 1$。

需要说明的是，图 1.3 中所示曲线为有功率输出的 J-V 曲线部分。简而言之，这个位于第一象限的曲线表示电流从电池的阳极输出。而通常电流是流入电阻和二极管这些原型功耗器件的阳极。在本书中，为了和特性曲线位于第一象限、第三象限的电阻、二极管保持一致，电池的功率产生区 J-V 特性将变换到第四象限。

1.3　太阳电池的应用

现如今，太阳能光伏能量转换应用于太空和地面的供电。众所周知，太阳电池在太空领域的应用包括：通信卫星、载人和无人太空飞船进行太空探索时的能源供应。在地球上，太阳电池的应用非常广泛，例如，从并网供电到紧急电话亭用电。然而，随着越来越多的人意识到化石燃料的真实成本以及对可再生环保能源的广泛需求，迫切需要将太阳电池更广泛地应用于日常供电。早在 120 年前，有识之士从早期工业化的烟尘中，就意识到需要寻求对环境无害的可再生能源。在 1891 年，Appleyard 预见："很荣幸地看到太阳不再是将其能量不求回报地洒向太空，而是通过光-电电池或者热堆积的形式将太阳能以电的形式存储起来，以彻底灭绝蒸汽机，完全消灭烟雾[3]。"值得注意的是，Appleyard 特别提及他所

说的光-电电池。在那个时候，这种能量转换方式就已经被熟知，因为法国科学贝克勒尔(Becquerel)在 1839 年就已经发现了光伏作用[4]。

为了大范围地利用地面太阳能光伏系统，需要提高电池的能量转换效率 η，提高组件的寿命，减少制备和安装成本，同时降低在制作和应用太阳电池过程中造成的环境影响。制备、安装及对环境的影响这后三者构成所谓的"真实成本"。因此，增加地面太阳能光伏的应用取决于提高"品质因数"，定义如下

$$品质因数 = \frac{能量转换效率}{真实成本} \times 寿命$$

本书旨在拓展进一步提高该品质因数所需的理论基础，从而将 Appleyard 的远瞻变为现实。

参 考 文 献

[1] ASTM Standard E490.

[2] ASTM Standard G173-03.

[3] R. Appleyard, Telegraphic J. Electr. Rev. 28, 124 (1891).

[4] E. Becquerel, Compt. Rend. 9, 561 (1839).

第 2 章
光伏材料性能与器件物理基础

2.1 引　　言

　　为了构思新的光伏能量转换方案，改进现有结构，开发改善电池材料并理解太阳电池技术与经济问题的根源，光伏器件运行背后的基本原理必须始终摆在首位。考虑到这一点，本章概述了构成光伏能量转换基础的材料性能与物理原理，对描述太阳电池工作机理现象（如复合、漂移和扩散）的数学模型进行了详述，不是仅列出来而已。这些工作的完成基于一份坚定的信念，即：在分析和研发新的太阳电池结构时，了解各种模型背后的假定条件，可以使人更好地判断它们的适用性，并在必要时作出调整。特别是对于当今的太阳电池，其涉及众多物理特性或现象的组合，如纳米尺度形貌、非晶态材料、有机材料、等离子激元、量子限域和激子吸收等。

2.2 材 料 特 性

　　固体和液体材料都用于太阳电池。同质结、异质结、金属-半导体和一些染料敏化太阳电池（dye-sensitized solar cell，DSSC）使用全固态结构，而液相半导体和许多染料敏化电池则使用固-液结构。这些材料可以是无机物或有机物。固体可以是晶态、多晶态或非晶态。液体通常是电解质。固体可以是金属、半导体、绝缘体和固态电解质。

2.2.1 固体结构

用于光伏的固体大体上可以归类为晶态、多晶态或非晶态。晶态指的是单晶材料；多晶态指的是由无序区域（晶界）分隔的微小晶粒（雏晶或晶粒）所组成的材料；非晶态指的是完全缺乏长程有序的材料。

2.2.1.1 晶态和多晶态固体

晶态和多晶态固体的显著特征是存在长程有序，其通过晶格这一数学模型和基本结构单元（晶胞）来表示。不断重复的晶胞勾勒出了晶格的结构。晶体中的原子或分子在晶格的格点上有固定位置。令人惊奇的是，三维宇宙中只存在 14 种可能的晶格结构[1]。图 2.1 显示了常见的四种晶格结构。晶体中的不同平面能够容纳不同数量的原子，比较图 2.1 中所示的简单立方和体心立方晶格即可以推断出这一结论。在化合物固体中（如硫化镉或碲化镉），不同平面甚至可以包括不同种类的原子。密勒指数通常用来标记不同的晶面。

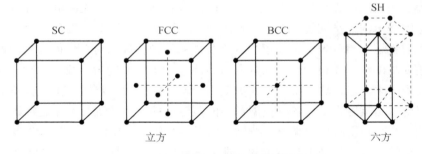

图 2.1 一些重要的表征晶体结构的晶胞

简单立方（SC）晶胞只在立方体的顶点处具有格点，面心立方（FCC）晶胞在立方体的每个面的中心还有一个额外的格点，而体心立方（BCC）晶胞除了在立方体的顶点处有格点，在立方体的中心处还有一个额外的格点。简单六方（SH）晶胞在每个六方面边长的顶点处和两个六方面的中心处具有格点

多晶态固体有别于单晶态固体的地方在于，它们是由许多单晶区域构成的。这些单晶区域（晶粒）体现出长程有序。构成多晶固体的各种晶粒的晶格取向彼此之间可以是随机的，也可以是相互关联的。如果晶粒的取向之间有关联的话，这种材料就称为定向多晶固体。在多晶固体中，我们把位于多个单晶晶粒之间的过渡区域称为晶界。这些含有结构和键合缺陷的区域能延伸几分之一纳米或更多，甚至还会包含空位。晶界会对物理性能产生重大的影响。例如，它们会吸附掺杂物或其他杂质，在键合缺陷引起的定域态中存储电荷，并通过所带的电荷产生妨碍载流子输运的静电能量势垒[2]。多晶材料的晶界大体上可归为开放式或封

闭式。对于开放式晶界，气体分子很容易进入，封闭式晶界则不然。然而，封闭式晶界被认为是固态扩散的良好通道。沿着晶界的扩散系数通常比在单晶材料体内观测到的扩散系数高一个数量级[2]。

实际上，有许多种类的单晶和多晶材料已经应用于太阳电池当中。它们可以根据结构特征的大小进行分类，如表 2.1 所示。表 2.1 的分类方案贯穿于本书。正如表中备注部分所述，当前使用的术语之间存在很大差别。

表 2.1　一些材料结构类型

材料类型	单晶区域大小	备注
纳米颗粒	粒子尺寸<100 nm，可为单晶、多晶或非晶	形状包括球形或柱状。 <10 nm 的粒子可能产生量子尺寸效应。量子尺寸效应出现时称为半导体量子点
纳晶（nc）材料	由<100 nm 的单晶晶粒组成	多晶。对 Si 来说，也称为微晶硅（μc-Si）。nc-Si 包含被非晶硅相包围的晶硅小晶粒。<10 nm 的晶粒可能产生量子尺寸效应
微晶材料（μc）	单晶晶粒从 100 nm ～1000 μm	多晶。经常简称为多晶材料
多晶（mc）或半晶材料	单晶晶粒>1 mm	多晶。晶粒尺寸可为数厘米或更大
单晶材料	没有晶粒和晶界	整个材料为一个晶体

2.2.1.2　非晶固体

非晶固体①是包含大量结构与键合缺陷的无序材料。它们不具备长程有序，意味着其没有晶胞和晶格之类的概念。非晶固体至多由只呈现短程有序的原子或分子构成。在非晶相中，没有单一性的必要。例如，有无数种的掺氢非晶硅材料，其根据硅缺陷密度、氢元素浓度和氢键合情况的不同而变化。

固体也能以包含晶相区和非晶相区的形式存在，如图 2.2 所示。这个图中所用的示例是一种聚合物固体，其包括含有无序聚合物链的非晶区域和与这些无序聚合物链相邻的晶体区域，在晶体区域中这些链构成了一个有序阵列。这种包含非晶区和微晶区的混合相固体的存在状态，经常取决于材料的制备工艺。

---

① 玻璃态是具有玻璃化转变温度的非晶材料的子集。超过这个温度之后，玻璃会呈流体态。

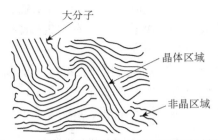

大分子

晶体区域

非晶区域

图 2.2 含有晶体区和非晶区域的有机材料

在两个区域都能找到一些构成这种固体的聚合物分子

2.2.2 固体的声子谱

由于原子间的相互作用，固体中存在振动模式。振动能量的量子称为声子。在给定温度 T 下，固体原子在它们的平衡位置持续周期性地振动，因此，固体中存在声子。在热动力平衡时，位于所允许振动模式范围内的声子分布（声子能级 E_{pn}）用玻色-爱因斯坦统计来描述。

声子可参与热传导、载流子产生（热激发或结合光吸收）、载流子散射和载流子复合等过程，它们的行为如同粒子。例如，当固体中的电子与振动模式相互作用时，这个过程最好看成电子与声子两种粒子之间的相互作用。声子具有色散关系式 $E_{pn}=E_{pn}(\boldsymbol{k})$，其将声子能量 E_{pn} 与振动模式的波矢 $\boldsymbol{k}[|(\boldsymbol{k})|=(2\pi/\lambda)]$ 关联起来。这类似于光的色散关系式，其将光子能量 E_{pt} 与光的波矢 $\boldsymbol{k}$ 关联起来。对于自由空间，光的色散关系式有一个极简单的形式 $E_{pt}=\hbar c|(\boldsymbol{k})|$，其中 $\hbar$ 为普朗克常量除以 2π。对于声子，函数 $E_{pn}=E_{pn}(\boldsymbol{k})$ 更复杂，给出了固体中声子谱或声子能带的概念。对于声子和光子，$\hbar k$ 均表示粒子(声子或光子)的动量[1]。

2.2.2.1 单晶、多晶和微晶固体

在单晶、多晶和微晶材料中，声子-电子的相互作用满足能量与动量守恒[1]。例如，在晶体中（或在多晶材料的单晶区域中），电子与声子"碰撞"，声子和电子 $\boldsymbol{k}$ 矢量的改变必须遵循总（电子加声子）动量和总能量守恒。此约束称为 $\boldsymbol{k}$ 选择定则。另外，在单晶、多晶和微晶固体中，只有特定的 $\boldsymbol{k}$ 值才允许用于 $E_{pn}=E_{pn}(\boldsymbol{k})$ 关系式中[1]。因为在给定的晶体中只允许有特定的模式（特定的 $\boldsymbol{k}$ 矢量），在 $\boldsymbol{k}$ 空间中存在声子的允态密度，用单位能量单位体积的声子的允态密度 $g_{pn}(E)$ 表示，如图 2.3 所示。$g_{pn}(E)\mathrm{d}E$ 给出了单位体积在能量 E 和 $E+\mathrm{d}E$ 之间的声子态数目。

刚才在晶体固体中描绘 $E_{pn}=E_{pn}(\boldsymbol{k})$ 时提到的 $\boldsymbol{k}$ 空间也被称为倒空间。这个空间也含有格子，而且它的间距以倒长度为量纲。倒空间的方向对应于晶体实空间中的方向。倒格子可以看成晶格实空间的傅里叶变换。因为实空间格子具有很好的周期性结构，它的倒空间格子也具有同样的结构。正如所有晶体固体结构的信息容纳于实空间晶格的晶胞中，所有色散关系 $E_{pn}=E_{pn}(\boldsymbol{k})$ 的信息包括在倒格子的晶胞中。倒空间的晶胞称为第一布里渊区或简称为布里渊区[1]。倒空间中的其他区域周期性地重复此 $E_{pn}=E_{pn}(\boldsymbol{k})$ 的信息。图 2.4 展示了对应于图 2.2 中面心立方和体心立方实空间格子的布里渊区。图 2.4 采用了标准注释，其标示了对称点和对称轴[1]。

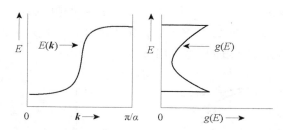

图 2.3　色散关系式中允许用到的 $\boldsymbol{k}$ 值以及与其相应的态密度 $g(E)$ 之间的关系

这个 $\boldsymbol{k}$ 空间的色散关系与其相应的能量态密度可以是晶体固体中声子或电子的相应值。能量态密度 $g(E)$ 被证实是比 $\boldsymbol{k}$ 空间中的允态更为基础的概念，因为其也适用于非晶材料；也就是说，它的有效性不依赖于 $\boldsymbol{k}$ 空间是否存在

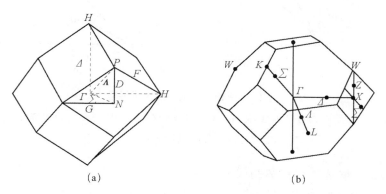

(a)　　　　　　　　　　　　(b)

图2.4　（a）体心立方晶格的布里渊区；（b）面心立方晶格的布里渊区

图 2.5 展示了在太阳电池中经常用到的两种材料，晶硅与砷化镓的部分声子谱 $E_{pn}=E_{pn}(\boldsymbol{k})$。此处，函数 $E_{pn}=E_{pn}(\boldsymbol{k})$ 的横坐标为面心立方晶格中沿着布里渊区 $\varGamma$ 到 X 方向的 $\boldsymbol{k}$ 值。布里渊区对两种材料都适用，因为两种材料都具有面心立方

的直接（实空间）晶格。图 2.5 中的数据针对它们的布里渊区从 Γ（$|\boldsymbol{k}|=0$）到 X（$|\boldsymbol{k}|=2\pi/a$）的 $\boldsymbol{k}$ 矢量，具体地给出了这些晶体材料中的声子能量或能带（函数为多值）。在图 2.5 中，记号 O 指的是光学支（在极性材料中，这些模式会极强地参与光学特性）；记号 A 指的是声学支（之所以这样称谓是因为人耳能听到的频率位于这个部分，在图 2.5 的原点附近）。记号 T 和 L 各自指的是横向模式和纵向模式。布里渊区里最大的$|\boldsymbol{k}|$值取决于半导体的晶格常数 a；然而，使用合理的 a 值，图 2.5 中$|\boldsymbol{k}|$的最大值的数量级为 $10^8\,\text{cm}^{-1}$。如果我们延伸纵坐标，在图 2.5 中附加上 $E_{pt}<3\text{eV}$（覆盖了图 1.1 中的太阳光谱）的所有光子能量，我们将看见这个图必将落到纵坐标上。从这我们得到了很重要的一点：构成太阳光谱主要成分的光子的动量远小于声子动量。从图 2.5 中也可推断出，固体中声子能量的量级在 $10^{-2}\sim10^{-1}\text{eV}$。图 1.1 的光谱中，位于近红外、可见光、近紫外范围内的光子最多，而这些光子能量的量级为 1 eV。

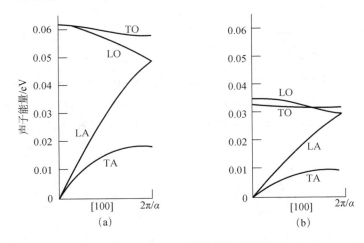

图 2.5　两种晶体固体的声子能带

（a）硅；（b）砷化镓。声子能带在面心立方晶格里，沿着布里渊区的 Γ 到 X 方向，随 $\boldsymbol{k}$ 值变化（源自参考文献 [3]，已征得使用许可）

2.2.2.2　纳米颗粒和纳晶固体

当粒子或晶粒尺寸变得更小时，比表面积将明显增加，表面张力对体材料的影响和表面声子模式将变得更加重要。然而，当纳米粒子或纳晶晶粒的特征尺寸接近晶格常数的数倍时（<5~50），非常根本的变化也可能发生；就是振动模式会由于它们在空间程度上受限所以开始改变[4,5]，与明确定义的 $\boldsymbol{k}$ 矢量相对应的声子能量的约束会消失，也是因为空间限域[6]——这些改变的原因，

称为声子限域。如果观察海森堡测不准关系式 $\Delta x \Delta k = \theta(2\pi)$[①]，就可以理解对于给定能量的声子，其精确的 $\hbar k$ 限制已经去除；即当 Δx 由于限制而变小时，声子动量变得不明确起来。声子-电子"碰撞"的含义，就是指声子现在可以提供能量与一些动量。当粒子变得更小时，振动模式会演变成分立的能量，正如在分子中所看到的那样。声子限域对某个纳米颗粒或纳晶晶粒尺寸的影响取决于隔离所达到的程度。对纳晶材料而言，这意味着毗邻其他纳晶晶粒会减小声子限域带来的影响。

2.2.2.3　非晶固体

在非晶固体里，振动模式只可以延伸几个纳米。根据 $\Delta x \Delta k = \theta(2\pi)$ 的规律，无序材料中的声子不能用明确定义的 k 波矢量来描述，也不存在声子的 k 选择定则。参量 k 不再是个"好量子数"。在非晶固体中，不存在倒空间的布里渊区，因为实空间中没有晶格，不存在晶胞。并且在这些材料中，声学和光学声子变得很难区分。然而，在非晶固体中，声子在电子输运、热传导等现象中扮演着它们在晶体固体中同样关键的角色。

倒空间中 k 状态密度的概念在非晶材料中是无效的。然而，声子能态密度 $g_{pn}(E)$ 的概念仍然有效。事实上，非晶固体的 $g_{pn}(E)$ 在一定程度上与相应晶体材料的 $g_{pn}(E)$ 一致，其程度取决于第二近邻、第三近邻等作用力的重要性。

2.2.3　固体的电子能级

一个通常对许多固体都有效并且极有帮助的方法是玻恩-奥本海默或绝热原理。这个原理认为，如果求解薛定谔方程可以得到组成晶体、多晶、纳晶或非晶固体的核（原子核与芯电子）和价电子的情况，核的运动（刚讨论过的振动场）与价电子的运动可以分开处理[7]。在这个情景中，单个电子的有效势场"看成"由①位于平均位置上的核与②所有其他的价电子引起的。求解这个单电子问题产生了所谓的单电子能级。然而，正如本节所述，将用于固体的薛定谔方程分解为一个对待声子的问题和另一个对待电子的问题（即将电子视为处于有效势场中的单个粒子），并非一直可行。例如，在多粒子的核-电子相互作用中，核的极化屏蔽了电子电荷，所导致的总体薛定谔方程的多粒子解，称为极化子。多粒子的电子-电子相互作用会导致称为激子的解。极化子和激子是多粒子状态的两个实例。

---

① 记号 $\theta(2\pi)$ 用于表示数量级为 2π。

2.2.3.1 单晶、多晶和微晶固体

1）单电子态

因为单晶、多晶和微晶材料的晶格晶胞十分具体地描述了晶体结构，所以它充分地确定了晶态固体中电子所处的环境。本质上，晶体中单电子态的薛定谔方程只需以周期性的结构为边界条件，对一个晶胞进行求解。由这个解导出的色散关系式 $E=E(\mathbf{k})$，阐明了波矢 $\mathbf{k}$ 的单粒子态可以具有的能量 E。波矢 $\mathbf{k}$ 乘上 $\hbar$ 可以看成电子的动量，就像晶体材料中波矢为 $\mathbf{k}$ 的声子，可以看成具有动量 $\hbar\mathbf{k}$。如同晶体中声子的色散关系式，正格子的周期性保证了倒格子空间中电子的色散关系式 $E=E(\mathbf{k})$ 是周期性的。因此，对于晶体，所有的 $E=E(\mathbf{k})$ 关系数据全部包含在晶体的第一布里渊区中。这些关系数据周期性重复于剩余的 $\mathbf{k}$ 空间中。也如同声子的情况，$\mathbf{k}$ 空间（倒空间）中，晶体的电子只允许有特定的 $\mathbf{k}$ 矢量。从而，$\mathbf{k}$ 空间中存在电子允态密度。通过色散关系式，这可以转换成单位能量单位体积的能量态密度[1]。我们将单位能量单位体积的电子单粒子允态密度表达成参量 $g_e(E)$。这是图 2.3 中所示能量态密度概念的又一个例子。

硅和砷化镓的单电子允许能级 E 与波矢 $\mathbf{k}$ 在布里渊区特定方向的 $E=E(\mathbf{k})$ 关系如图 2.6 所示。结合图 2.5 的声子曲线，可见两种材料具有相同的布里渊区。从这两种示范材料的电子能量色散关系式，可以看出两种材料都具有电子允许能级（实际上为两个能带）的低能带，然后是宽度为 E_G 的禁止能隙，最后是允许能级的能带（或者更精确地说，重叠能带）。这种能带结构（允许能级的能带，不允许态的能隙，和允许能级的能带）是理想晶体半导体的典型特征，并且约定 $T=0K$ 时价电子全部填充在低能带。换言之，这个低能带是所有价电子的发源地；因此，它被称为价带（VB）。这个低能带（价带）的最高允许能量称为价带边 E_V。高能带（导带，CB）的最低允许能量称为导带边 E_C。这些能带里的能级是非定域的单粒子态，即它们遍布整个晶体。正式地讲，图 2.6 所示的能带（其展示了 E_C 和 E_V 的能级位置），在相比晶胞很大而相比物理体积特征长度却很小的晶体区域里是十分典型的，在特征长度范围之外的材料成分（如在合金半导体中）或一些静电势能（如在静电场势垒区域里）可能会发生改变。当外加的电子势能或材料成分在固体中随位置而变时，像 E_C 和 E_V 的能级相对于固定的参考能级会或上或下地移动。

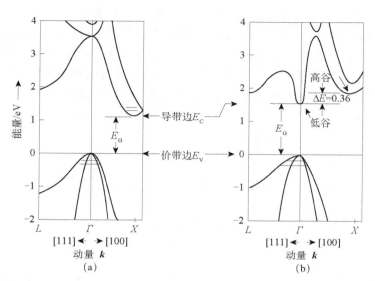

图 2.6　两种晶态无机半导体材料的电子允许能量与 k 矢量（波矢）关系图

（a）硅；（b）砷化镓。硅为间接带隙（价带 E_V 的最大值与导带 E_C 的最小值具有不同的 k 值）；砷化镓为直接带隙（价带 E_V 的最大值与导带 E_C 的最小值具有相同的 k 值）。价带边按能量对齐只是为了方便（源自参考文献[3]，已征得使用许可）

　　正如我们提过的，在绝对零度时半导体内的价带被价电子填充，因此绝对零度时导带中没有价电子。当电子由于获得热能或由于光子吸收而离开价带的能态时，其余的全体电子表现得像正电粒子（空穴）一样。这些价带空穴的数目等于空出的能态数目。当电子由于获得热能或由于光子吸收而进入导带时，它们的行为表现出导带中电子的特性，他们的数目等于此能带上的电子数目[1]。在价带中的空穴是"自由"载流子，它们处于非定域态而且能在电场中移动（漂移）或扩散。在导带中的电子也是"自由"载流子，它们也处于非定域态而且能在电场中移动（漂移）或扩散。如果导带中单位体积的所有电子数 n 实质上来自于价带中单位体积的空穴数 p，则这个半导体称为本征的，而且 $n=p$。如果本征材料处于热平衡态（TE），$n=p=n_i$，其中 n_i 为热平衡态的本征载流子数，其由禁带宽度和温度决定。

　　通常我们并不需要在图 2.6 中展示与 E、k 相关的详细 $E=E(k)$ 信息。在许多应用中，只需要知道导带边 E_C、价带边 E_V 和本地真空能级 E_{VL}（逃离材料 x 处所需的能量）的能量位置随空间位置的变化。图 2.7 给出了这样一个图，在晶体中相对于任意选择的参考能级，其是以位置 x 为变量的函数。此图也引入了一个新的量，电子亲和势(electron affinity)χ。这是在某位置 x，电子从导带底部升迁至真空能级所需要的能量。在某位置 x，电子从价带顶部升迁至真空能级所需要的能量是空穴亲和势(hole affinity)$\chi+E_G$，其中 E_G 是禁带宽度。

理想绝缘体区别于图 2.7 的理想半导体之处，仅在于其 $E_G \geqslant 2.5\,eV$，其中下限 2.5 eV 的选取有些任意。真正的要点在于，室温下如果一种材料是绝缘体，那么其 E_G 会非常大，以至于在 300 K 时不能提供显著的本征载流子浓度。根据图 2.7 中的观点，当带隙 E_G 为零或价电子在 0 K 下只部分填充了最低能带时，就形成了金属[1]。

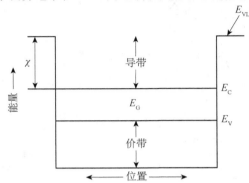

图 2.7　半导体的能带与位置的关系函数

此处的参考能级是真空能级 E_{VL}

图 2.7 展示了匀质理想晶体的电子能带结构。这种材料只具有价带与导带的非定域（扩展）态。然而，真实的材料是具有表面的，而表面引入了或许会被载流子填充的定域态(具有类似原子性质的、物理上位于表面的波函数) [3]。另外，真实晶体的体相并不完美，因为体相中存在杂质和缺陷，在杂质和缺陷处也会引入定域的、类似原子性质的能态[3]。而且，如果固体是纳晶、多晶或微晶，晶界处的结构和键合缺陷会导致晶界区域存在定域态。定域态在如图 2.7 所示的能带图中，通过在其能量和空间的位置处引入一条短的水平线来表示。定域态也许具有位于能带或能隙范围中的能量。前一种情况从技术观点来讲并不引人关注，因为这些能级与非定域的能带态并在一起。因此，在这种定域态上的载流子会很快地转移至能带的非定域态上，从而自由地移动。后一种能态位于带隙之中的情况则在技术上非常重要，因为这些能态上的载流子无法移动——除非他们跃迁到低能级或高能级的非定域态上。这些能隙中的能态经常称为定域能隙状态（简称能隙态）。能隙态里的载流子不可以漂移和扩散，除非能隙态密度特别高。简短提一下，能隙态密度高时，跳跃输运成为了可能。能隙态用于材料掺杂时，可以有目的地引入。能隙带可以作为导带和价带之间的通道（支持载流子的产生和复合），而且它们可以储存电荷，从而影响器件中的电场。如果它们主要从事后者而非掺杂剂的角色，则被称之为缺陷。正如我们后面要讨论的，能隙态究竟是复合中心还是缺陷，取决于它的能级位置和它的电子空穴俘获截面。

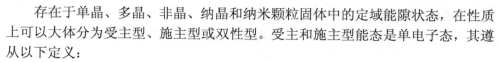

存在于单晶、多晶、非晶、纳晶和纳米颗粒固体中的定域能隙状态，在性质上可以大体分为受主型、施主型或双性型。受主和施主型能态是单电子态，其遵从以下定义：

(1)受主态：未被电子占据时是中性的，因此被电子占据时为负电（电离）。

(2)施主态：被电子占据时是中性的，因此未被电子占据时为正电（电离）。

双性能隙态可以被零个、一个或两个价电子占据。它们的电荷状态取决于它们的占据情况。例如，一个电子可以是中性状态，没有电子是正电状态，两个电子是负电状况。

在带隙中位于能级 E 的受主态产生的单位体积电荷取决于它们是否已俘获电子，由$-en_T$给出，其中 n_T 为位于能级 E 的已成功俘获电子的受主态单位体积数。相应地，在带隙中位于能级 E 的施主态产生的单位体积电荷取决于它们是否已失去电子，由ep_T给出，其中 p_T 为位于能级 E 的已成功失去电子的施主态单位体积数。如前所述，双性态可以产生正的或负的空间电荷，这取决于它们的占据情况。

如前文所述，能隙态可以作为能带中载流子的来源（掺杂剂）[3]。它们可以在需要时特意引入以充当此角色（掺杂），或无意中出现也具有此功能。由于陷获和掺杂，导带中单位体积电子数 n 和价带中单位体积空穴数 p 也许并不相等，与它们在本征（没有缺陷）材料中的情况不同。当这种情况发生时，材料称为非本征的。有趣的是，当材料中存在很多能隙态时，它们有可能在带隙中形成一个能带。这就是之前提过的高密度能隙态情况。这些能态，根据能态物理来源之间的距离，性质上可以是非定域或定域的。这种能量带隙中的能带被称为中间带（IB）。

2）激子

单晶、多晶和微晶固体也能具备在薛定谔方程中称为极化子和激子的解。前者，即前文提过的电子-声子的相互作用，增加了电子的惯性，从而给了它们更大的有效质量。极化子通常只在具有一定电离度的晶体当中起显著作用[1]。激子则更为有趣得多，因为它们是一种多粒子现象，涉及太阳电池材料当中的光吸收过程。具体地说，激子可以看成一个电子通过库仑吸引束缚于一个空穴的多电子解[1]。图 2.8 的能带图展示了一个叠加在单电子能级之上的激子基态。结合能是把激子从它的基态解离成导带中自由电子与价带中自由空穴所需要的能量。因为结合能通过库仑吸引来表述，所以极化率更多的材料具有更低的结合能，即结合能与介电常数的变化趋势相反。激子可以通过光子吸收而产生，它们能在固体当中移动。当它们移动时，移动的是能量，而非净电荷。因为它们不带电，所以它们只能通过扩散来移动。激子的空间移动范围可以超过数个晶格常数（万尼尔激子），或基本上就位于一个原子或分子处（弗伦克尔激子）。如果激子通过太阳电池中的光吸收而产生（第 1 章的第（1）步）并且将会被利用，那么必须存在某些过程（第 1 章的第(2)步）以将激子转化成至少一个自由负电载流子——一个自由正电载流子对（在 2.2.6 节将回到这个话题，特别是"至少一个"的部分）。

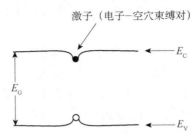

图 2.8　叠加在能带图单电子能级之上的激子基态示意图

2.2.3.2　纳米颗粒与纳晶固体

在纳米颗粒和纳晶的情况下，当尺寸参数减小的时候，单电子能级可以从单晶、多晶和微晶固体中的能带图演变成为分子轨道图[8]，如图 2.9 所示。演变的程度取决于限域的程度。类似于声子限域，减小纳米尺度结构的大小能导致允态的改变与 k 选择定则的放宽。这些效应，在电子的情形中，经常称为量子限域效应。被占据分子轨道与未被占据分子轨道的能量间隔（能隙）由于限域而增加，正如粒子在量子盒问题中所发生的那样。如图 2.9 所示的标注，最高的占据分子轨道称为 HOMO，最低的未占据分子轨道称为 LUMO。我们将在固体物理和电子工程的相应术语中时不时地使用这种称法，也就是价带边和导带边。同时也注意到激子的能量和结合能在被限域的这些材料中会发生改变[8]。

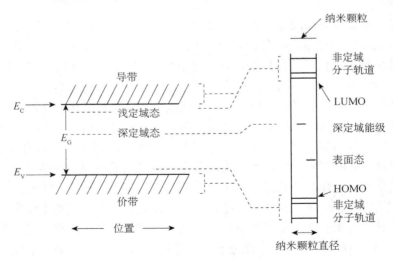

图 2.9　单电子能级示意图

随着限域的增加，能带演变成分子轨道（参考文献[8]）

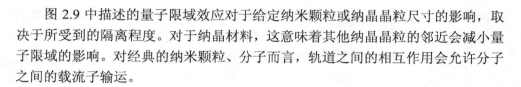

图 2.9 中描述的量子限域效应对于给定纳米颗粒或纳晶晶粒尺寸的影响，取决于所受到的隔离程度。对于纳晶材料，这意味着其他纳晶晶粒的邻近会减小量子限域的影响。对经典的纳米颗粒、分子而言，轨道之间的相互作用会允许分子之间的载流子输运。

2.2.3.3　非晶固体

图 2.7 中所示类型的能带图可以用于描述非晶固体，但图 2.6 那样的示意图则不适用。电子态（单位能量单位体积的状态）密度的概念在非晶材料当中仍然有效。图 2.10(a)给出了这种状态密度函数 $g_e(E)$ 的示意图。和图 2.10(b)对比，可以看出它与恰好存在施主能级的单晶固体的 $g_e(E)$ 的差异。

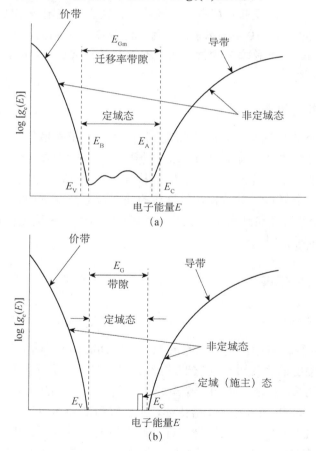

图 2.10　（a）非晶固体；（b）晶体固体的状态密度函数 $g_e(E)$ 的示意图

从图 2.10 中明显看出，非晶材料可以含有大量的定域能隙态。这些态本质上分为两种：本征的与非本征的。本征定域态被定义为源自非晶固体中键角与原子间距呈统计分布的畸变。非本征定域态被定义为源自缺陷（断裂的化学键）与杂质。本征定域态被认为是能带边附近的定域态的主要贡献者（图 2.10(a)）；缺陷和杂质态被认为是许多非晶材料当中大量定域态的来源，这些定域态通常见于带隙的剩余部分。如果这些缺陷态的密度很大，掺杂对带隙中的费米能级位置移动将产生很小的影响，而且复合和俘获将成为很严重的问题。对于非晶硅来说，氢原子用于与缺陷形成化学键以减少这些态的数量。氢用得非常多，以至于这种材料实际上就是硅氢合金，用 a-Si:H 表示。

因为许多非晶材料中的定域态密度很大，因此经由这些带隙态的输运成为了可能；即电子可以从一个定域点移至另一个定域点。我们后面会详细讨论这一点。这里只需提一下，与涉及非定域态的输运相比，经由这些定域态的输运会产生微小的迁移率。因此，图 2.10(a)展示了用来标示迁移率从小到大转换的迁移率带隙，而非真正的带隙。此迁移率带隙被认为具有明显的边界 E_C 和 E_V，用于划分定域态与非定域态的边界。

2.2.3.4　有机固体

有机固体经常被归类为小分子或聚合物固体。分子轨道描述（图 2.9）通常被认为适用于这些类型的有机材料。这两种类型的有机物都已经应用在了太阳电池上。在固体中，如前所述，分子相互作用到一定程度时，在某些场合可以导致轨道能级形成一个能带。单晶和非晶材料的非定域态密度 $g_e(E)$ 是图 2.10 所示的抛物线状，至少邻近能带边的情况如此，而有机材料的态密度 $g_e(E)$ 被认为具有分布呈高斯包络的能级[9]。

2.2.4　固体的光学现象

2.2.4.1　吸收过程

在这一节，我们将考察引起吸收的光子与固体的相互作用。图 2.11 展现了固体中吸收电磁辐射的多种过程与它们的影响范围。图中过程 1 是自由载流子吸收；它产生于光子诱导，从能带内的一个单粒子态到另一个态的电子（或空穴）跃迁。这些带内跃迁，如图 2.12(a)和(b)所描述，在金属和半导体中是重要的，只要能带中有显著的载流子密度。如果不是容许动量守恒的散射过程（由于缺陷、杂质、声子的参与），图 2.12(a)所示类型的带内跃迁在晶体中是被禁止的（因为 k 守恒定则）。图 2.11 的过程 2 是声子吸收，即光在材料中被激发的声子模式吸收。电子不参与这个过程。因为声子具有的能量低（图 2.5），所以这个吸收过程在光谱的红外波段发生。

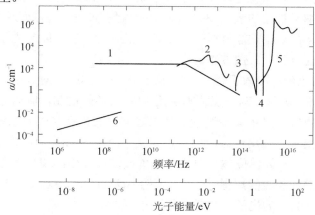

图 2.11　固体中光学吸收过程范围的图解

光吸收过程和吸收系数 α 在文中予以论述

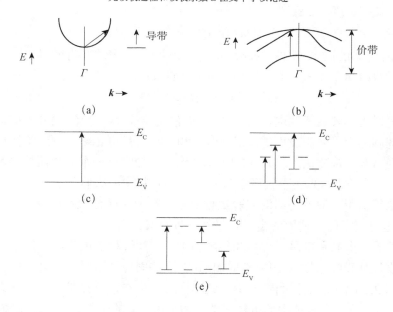

图 2.12　产生光吸收的单电子态之间的电子跃迁

（a），（b）产生于图 2.11 当中过程 1 的自由载流子（带内）跃迁；（c）产生于过程 5 的带间跃迁；（d），（e） 能
带–定域态跃迁和定域态–定域态跃迁，为过程 3 的来源；（d）为过程 3 所示类型，可以产生自由载流子

　　图 2.11 的过程 3 包括所有光子诱导的能隙态之间、能隙态和能带之间的跃迁。
跃迁范例在图 2.12(d)和(e)中展示。过程 4 是激子产生吸收。有机材料的吸收通常是激子过程，如染料敏化电池中的小分子染料和有机太阳电池的聚合物吸收层。激子也可以在纳米颗粒的吸收中扮演关键的角色。过程 5 是带间跃迁，如图 2.12(c) 所示。过程 6 是在某些非晶材料中观测到的光损耗，它可能产生于从定域态到定域态的电子跃迁过程（2.3.1.3 节）[10]。

图 2.11 中纵坐标吸收系数 $\alpha(\lambda)$ 或等效的 $\alpha(v)$，对太阳电池性能而言极其重要。过程 3、4 和 5 对 α 的贡献是我们感兴趣的机制，因为它们可以产生自由电子和自由空穴。过程 4 或过程 5 或二者同时会出现在吸收层材料中，过程 3 也许会或也许根本不会出现。我们可以定义一个函数 $G(\lambda, x)$，确定过程 3、过程 4、过程 5 在位置 x 处单位体积单位时间单位波段发生的事件个数。波段位于吸收材料入射光的波长 λ 的周围[11]。可以证明 $G(\lambda, x) \propto \alpha(\lambda, x)\,\xi^2(\lambda, x)$，其中 $\xi(\lambda, x)$ 为位置 x 处波长为 λ 的光的（光学频率）电场[11]。

如果太阳电池中反射和干涉波动效应不重要，那么以密度 $I_0(\lambda)$（单位面积单位时间单位波段的光子数）进入到电池吸收层 $x=0$ 处的单色光，被认为在材料某点 x 处会具有密度 $I(\lambda, x)$[10]

$$I(\lambda, x) = I_0(\lambda)\mathrm{e}^{-\alpha(\lambda)x} \tag{2.1}$$

式（2.1）是著名的比尔-朗伯(Beer-Lambert)定律。当此表达式有效时，由于式（2.1）的空间导数给出了损失的光子，所以允许 $G(\lambda, x)$ 写成

$$G(\lambda, x) = \alpha(\lambda)I_0(\lambda)\mathrm{e}^{-\alpha(\lambda)x} \tag{2.2}$$

与之前更通用的表达式比较，可见比尔-朗伯定律建立在 $\xi^2(\lambda, x)$ 进入材料后指数衰减的基础之上，并假设内部反射、散射和干涉时是可忽略的。这些假设在薄膜结构中经常是不成立的。当式（2.1）适用时，$\alpha(\lambda)$ 有一个非常简单的解读，即 $1/\alpha(\lambda)$ 是波长 λ 的光在吸收系数为 $\alpha(\lambda)$ 的材料中的吸收长度。关于吸收系数数据，这里值得一提的是：对实验数据而言，有两种区分很小的 $\alpha(\lambda)$ 的定义。附录 A 里讨论了此处使用的定义与另外一种定义。

在单晶、多晶和微晶半导体和绝缘体中，带间过程 5 的吸收开始于 $hv=E_G$ 的基本吸收边处吸收系数 α 的急剧增加。α 在这些固体基本吸收边之上的详细行为可以用图 2.6 解释。我们回顾一下，此图描绘了存在于直接带隙（砷化镓）和间接带隙（硅）晶体半导体中的单粒子电子态，其为 k 的函数。在直接带隙材料中，电子可以从价带顶激发至导带底，而所需的 k 矢量本质上没有改变。因为光子在图 2.6 的尺度中以 $k \approx 0$ 贡献了动量，所以在导致电子受激穿越直接带隙的电子-光子相互作用中，满足 k 矢量守恒并无困难。而对于间接带隙材料则不是这种情况，就像图 2.6 表明的那样。此时，受激穿越间接带隙的电子必须改变它的 k 矢量。而仅凭光子是无法提供动量的，因此需要有声子的参与。如图 2.5 所示，声

子可以提供必要的动量，但是三粒子（电子、光子和声子）的总能量与总动量的守恒必须满足。间接带隙材料中三体相互作用的必然性，往往会减少在基本吸收边和在其之上的 $\alpha=\alpha(\lambda)$ 的大小与陡度。这个带间跃迁总 k 矢量守恒的问题在足够小的纳米晶粒和纳晶材料中会消失，其有两个原因：明确定义的 k 矢量约束对于限域的声子和电子会消失，如我们之前已经讨论过的。正因如此，如纳晶硅，它会比它的单晶、多晶和微晶对应物具有更强的吸收[6]。

对于非晶固体，图 2.11 中过程 3、4 和 5 的区别很难从 $\alpha(\lambda)$ 上辨别出来。这是因为，如图 2.10 所示，非晶固体在非定域态的带边会含有大量的定域隙态。因此，非晶材料的吸收边经常更宽。总体而言，由于 k 矢量守恒定则的放宽，非晶材料在基本吸收边和在其之上的吸收会比对应的晶体材料更强。

关于吸收还有一点：很强的电场 ξ 能移动固体中的基本吸收边（过程 5）。这种现象称为弗兰兹-凯尔迪什效应，其在图 2.13 中予以了描述。如图 2.13 所示，非定域的价带波函数在强电场的存在下渗透进了禁带。对于非定域的导带波函数也同样如此。因此，光子有一定的概率 P 促使位置 x 处的价带边电子移动至位置 x' 的导带边。与电场相关的这个概率为[12]

$$P \sim \exp\left[-\left(\frac{E'}{E_0}\right)\right] \tag{2.3}$$

其中 E_0 代表

$$E_0 = \frac{3}{2}(m^*)^{-1/3}(e\hbar\xi)^{2/3} \tag{2.4}$$

这里能量 E' 定义于图 2.13 的 x 处，m^* 是有效质量，ξ 是电场。如图 2.13 所示，吸收了 $h\nu<E_G$ 的光子后，价带的电子可以迁移至导带的带尾。这造成了基本吸收边的移动。在非晶材料中，可以预料这种带尾由于与定域隙态的重叠，会延展至带隙中。另外，图 2.13 没有考虑任何激子的作用。

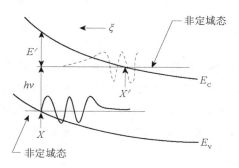

图 2.13　弗兰兹-凯尔迪什效应允许 $h\nu<E_G$ 的带间吸收

这个过程包括涉及电场 ξ 存在时的隧穿和光子吸收

2.2.4.2 干涉、反射和散射过程

当我们讨论光子、光的"粒子"和它们与材料之间相互作用的时候，光的波动性在太阳电池结构中也很重要。波长 λ 的光在进入电池时会被反射，在每个界面还会经历额外的反射。干涉图样可以在电池内形成。散射可以在小的结构或形貌里发生。改变这些波动现象的重要程度，可以形成 $G(\lambda, x)$ 行为的鲜明对比，图 2.14 展现了不同 λ 的两种光入射在有机异质结太阳电池之上的例子[11]。如图 2.14 所示，在吸收层中随位置指数变化的 $G(\lambda, x)$ 行为，如比尔-朗伯定律所预测的，对于 λ=300 nm 符合得很好。这是由于 λ=300 nm 处有很强的吸收，因此事实上这个波长的光很少有机会能到达界面以产生反射和干涉效应。然而，λ=550 nm 处的弱吸收则允许非常显著的反射与干涉效应，如图 2.14 所示。比尔-朗伯定律在这个结构中对此波长失效。

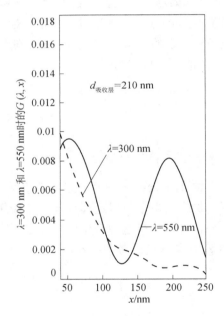

图 2.14　对于 λ=300 nm 和 550 nm 的入射光，单位体积单位时间波长 λ 附近的波段内，以位置 x 为变量，过程 3、4 和 5(或其组合)发生次数的函数 $G(\lambda, x)$

吸收层 210 nm 厚，太阳电池为氧化铟锡（ITO）/聚（3,4-乙烯二氧噻吩）-聚（苯乙烯磺酸盐）(PEDOT–PSS)/有机混合物吸收层/C_{60}/铝异质结结构。观察的是吸收层中从 40～250 nm 范围内的 $G(\lambda, x)$（源自参考文献[11]，已征得使用许可）

光子结构可用于开发利用光的波动性，以在太阳电池吸收层中塑造 $\xi^2(\lambda, x)$

的分布。正如我们讲过的，因为 $G(\lambda, x) \propto \alpha(\lambda, x) \xi^2(\lambda, x)$，所以这是非常有利的。这些结构利用了两维或三维光子晶体的周期性，包括不同介电常数材料的重复区域，从而操控光[14]。这些光子晶体结构周期性的长度尺度必须接近所要操控的光的波长[15]。考虑到太阳光谱（图 1.1）中富含光子部分的波长，这些结构必须具有纳米尺度（～100 nm）或稍大一点的形貌。图 2.15(a)和(b)展示了使用此种光子晶体结构以影响反射率的例子。这个特例展现了不同高度的 CdS 纳米柱阵列对阵列的入射光反射的影响。这些陷光的实验数据在添加 CdTe（以形成含有 CdS 纳米柱的 CdS-CdTe 异质结太阳电池）之前获得。反射率在添加 CdTe 后会有所改变。

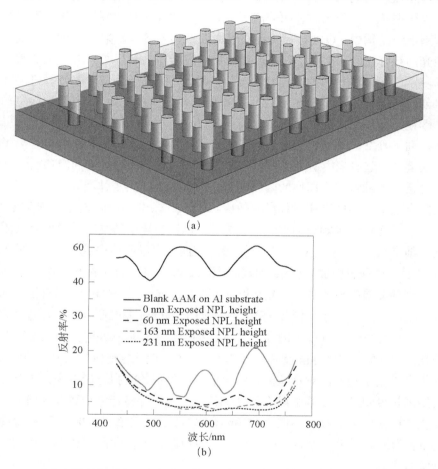

(a)

(b)

图 2.15　(a) 在阳极电镀的铝模板(AAM)上生长的 CdS 纳米柱（NPLs）阵列，中心之间的间距为 150 nm；(b)此种阵列的实测反射率，AAM 模板上生出的 NPLs 分别为 0 nm, 60 nm, 163 nm 和 231nm（源自参考文献[16]，已征得使用许可）

　　电池电极处具有微米量级形貌的织构也能形成陷光，并减少电池的反射率。这种陷光用几何光学（光束追踪）很容易解释，而且对于进入前织构或从背织构反射而来的光在吸收层中具有更长的路程。更长的路径产生更多的吸收。这种方法对于薄膜太阳电池却成问题，因为吸收层的厚度也许是所需织构的表面形貌起伏度的量级，或者更小[15,17]。光子晶体方式完全不同，因为它依赖于物理光学现象（反射、干涉和散射），并采用了更小的结构[15]。

　　等离子体激元是另一种为太阳电池应用提供了实用潜力的物理现象[17]。这一现象涉及照射到纳米尺度金属形貌（如纳米颗粒、刻蚀结构）之上的光所激发的协同电子振荡（量子化为表面等离子体）和从此表面再次辐射的光（散射）[1,17]。在太阳电池结构中，以波导模式存在于电池结构中的再辐射光与进入金属形貌的反馈光的耦合也会出现[17]。等离子体激元效应会在金属形貌附近产生非常强的近电场，导致这些地方的吸收大大增强[18]。因此，等离子体激元的散射可以被设计用来创建有利的 $\xi^2(\lambda, x)$ 分布，从而增强吸收并控制它的分布。对几种选定的金属纳米颗粒，计算得出的等离子体激元频率（在折射率为 1.33 的媒介中），以波长表示，列于表 2.2 中[19]。表 2.2 所列的波长或其附近波长的光，会与等离子体激元机制耦合。这些表中所列的波长会因媒介、衬底和波导效应而漂移[17]。随机排列的金属纳米颗粒和周期性的金属纳米尺度形貌（等离子体激元晶体）都已经用在太阳电池中来实现等离子体激元效应，改变 $\xi^2(\lambda, x)$ 的分布。对于金属纳米颗粒，已经探索了几种纳米颗粒的置放位置方式，包括在异质结材料的界面及其附近放置金属纳米颗粒，以及在电池顶（光入射）表面的二维网格中放置粒子。图 2.16(a)和(b)展示了在顶表面放置金纳米颗粒（图 2.16(a)）的 pin 非晶硅电池模拟研究结果。在这种非晶硅电池中，红光和近红外波长的光子（$\lambda>650$ nm）有很长的吸收长度（超过 1 μm），通常不能被模拟中所设的 500 nm 非晶硅吸收层有效吸收。然而，当半径为 70~80 nm、间距为 650 nm 的金纳米颗粒存在时，如图 2.16(b)所示光波长范围（除 $\lambda=500$ nm 及其附近的波长）内的吸收被增强。λ 在～500 nm 附近的损失是由于顶表面对这些波长的反射[21]。类似的模拟已经发现，在电池背部使用纳米尺度特征的二维金属"等离子激元晶体"能够避免长波吸收损失，并确实增强这段范围的吸收，如图 2.17 所示[21]。图 2.16 中纳米颗粒的不利短波损失（500 nm 附近）这里并没有出现，因为这些短波光子在它们到达电池背部之前已经被吸收了。

表 2.2　一些等离子体激元的波长[19]

金属	定域表面等离子体激元（共振）波长/nm
钯	～250
银	～390
钡	～400
铕	～380 (肩宽至～500)
钙	～500
钇	～430(宽峰)
金	～525
铂	～230
铜	～210(肩宽至～580)
铯	>700

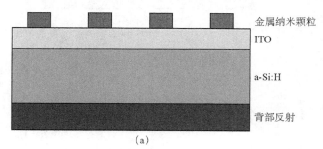

(a)

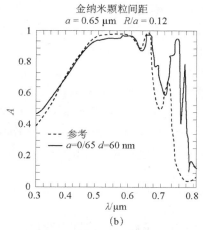

(b)

图 2.16　(a) 纳米粒子覆盖的非晶硅太阳电池示意图；(b)具有纳米颗粒的电池（实线）与没有纳米颗粒的对应电池（虚线）的吸收模拟结果

非晶硅吸收层厚度设为 0.5 μm。短波处的低吸收是由于前表面反射（源自参考文献[21]，已征得使用许可）

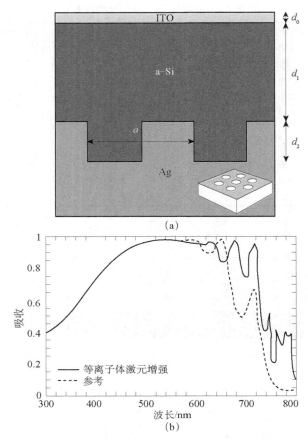

图 2.17 (a)位于非晶硅太阳电池背部的银"等离子体激元晶体"；(b) 具有等离子体激元晶体的电池（实线）与没有等离子体激元晶体的对应电池（虚线）的吸收模拟结果

非晶硅吸收层厚度设为 d_1=0.5 μm。等离子体激元晶体的网格间距为~750 nm，刻蚀深度 d_2 为 200 nm。孔穴的半径设为 225 nm。短波处的低吸收是由于前表面反射（源自参考文献[21]，已征得使用许可）

2.2.5 载流子复合与俘获

载流子，即半导体导带的自由电子和半导体价带的自由空穴，是太阳电池工作所需要的。一旦电子激发到导带能级，在价带能级中就产生了相应的空穴，或一旦激子解离，就在导带中产生电子，价带中产生空穴，目的就是使它们按照第 1 章的步骤(3)工作。然而，激发的电子会返回它们的基态，或降低能量掉入某个带隙态而不做任何有用的事。这可能以如下几种方式之一发生：电子通过辐射机制（辐射复合）失去能量，涉及光子的释放（也许会也许不会涉及声子）；电子通过释放声子失去能量，这个过程也涉及带隙态（肖克莱-里德-霍尔(Shockley-Read-Hall，S-R-H)或带隙态辅助复合）；电子通过俄歇机制（俄歇复合）失去能量，涉及它的能量迁移到另一个电子或空穴上；多粒子态也有类似的机制。例如，激子会通过辐射或俄歇过程（俄歇复合）失去能量。这三种普通的复合机制都有对应的反过程；这些是热产生机制。复合和热产生一直存在于材料或器件当中。光产生也能在光照时出现。在热平衡时，没有外加和生成的电压、光照及温度梯度的出现。细致平衡原理适用于热平衡，它要求每个热产生过程和它对应的复合过程在统计上彼此相等。当额外（过剩）的载流子在材料中形成时，比如光照或载流子注入（由于偏置）时，材料不再处于热平衡态而存在净复合，其中净复合定义为复合率减去热产生率。

自由电子-空穴复合总体结果为湮没了导带中的自由电子与价带中的自由空穴。当发生在我们感兴趣的稳态时，它同时消除一个自由电子-空穴对。复合是由能带中的载流子驱动的。单分子复合过程仅由 n 或 p 驱动。双分子复合过程由 np 的乘积驱动。当复合引起自由电子与自由空穴的湮没时，自由载流子也可能被俘获。俘获这一概念，严格地来说，有两方面的意思：①意味着带隙态的俘获，作为定域态辅助复合中一系列过程的一部分，或②意味着电子或空穴受困于定域态处。当用于后者时，俘获将一个或多个能量损失机制结合起来，最终结果是原本是导带的电子或价带的空穴发现自己被囚禁在某个带隙态中。复合，当它是定域态辅助时，会涉及材料体内、表面、晶界处的带隙态。俘获也涉及这些带隙态。带隙态中的载流子，不管是否由于俘获或经过复合过程而来，都会根据能态的占据情况是受主型、施主型还是双性型而产生电荷。

复合模型

1）辐射复合

如附录 B 中详细讨论的那样，自由电子或空穴的净辐射复合速率可以表示为

$$\mathscr{R}^{R} = \left(\frac{g_{th}^{R}}{n_i^2} \right)(pn - n_i^2) \tag{2.5}$$

其中 n_i^2 是本征载流子浓度的平方，始终等于 $n_0 p_0$（下标零指的是热平衡时的值），无论材料是本征还是非本征的[3]。$\mathscr{R}^R$ 的量纲是单位体积单位时间消失的载流子数量（自由空穴或等价的自由电子）。很明显，热平衡时 $\mathscr{R}^R$ 为零。

如果材料是 p 型的，而且如果光照时 p 实质上仍然等于 p_0，那么方程（2.5）可以写成

$$\mathscr{R}^R = \left(\frac{g_{th}^R}{n_i^2}\right)(np_0 - n_0 p_0) \tag{2.6}$$

定义 $[p_0 g_{th}^R / n_i^2]^{-1}$ 为 τ_n^R，允许方程（2.6）最终写成

$$\mathscr{R}^R = \frac{n - n_0}{\tau_n^R} \tag{2.7}$$

其中 τ_n^R 称为电子辐射复合寿命，如果与其他复合路径相比，辐射复合占主导的复合机制，则简称电子寿命。类似地，如果材料是 n 型的，而且如果光照时 n 实质上仍然等于 n_0，那么方程(2.5)可以写成

$$\mathscr{R}^R = \frac{p - p_0}{\tau_p^R} \tag{2.8}$$

其中 $\tau_n^R = [n_0 g_{th}^R / n_i^2]^{-1}$ 称为空穴辐射复合寿命，如果辐射复合为占主导的复合机制，则简称空穴寿命。当这些线性形式的方程（2.5)(方程(2.7)，方程(2.8))能被用来描述净辐射复合速率时，辐射复合的双分子机制变为由一种载流子控制；也就是说，它变成了单分子机制。

2）肖克莱-里德-霍尔复合

正如我们讲过的，自由电子与空穴弛豫至能量更低的能级并复合的第二种过程，涉及声子的释放。从图 2.5 可以看到，声子能量 $\leqslant 0.1$ eV。严格遵循单声子释放的带间复合，其实将需要多个声子的同时参与，而这被认为是不可能的。然而，如果我们把存在于材料中的定域态考虑进来时，情况则发生了改变。带电载流子能与产生定域能级的物理实体碰撞而失去它们的能量，并被其俘获。能量在这个碰撞（俘获）过程中也许会以声子或光子或二者都有的形式释放。例如，电子的俘获与之后空穴的俘获完成了复合过程。我们称之为带隙态或等价的定域态辅助复合。用符号 $\mathscr{R}^L$ 表示这个过程的净复合率。上标强调了定域带隙态所扮演的角色。这个机制称为肖克莱-里德-霍尔复合[3]。

如附录 C 所示，能级 E 的带隙态产生的净复合率数量 $\mathscr{R}^L$，在稳态上可以表示为

$$\mathscr{R}^L = \frac{v\sigma_n\sigma_p N_T(np - n_i^2)}{\sigma_p(p + p_1) + \sigma_n(n + n_1)} \tag{2.9}$$

其中 σ_n 为这些态的电子俘获截面（吸引力），σ_p 为这些态的空穴俘获截面（吸引力）。如果材料是 p 型的，而且如果光照时 p 实质上仍然等于 p_0，那么方程(2.9)可以写成

$$\mathscr{R}^L = \frac{v\sigma_n\sigma_p N_T(np_0 - n_0 p_0)}{\sigma_p(p_0 + p_1) + \sigma_n(n + n_1)} \tag{2.10}$$

或

$$\mathscr{R}^{L} = \frac{v\sigma_n\sigma_p N_T p_0 (n-n_0)}{\sigma_p(p_0+p_1)+\sigma_n(n+n_1)} \tag{2.11}$$

定义 $\tau_n^L = [v\sigma_n\sigma_p N_T p_0 / \sigma_p(p_0+p_1)+\sigma_n(n+n_1)]^{-1}$ 并假定它不强烈依赖于 n，公式(2.9) 能线性化为

$$\mathscr{R}^{L} = \frac{n-n_0}{\tau_n^L} \tag{2.12}$$

其中 τ_p^L 称为电子 S-R-H 复合寿命，如果 S-R-H 复合是占主导的复合机制，或简称电子寿命。类似地，如果材料是 n 型的，而且如果光照时 n 实质上仍然等于 n_0，那么方程(2.9)能线性化为

$$\mathscr{R}^{L} = \frac{p-p_0}{\tau_p^L} \tag{2.13}$$

其中 $\tau_p^L = [v\sigma_n\sigma_p N_T n_0 / \sigma_p(p+p_1)+\sigma_n(n_0+n_1)]^{-1}$ 并假定不强烈依赖于 p，是空穴的 S-R-H 复合寿命，或简称空穴寿命（如果这是占主导的复合机制）。当方程(2.9)~方程（2.12）或方程（2.13）的线性化有效时，将导致这种双分子机制变成单分子机制，也就是说，由一种载流子驱动。

必须强调的是，所有以上 S-R-H 复合方程是针对能隙中某能级 E 的一个定域态群所写。当存在带隙态分布时，也必须有其他能级其他带隙态的相应表述。因此，总 S-R-H 复合率必须是所有这些贡献的总和。这要求以上方程都变为沿整个分布的求和。

3）俄歇复合

俄歇机制的显著特征是电子、空穴或激子从其他的电子、空穴或激子获取能量，或者将能量传给其他的电子、空穴或激子。俄歇过程有很多类型。在许多可能的路径中，一些单粒子路径如图 2.18 中所示[22]。图中过程（a）展示了导带电子落入价带并将其能量传给另一个导带电子的电子-空穴俄歇复合过程。我们认为这个路径的俄歇复合速率 r_A^A 遵从 $r_A^A = A_{1A}^A n^2 p$。对应的产生过程为一个能化的导带电子弛豫到带边，所释放的能量产生一个电子空穴对。它可模型化为 $g_A^A = A_{2A}^A n$。与此对应的俄歇产生过程经常被称为碰撞电离。图中过程(b)展示了相应的空穴将能量带走的俄歇复合过程。由此我们可认为 $r_B^A = A_{1B}^A n p^2$。对应的产生过程为一个能化的价带空穴弛豫到带边，所释放的能量产生一个电子空穴对。它可模型化为 $g_B^A = A_{2B}^A p$。这也可称为碰撞电离。过程(c)~(f)它们本身不是复合过程，因为电子空穴对并未消失。可以看到，过程(c)~(e) 使载流子进入或离开了定域态，即它们导致了俘获或去俘获。过程(f)允许被俘获的载流子掉到能量更低的局域态。图(c)、(d)和(f) 部

分所展示的与定域态有关的复合类似过程(a)，因而有：$r_{CC}^A = A_{1C}^A n^2 \tilde{p}_T$，$r_D^A = A_{1D}^A \tilde{n}_T np$ 和 $r_F^A = A_{1F}^A n \tilde{n}_T \tilde{p}_T$。很明显，对于自由空穴也有相应的路径。导致两个载流子去俘获的过程（e）可模型化为 $r_E^A = A_{1E}^A \tilde{n}_T^2 p$。也如同在附录 C 中解释的那样，$\tilde{p}_T$ 为失去电子的能级 E 单位体积的单电子态数目，$\tilde{n}_T$ 为被电子占据的能级 E 单位体积的单电子态数目。只有当空态为施主型时，数量 $\tilde{p}_T$ 对带隙态正空间电荷密度表达式 ep_T 中 p_T 的产生贡献。只有当空态为受主型时，数量 $\tilde{n}_T$ 对带隙态负空间电荷密度表达式 $-en_T$ 中的 n_T 产生贡献。

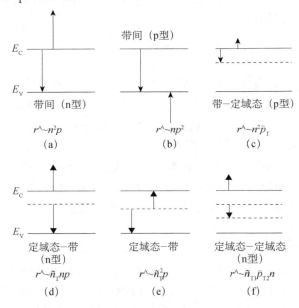

图 2.18　固体中一些可能的俄歇过程

图中标示了不同能量损失路径与所涉及的多种数量密度的依赖性。这里 $\tilde{p}_T$ 给出了能级 E 上单位体积空定域态的数目，$\tilde{n}_T$ 给出了能级 E 上单位体积被占据定域态的数目（摘自文献[22]）

从我们对图 2.18 的讨论可见，有两种自由载流子俄歇复合过程。我们可以对它们建模：首先使用细致平衡原理推导出过程(a)中的 A_{1A}^A 与 A_{2A}^A 的关系和过程(b)中的 A_{1B}^A 与 A_{2B}^A 的关系。然后利用这些系数间的关系，经过一些简单的代数运算，过程(a)的净复合率 $\mathscr{R}^{AA}$ 与过程(b)的净复合率 $\mathscr{R}^{AB}$ 可表达为

$$\mathscr{R}^{AA} = A_{2A}^A \left[\frac{n^2 p}{n_0 p_0} - n \right] \qquad (2.14a)$$

和

$$\mathscr{R}^{AB} = A_{2A}^A \left[\frac{p^2 n}{n_0 p_0} - p \right] \tag{2.14b}$$

方程（2.14）中所见的对 n 或 p 的强烈依赖性，意味着俄歇复合在太阳电池载流子浓度高的情况下能够成为主导。我们经常希望以上的俄歇复合表达式能够用线性模型予以充分地表示。如方程(2.14)的过程对于 p 型材料可以写成

$$\mathscr{R}^A = \frac{n - n_0}{\tau_n^A} \tag{2.15a}$$

对于 n 型材料写成

$$\mathscr{R}^A = \frac{p - p_0}{\tau_p^A} \tag{2.15b}$$

上述线性表达式中的 τ_n^A 与 τ_p^A 为电子和空穴的俄歇寿命。

2.2.6　光生载流子的产生

函数 $G(\lambda, x)$ 在 2.2.4.1 节介绍过，其用以计量在吸收层某位置 x 处、由波长为 λ 的光照射，所产生的过程 3、过程 4 和过程 5 吸收事件的数目。因为表 2.3 中所列的三个原因，$G(\lambda, x)$ 不一定是单位体积单位时间光生载流子的产生函数 $G_{ph}(\lambda, x)$。过程 3 中只有在下述条件下，产生的部分 $G(\lambda, x)$ 可能对 $G_{ph}(\lambda, x)$ 有贡献：存在足够数量的带隙态并且能量位置相当有利，从而辅助光子把载流子从价带激发到导带。带隙态需要以大量的形式存在，才能确保这个路径产生显著贡献，这样一来就可能形成中间带。然而，如果存在足够的带隙态，也会有不利的一面，即增大了复合的可能性。当中间带处于合适的能量位置时，由于子带隙光子的参与，价带-中间带和之后的中间带-导带跃迁可能导致载流子的产生进一步增强的净增效果[23]。关于过程 4 和过程 5，我们注意到，过程 5 对 $G(\lambda, x)$ 的贡献直接出现在 $G_{ph}(\lambda, x)$ 中。而在过程 4 中，生成的激子必须解离为自由载流子才会对 $G_{ph}(\lambda, x)$ 产生贡献。这个过程可以在异质结的界面实现，另外原则上在高电场区域也可实现。然而，据报道后者的概率是微不足道的[24]。激子解离的地点与程度决定了过程 4 在 $G_{ph}(\lambda, x)$ 中的比重。例如，当激子的解离发生在界面处时，电子出现在界面的一边，而空穴在另一边。这种情况下 $G_{ph}(\lambda, x)$ 变成了两个表达式：$G_{ph}{}^n(\lambda, x)$ 和 $G_{ph}{}^p(\lambda, x)$。这在之后的章节中会进一步讲解。

表 2.3　　$G(\lambda, x)$ 与 $G_{ph}(\lambda, x)$ 的区别

现象	备注
中间带吸收	允许图 2.11 中的过程 3 对 $G_{ph}(\lambda, x)$ 产生贡献
激子解离	必须发生，激子对 $G(\lambda, x)$ 的贡献才能出现在 $G_{ph}(\lambda, x)$ 中
俄歇倍增	例如，能化的激子可以经历俄歇过程，产生第二个激子，因此可能使载流子倍增

过程 4 的贡献原则上也能通过类似于图 2.18(a)过程中的单载流子俄歇产生机制，被俄歇激子倍增现象增强。它是指一个能化的激子可以弛豫到能量更低的状态，从而产生第二个激子[25]。这个过程可以在半导体纳米颗粒（量子点）中发生，并经常被称为载流子倍增[25]。严格地讲，载流子浓度在激子解离之前并没有倍增。

2.3　输　　运

2.3.1　体材料中的输运过程

将半导体看成由体材料和界面两部分组成，这样可以系统地阐述载流子在这些区域的输运。我们在本书中通过漂移和扩散的概念，来建立体区域内导带和价带的输运模型。所用到的假设与漂移-扩散公式的推导，在附录 D 中给以了详细介绍。为了方便起见，在这里先概括介绍一下由附录 D 中的漂移-扩散方式推导出来的关键输运方程。这些方程对于单晶固体严格成立。对于多晶和微晶无机材料，只要散射长度小于晶体的特征尺寸，漂移-扩散模型在晶粒中也严格成立。在多晶材料中，晶粒内的漂移-扩散输运也许会和晶界处的注入、复合或隧穿过程联系在一起。对于纳晶材料，漂移-扩散模型采用与晶粒大小相关的有效迁移率亦能满足要求。漂移-扩散方式也适用于非晶无机物、非晶和晶体有机材料。对于非晶材料，在具有导带和价带输运的同时，也会具有通过带隙态的输运。对于有机材料，由隧穿机制控制的分子间输运在某些情况下可以占据主导地位。对于纳米颗粒，输运被认为不仅由界面支配，也取决于粒子所嵌入的基质。在后两种情形中，载流子在找寻最佳界面隧穿的路径时，也许不得不透穿过固体。

2.3.1.1　体区域导带输运

如附录 D 所建立的，材料系统内某点导带的单位体积自由电子数量 $n(x)$ 的一般表达式，由下式给出

$$n = \int_{E_C}^{\infty} \left[\frac{1 + \exp(E - E_{Fn})}{kT_n} \right]^{-1} A_C (E - E_C)^{1/2} \, dE \tag{2.16}$$

此表达式甚至在非热平衡态时也适用，其中，E_{Fn} 是随空间变化的电子准费米能级，T_n 是随空间变化的电子温度，$A_C (E - E_C)^{1/2}$ 是计算导带态密度 $g_e(E)$ 的一个模型，量 A_C 也许随位置变化。这个导带态密度的抛物线模型，对于晶体和多晶体材料是非常精确的，对于非晶无机物也适用。对于有机物，高斯分布可能更加合适。如果电子准费米能级 E_{Fn} 比 E_C 至少低几个 kT_n，那么方程(2.16)可以简化成

$$n = N_C \exp\left[\frac{-(E_C - E_{Fn})}{kT_n} \right] = N_C \exp\left[\frac{-V_n}{kT_n} \right] \tag{2.17}$$

在公式(2.17)中，N_C 是导带有效态密度，V_n 确定了位置 x 处相对于电子准费米能级的导带位置（附录 D）。当使用方程(2.17)的条件满足时，玻尔兹曼分布被用于决定导带的载流子数，而非费米-狄拉克分布。

根据附录 D，在点 x 处由单位体积电子数 n 运送的常规电流密度 J_n 可以写成

$$J_n = e\mu_n n \frac{dE_{Fn}}{dx} - en\mu_n S_n \frac{dT_n}{dx} \tag{2.18}$$

其中材料参数 μ_n 和 S_n 分别为电子迁移率与泽贝克系数。在方程(2.18)中，漂移和扩散都成为了准费米能级的梯度项。也如附录 D 所示，方程(2.18)能重写为

$$J_n = e\mu_n n \left(\xi - \frac{d\chi}{dx} - kT_n \frac{d\ln N_C}{dx} \right) + eD_n \frac{dn}{dx} + eD_n^T \frac{dT_n}{dx} \tag{2.19a}$$

或替代成

$$J_n = e\mu_n n\xi + e\mu_n n\xi_n' + eD_n \frac{dn}{dx} + eD_n^T \frac{dT_n}{dx} \tag{2.19b}$$

公式(2.19a)与(2.19b)明显地使用了抛物线形的态密度模型，但对其他态密度模型也有等价的形式。方程（2.19b）清楚地展示了漂移和扩散的成分。电子扩散系数 D_n 与电子热扩散系数 D_n^T（或索雷特系数（Soret coefficient））已经在方程（2.12a）和（2.12b）中引入，如附录 D 中定义

$$D_n = kT_n \mu_n \tag{2.20}$$

和

$$D_n^T = \left[\frac{\mu_n n(V_n + S_n T_n)}{T_n} \right] \tag{2.21}$$

值得注意的是：方程(2.19a)与(2.19b)表明电子有效力场 ξ_n' 与静电场 ξ 在电子输运中扮演的角色相同，其中电子有效力场定义为

$$\xi_n' = -\left(\frac{d\chi}{dx} + kT_n \frac{d\ln N_C}{dx} \right) \tag{2.22}$$

ξ_n' 产生于电子亲和势 χ 和导带有效密度 N_C 随位置的改变。当然，ξ 产生于电荷密度。意识到 ξ_n' 与 ξ 对电子漂移电流的产生扮演相同的角色，对理解光伏作用十分地重要[26]。方程(2.19)显示，电子常规电流密度 J_n 可以看成是由热扩散、扩散和漂移所产生，其中漂移可看成是电子受到一总力 F_e 作用的结果，F_e 为

$$F_e = -e\left(\xi - \frac{d\chi}{dx} - kT_n \frac{d\ln N_C}{dx} \right) \tag{2.23}$$

如果材料没有变化的电子亲和势 χ 和导带有效密度 N_C，而且没有温度梯度，方程(2.19)的表达式可被缩减为通常的[3]

$$J_n = e\mu_n n\xi + eD_n \frac{dn}{dx} \tag{s（2.24）}$$

如第 4～7 章讨论的那样，在太阳电池结构中经常有突变阶跃或梯度变化的材料区域和突变阶跃或梯度变化的异质结。在那些情形中，由方程(2.19a)和(2.19b)给出的 J_n 模型需要表述出相应的器件物理特性。如之前提到的，尽管这节的方程适用于单晶和非晶区域，但通过考虑界面输运或使用有效迁移率，这些方程也能很好地用于无机和有机的多晶、微晶固体。我们将于第 4～7 章中的器件分析中应用方程(2.19)，但假定电子温度能用系统温度表征，而且系统温度 T 随位置的变化忽略不计。

2.3.1.2 体区域的价带输运

甚至在非热平衡态时也适用的、材料系统内某点导带的单位体积自由空穴数量 $p(x)$ 的一般表达式，由下式给出

$$p = \int_{-\infty_C}^{E_V} \left[\frac{1 + \exp[-(E - E_{Fp})]}{kT_p} \right]^{-1} A_V (E_V - E)^{1/2} dE \tag{2.25}$$

在此表达式中，E_{Fp} 是随空间变化的空穴准费米能级，T_p 是随空间变化的空穴温度，$A_V(E_V-E)^{1/2}$ 是计算价带态密度的一个模型，其前因子也许会随位置变化。此价带态密度的抛物线模型对于晶体和多晶体材料是非常精确的，对于非晶无机物也适用。对于有机物，高斯分布可能更合适。如果空穴准费米能级 E_{Fp} 比 E_V 至少高出几个 kT_p，方程(2.25)可以简化成

$$p = N_V \exp\left[\frac{-(E_{Fp} - E_V)}{kT_p} \right] = N_V \exp\left[\frac{-V_p}{kT_p} \right] \tag{2.26}$$

在公式(2.26)中，N_V 是价带有效态密度，V_p 确定了位置 x 处相对于空穴准费米能级的价带位置（附录 D）。当使用方程(2.26)的条件满足时，玻尔兹曼统计分布适用于确定价带的载流子数。

在附录 D 中推出的常规空穴电流密度 J_p，类似于导带自由电子的结果。特殊之处在于：面对随空间变化的空穴准费米能级 E_{Fp} 和随空间变化的 T_p，空穴常规电流密度 J_p 可以写成

$$J_p = e\mu_p p \frac{dE_{Fp}}{dx} - ep\mu_p S_p \frac{dT_p}{dx} \tag{2.27}$$

其中材料参数 μ_p 和 S_p 分别为空穴迁移率与泽贝克系数。方程(2.27)包括了漂移和扩散。为了明晰这一点，方程(2.27)在附录 D 中重写为

$$J_p = e\mu_p p \left(\xi - \frac{d(\chi + E_G)}{dx} + kT_p \frac{d\ln N_V}{dx} \right) - eD_p \frac{dp}{dx} + eD_p^T \frac{dT_p}{dx} \tag{2.28a}$$

或替代成

$$J_p = e\mu_p p \xi + e\mu_p p \xi_p' - eD_p \frac{dp}{dx} - eD_p^T \frac{dT_p}{dx} \tag{2.28b}$$

公式(2.28a)与(2.28b)使用了抛物线形的态密度模型，但对其他态密度模型也有等价的形式。空穴扩散系数 D_p 与空穴热扩散系数 D_p^T（或索雷特系数）已经在方程（2.28a）和（2.28b）中引入，如附录 D 中定义

$$D_p = kT_p\mu_p \tag{2.29}$$

和

$$D_p^T = \left[\frac{\mu_p p (S_p T_p - V_p)}{T_p} \right] \tag{2.30}$$

ξ 是静电场，但 ξ_p' 是空穴有效力场，定义为

$$\xi_p' = -\left(\frac{d(\chi + E_G)}{dx} \right) - kT_p \frac{d\ln N_V}{dx} \tag{2.31}$$

如附录 D 中详细探讨的那样，空穴有效力场 ξ_p' 产生于空穴亲和势 $\chi + E_G$ 和价带有效态密度 N_V 随位置的改变。ξ 当然产生于电荷密度。从方程(2.28a)与(2.28b)中注意到很重要的一点，空穴有效力场 ξ_p' 与静电场 ξ 在空穴输运中扮演的角色相同[26]。方程(2.28)表明，空穴传统电流密度 J_p 能看成是由热扩散、扩散和漂移所产生，后者漂移可以看成是空穴受到一总力 F_h 作用的结果，F_h 为

$$F_h = e \left(\xi - \frac{d(\chi + E_G)}{dx} + kT_p \frac{d\ln N_V}{dx} \right) \tag{2.32}$$

有意思的是，从方程(2.22)与方程(2.31)的比较中可以看到，电子和空穴的有效力场很不一样。从方程(2.19b)和方程(2.28b)也能看到，静电场导致电子和空穴的常规电流在相同的方向流动，意味着它使电子和空穴以相反的方向移动。这两组方程的差别进一步表明：合适地设计电子亲和势与能带态密度、空穴亲和势与能带

态密度的变化，也能引起电子和空穴朝相反的方向移动。简洁地说，电场与有效场都能够用来打破太阳电池结构中的对称性。二者都可以同等地产生光伏作用[26]。这是很重要的一点。如果人们愿意接受静电场和有效场不需要都出现在电池中的观点，并将这些观点通用于所有种类的太阳电池结构（从 pn 同质结到染料敏化太阳电池），那么一幅非常普适的光伏作用图景展现在我们眼前：静电场、有效场或二者一起都可以用于打破对称性并产生光伏作用。我们在此书中一直遵循这个观点。

如果材料没有变化的空穴亲和势 $\chi+E_{\mathrm{G}}$ 和价带有效密度 N_{V}，而且没有温度梯度，方程(2.24)的表达式可被简化为通常的形式[3]

$$J_{\mathrm{p}} = e\mu_{\mathrm{p}}p\xi - eD_{\mathrm{p}}\frac{\mathrm{d}p}{\mathrm{d}x} \qquad (2.33)$$

正如我们将看到的，在太阳电池结构中经常有梯度变化的材料区域和梯度变化的异质结，这使得我们需要使用方程(2.28)去表述出现的所有器件物理过程。尽管这节的空穴输运方程适用于单晶和非晶区域，但通过考虑界面输运或使用有效迁移率，方程也适用于无机和有机的多晶和微晶固体。我们将于第 4～7 章器件分析中应用方程(2.28)，但此后假定电子与空穴具有同一个温度，而且其随位置的变化忽略不计。

2.3.1.3 非晶材料

非晶固体中的载流子输运是复杂的，因为电流不仅可由导带价带中的电子和空穴运送，还可由带隙态中的载流子运送；也就是说，带隙态也许具有足够高的密度以至于它们也能在一些非晶材料中支持输运。承认了这一点，电流密度 J 通常必须写成

$$J = J_{\mathrm{n}} + J_{\mathrm{p}} + \sum_i J_{\mathrm{G}i} \qquad (2.34)$$

这里 J_{n} 是导带的贡献（来自图 2.10 中迁移率带隙之上的非定域态），J_{p} 是价带的贡献（来自图 2.10 中迁移率带隙之下的非定域态），$J_{\mathrm{G}i}$ 是来自第 i 组带隙态的电流密度。就 $J_{\mathrm{G}i}$ 而言，描述电子在带隙态中移动的最好方法，常常是把它们看成从一个位置跃迁到另一个位置。跃迁涉及隧穿，但是由于这些位置也许不全处在相同的能级，因此跃迁是声子辅助的隧穿过程。定域的电子每次移动时，它或发射或吸收一个声子。这致使跃迁是一个热激发过程，并导致迁移率 μ_{G} 具有以下形式

$$\mu_{\mathrm{G}i} = \mu_{\mathrm{G}i0}\mathrm{e}^{-W(E)/kT} \qquad (2.35)$$

其中 W 为激活能[27,28]。因为非定域态的迁移率比定域态（迁移率带隙）预计高几

个数量级，以及由于因子 $e^{-W(E)/kT}$ 定域态中的迁移率能改变数个数量级，因此非晶材料的导电性会因载流子数量的改变而极大地受到影响。例如，当光显著地改变了载流子的数量，使其进入了跃迁迁移率较大的定域态或能带态时，将引起导电性的极大变化，因此许多有机和无机非晶半导体实际上是很强的光敏导体。

2.3.2　界面的输运过程

界面当中存在许多独特的过程，允许载流子穿过两个材料或两个晶粒之间的边界。这些过程与刚才讨论过的体输运机制联系在了一起。在这节我们重点讨论这些界面输运机制。图 2.19 采用了前置偏压下的金属-半导体结构，来解释说明这些输运机制。从此图中可以看到，从 a 到 e 的机制涉及半导体的多子，机制 f 涉及多子和少子。机制 g 只涉及少子。尽管这里我们是在金属-半导体接触的背景下讨论这些机制，在其他界面中也能见到特征相同的各种界面输运机制。

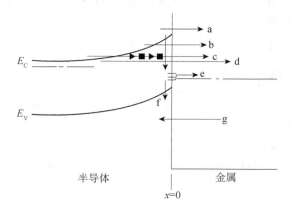

图 2.19　用前置偏压的金属-半导体接触结举例说明界面输运机制

路径 a 为热电子发射，路径 b 是热增强场激发，路径 c 为多步隧穿，路径 d 为场发射，路径 e 涉及俘获和后续发射，路径 f 为界面复合，路径 g 为少子注入

2.3.2.1　热电子发射

热电子发射是载流子从一种材料允态迁移到另一种材料允态，在总能量上没有改变的经典过程（无隧穿）。适用于半导体-半导体或金属-半导体界面，穿过势垒的净电流密度 J_{OB} 的通用模型，对于电子可以写成[29]

$$J_{OB} = -A^{*}T^{2}e^{-\phi_B/kT}[e^{E_{Fn}(0^{-})/kT} - e^{E_{Fn}(0^{+})/kT}] \qquad (2.36)$$

这里 ϕ_B 为势垒高度，$E_{Fn}(0^{-})$ 为 $x=0^{-}$ 处有电流流动时的准费米能级位置偏移，$E_{Fn}(0^{+})$ 为 $x=0^{+}$ 处有电流流动时的准费米能级位置偏移。这些准费米能级若位于

热平衡时的费米能级之上则为正。这个表达式再一次表明了最初在方程(2.18)和方程(2.27)中见到的准费米能级在电流驱动中充当的角色。

在图 2.19 所示的金属-半导体结构的界面示例中，此模式的载流子输运路径的数学模型可表达为

$$J_{OB} = -A^* T^2 e^{-\phi_B/kT} [e^{V/kT} - 1] \tag{2.37}$$

方程(2.36)与方程(2.37)中的负号缘于我们把朝右的净电子发射看成负的常规电流。在这个表达式中，因为金属中的高载流子数没有被电流干扰，金属中 $E_{Fn}(0^+) = 0$（电子准费米能级位于费米能级处）。

在这些表达式中，A^* 是有效理查德常数[30]，这是界面处所涉及的一个材料函数。比如，在晶体和多晶材料中，电子以守恒过程穿越界面时，它们的总能量和在结平面内的 k 矢量部分必须守恒。材料系统中能做到这一点的电子数，取决于所涉及材料的 $E = E(k)$ 函数，而这反映在 A^* 的值中。也会有一些材料系统，其电子必须与声子相互作用以调节它们的 k 矢量，这样才能适应它们新宿主的 $E = E(k)$。在此过程中，它们的能量被改变了。对于非晶材料，这个 k 守恒定则被放宽，因为 k 不再是"好量子数"。有效 A^* 必须包含这些材料系统之间的变化[29,30]。

2.3.2.2　热增强场发射

图 2.19 的过程 b 为热增强场发射或热电子场发射。热增强场发射是把电子从一个材料允态迁移至另一个材料允态的直接隧穿过程。它区别于直接隧穿过程的场发射，在场发射（路径 d）中没有热辅助[30]。除了在较高的半导体掺杂水平与较低的温度情况下，热电子场发射不会超越并存的热电子发射路径而成为半导体-金属界面处的主要输运机制[30]。

2.3.2.3　多步隧穿

图 2.19 的过程 c 被称为多步隧穿。此类过程有一专门术语，称为间接隧穿，其可以是守恒的，也可以是不守恒的，尽管所示的特例为守恒的。多步隧穿可考虑成与 2.3.1.3 节所讨论的跳跃体输运过程类似的界面过程。因为这个界面不涉及直接隧穿，但涉及势垒区域一个缺陷到另一个缺陷的隧穿，它会牵涉声子并会在一定范围的势垒厚度和掺杂水平中发生。这个输运过程已经被人提出具有前置的 J-V 特性，其格式为

$$J_{MS} = -J_0 e^{BT} e^{AV} \tag{2.38}$$

其中 A 和 B 为常数[31]。这里 V 是前置偏压下半导体势垒区能带弯曲的改变。方程(2.38)中电压项的乘数 $J_0 e^{BT}$，依据 T 作图时，会看出它与 T 呈指数关系。这明

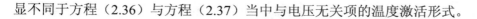

显不同于方程（2.36）与方程（2.37）当中与电压无关项的温度激活形式。

2.3.2.4　场发射

图 2.19 的过程 d 为纯正的场发射，即多子从能带底部直接隧穿而通过半导体势垒。场发射电流密度 J_{FE} 对半导体内能带弯曲的变化有非常强的依赖关系，因为它改变了势垒的形状，从而改变了隧穿概率。因为路径 d 需要在半导体势垒最宽的地方直接隧穿，仅在掺杂水平非常高的时候它才明显[30]。

2.3.2.5　俘获与后续发射

在图 2.19 的范例界面中，路径 e 要求 $x=0$ 处的导带电子被定域态俘获，然后发射进入金属。通常，这种过程取决于初始状态的载流子数、中间态的载流子数和最终状态的载流子数，除此之外还取决于俘获截面。

2.3.2.6　界面复合

图 2.19 的路径 f 是缺陷辅助界面复合。修改方程(2.9)得到了由这个过程引起的 $x=0^-$ 处的导带电流密度 J_{IR}，为

$$J_{IR} = \frac{ev\sigma_n\sigma_p N_I[n(0^-)p(0^-) - n_i^2]}{\sigma_p[p(0^-) + p_1] + \sigma_n[n(0^-) + n_1]} \tag{2.39}$$

在这个表达式中，N_I 是单位界面面积位于能级 E 的陷阱态密度。如果在界面有带隙态的分布，那么这个表达式必须沿这个分布求和。

2.3.2.7　少子注入

图 2.19 中前置偏压金属–半导体界面的过程 g 为少子注入。在此图所示的情况中，空穴在 $x=0$ 的冶金结价带产生（来源于向右移动进入金属的电子）。这些空穴提供给路径 f，任何剩余的空穴通过漂移和扩散向左移动进入半导体体内。在许多与我们范例类似的界面中，路径 g 可以提供路径 f 和体材料所需的空穴。在此种情况下，空穴准费米能级 $E_{Fp}(0^-)$ 必须等于 $E_{Fp}(0^+)$。如果路径 g 不能提供路径 f 和体材料所需的空穴，则在能量上 $E_{Fp}(0^-)$ 会位于 $E_{Fp}(0^+)$ 之上。

2.3.2.8　表面复合速率模型

界面处所有这些不同的输运可能性经常用以下两个表达式进行模拟，其与载流子数为线性关系

$$J_n(x) = \pm eS_n[n(x) - n_0(x)] \tag{2.40a}$$

与

$$J_p(x) = \pm eS_p[p(x) - p_0(x)] \qquad (2.40b)$$

这些表达式中的 $n_0(x)$ 与 $p_0(x)$ 为点 x 处热平衡时的自由载流子浓度，x 为界面之右（界面在左）或界面之左（界面在右）。参数 S_n 和 S_p 用来表征界面特性，称为表面复合速率。这些方程的正负号取决于 x 位于界面的左侧还是右侧，如图 2.20 所示。

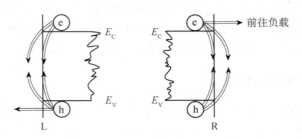

图 2.20　非常典型的太阳电池结构的电极

经历损耗机制而存活下来的电子在 R 处流入到外电路给负载做功，所有 R 处的损失机制源于电极 R 处的空穴。界面 L 处收集的空穴数量上等于从负载而来的电子。电极 L 处的电子是那里的损失来源。在方程(2.40)的表面复合描述中，对于右电极，S_n 表征了三个电子路径，S_p 表征了两个空穴路径。对于左电极，方程(2.40)的 S_n 表征了两个电子路径，S_p 表征了三个空穴路径

方程(2.37)可以被严格地改写为这个形式

$$J_{OB} = -A^* T^2 e^{-\phi_B/kT} \frac{N_C}{N_C}(e^{V/kT} - 1) = -\frac{A^* T^2}{N_C}(n - n_0) \qquad (2.40c)$$

这个公式可用于表明：$\sim 10^7$ cm/s 的表面复合速率足以代表热电子发射。通过使用 2.2.5.1 节中讨论过的线性假设，方程(2.39)也能写成方程(2.40)的形式。

2.3.2.9　电池中载流子输运概述

图 2.20 展示了一个非常普适的太阳电池结构，其中当器件工作于能量象限时，从右电极（阴极）收集的电子穿越外电路对负载做功。如图所示，能在外电路做功的电子数量等于到达此阴极的总电子数减去损失于空穴的电子数。因为一些电子与电极表面的空穴复合，或热电子发射后与空穴湮没——或遭受电极处其他的损失机制，我们总要计算电极处的总 J_n 和 J_p 以得到流经外电路的净电流 J。从图 2.20 可见，R 电极处的 J_n 与 J_p 的代数和减去了损失于空穴的电子，给出了进入外电路的电子数。在电极 L（阳极）处的空穴发生了类似的情况。能够与来自负载的电子相遇的空穴数等于到达的空穴数减去损失于 L 处电子的空穴数。当然，太阳电池必须调整它的载流子数、电场分布和电流流量处于一个稳态，以确保所有这些过程的发生。

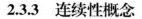

2.3.3　连续性概念

连续性概念是我们的器件物理工具箱中一个作用非常强大的工具。它适用于电子和空穴的核算。先以电子为例，在稳态情况下，某点 x_1 的自由电子常规电流密度 $J_n(x_1)$ 与某点 x_2 的自由电子常规电流密度 $J_n(x_2)$ 必须相等，除非自由电子①因光吸收而增多或②因 x_1 到 x_2 区域内的净复合而损失。这意味着数学上其可表达为

$$\frac{J_n(x_1)}{e} = \frac{J_n(x_2)}{e} + \int_{x_1}^{x_2}\int_{\lambda} G_{ph}(\lambda,x)\mathrm{d}x\mathrm{d}\lambda - \int_{x_1}^{x_2}(\mathscr{R}^R + \mathscr{R}^L + \mathscr{R}^A)\mathrm{d}x \qquad (2.41)$$

此方程考虑了将常规电子电流密度 J_n 转换成电子数密度$-J_n/e$ 的必要性。另外，方程(2.41)中也用到了 2.2.5 节与 2.2.6 节中的定义。这个方程是自由电子连续性概念的稳态积分形式。如果我们想要随时间变化的通用表达式，需要加进一项用来表征电子在 x_1 到 x_2 的区域内的增长，以及另外的项用来计算导带俘获和去俘获所产生的自由电子。幸运的是，我们一般对太阳电池的稳态行为感兴趣。方程（2.41）也可写成稳态的微分形式

$$\frac{\partial J_n / \partial x}{e} = -\int_{\lambda} G_{ph}(\lambda,x)\mathrm{d}\lambda + \mathscr{R}^R + \mathscr{R}^L + \mathscr{R}^A \qquad (2.42)$$

在相同的区域 x_1 到 x_2，从适用于价带空穴的连续性概念可导出

$$\frac{J_p(x_2)}{e} = \frac{J_p(x_1)}{e} + \int_{x_1}^{x_2}\int_{\lambda} G_{ph}(\lambda,x)\mathrm{d}x\mathrm{d}\lambda - \int_{x_1}^{x_2}(\mathscr{R}^R + \mathscr{R}^L + \mathscr{R}^A)\mathrm{d}x \qquad (2.43)$$

2.2.5 节与 2.2.6 节的定义已经再一次应用在这里。这个方程是自由空穴连续性概念的稳态积分形式。如果我们想要随时间变化的通用表达式，需要加进一项用来表征空穴在 x_1 到 x_2 的区域内的增长，与另一项用来计算俘获和去俘获所产生的自由空穴。方程（2.43）也可写成稳态的微分形式

$$\frac{\partial J_p / \partial x}{e} = \int_{\lambda} G_{ph}(\lambda,x)\mathrm{d}\lambda - (\mathscr{R}^R + \mathscr{R}^L + \mathscr{R}^A) \qquad (2.44)$$

2.3.4　静电势

在太阳电池内部有许多物理过程：产生、复合、电流流动和可能的电荷俘获。如方程(2.19)与方程(2.28)所展示的，电池中的有效场与电场涉及电流。电场反过来又会被电流和非定域态、陷阱和复合中心的电荷所改变。把所有这些行为包含在泊松方程中，可写为

$$\frac{\partial(\varepsilon\xi)}{\partial x} = e[p - n + \sum p_T - \sum n_T + N_D^+ - N_A^-] \qquad (2.45)$$

其中 ε 为介电常数，它可以是位置的函数。这个方程的右侧称为空间电荷或电荷

密度。方程(2.45)括号中的各项考虑了归因于自由载流子的单位体积电荷和归因于定域态（掺杂、复合中心和陷阱）的单位体积电荷。在此表达式中，它用到了两个求和，用来计算在带隙中位于不同能级缺陷带隙态（复合中心和陷阱）的所有正电荷和所有负电荷。也如式(2.45)所示，掺杂被分开处理了，因为它们是人为引入的。一个施主和一个受主的掺杂浓度被用来定量描述它们各自引起的空间电荷分布。

2.4 数 学 模 型

综合之前所有的讨论，我们现在可以写下完整的数学模型，来描述发生在太阳电池稳态中的所有物理过程。然而，这个数学模型由一系列耦合的、非线性的方程组成。这组方程包括方程(2.19)和方程(2.28)、2.2.5 节中的方程、电子和空穴的连续性方程和泊松方程。这组方程中 n, p, J_n, J_p 的解必须与 2.3.2 节讨论的界面输运施加的边界条件相符。我们必须求出这组方程的解，才能获得电池的电流密度-电压（J-V）特性（图 1.3），这是电池的评估、设计与优化所需要的。由于我们的讨论一直处于一维空间，这个 J-V 特性中的总常规电流密度 J 是一个常数，由下式获得

$$J = J_n + J_p \qquad (2.46)$$

其中分量 J_n 和 J_p 是在电池的同一平面（任意平面）中求出的值。在某个工作点电池传输的电流密度为 J 时，电池产生的终端电压 V 可由选定工作点的电场分布 $\xi(x)$ 与热平衡时的电场分布 ξ_0 的差值沿整个结构的积分给出，即

$$V = \int_{\text{structure}} [\xi(x) - \xi_0(x)]\mathrm{d}x \qquad (2.47)$$

必须强调，无论电池是否具有产生激子的吸收层，或产生自由电子-空穴的吸收层，还是从染料敏化电池到传统 pn 结器件的任意电池结构，这个表达式都适用。简洁地说，它适用于所有种类的电池。方程(2.47)之所以具有如此普遍的适用性，是因为它计算了电极的费米能级在选定工作点时的相对偏移。这个偏移就是此工作点的电压 V。方程(2.47)中假定的正负号规则，是以左手边的电极为阴极。

如同我们将看到的，通过一些假设的协助，求解太阳电池的电流密度 J_n 和 J_p——从而求解出 J-V 特性，在某些情况下可以解析地完成。我们将在第 4～7 章中探讨这个方法。然而，释放计算机的威力来求解此全数学模型，而不作任何假

设，是非常有用的，能让我们深入地理解电池内部的情况，在第 4～7 章中我们也将使用该方法探讨和分析电池。在计算机分析中，我们将广泛地使用全数学模型的数值解。在此数值仿真中，将用到的数学模型的特定方程如下

$$J_n = e\mu_n n\left(\xi - \frac{d\chi}{dx} - kT\frac{d\ln N_C}{dx}\right) + eD_n\frac{dn}{dx} \tag{2.48a}$$

$$J_p = e\mu_p p\left(\xi - \frac{d(\chi + E_G)}{dx} + kT\frac{d\ln N_V}{dx}\right) - eD_p\frac{dp}{dx} \tag{2.48b}$$

$$\frac{\partial J_n / \partial x}{e} = -\int_\lambda G_{ph}(\lambda, x)d\lambda + \mathscr{R} \tag{2.48c}$$

$$\frac{\partial J_p / \partial x}{e} = \int_\lambda G_{ph}(\lambda, x)d\lambda - \mathscr{R} \tag{2.48d}$$

$$\frac{\partial(\varepsilon\xi)}{\partial x} = e(p - n + \sum p_T - \sum n_T + N_D^+ - N_A^-) \tag{2.48e}$$

在这些方程中，$\mathscr{R}$ 可以是 2.2.5 节中的任何一个单分子或双分子复合机制。无论是哪种复合机制的 $\mathscr{R}$，在数值仿真中，均使用 2.2.5 节中讨论的完全非线性公式。比如，我们将经常假定 $\mathscr{R}$ 由 S-R-H 复合控制，并使用

$$\mathscr{R}^L = \frac{v\sigma_n\sigma_p N_T(np - n_i^2)}{\sigma_p(p + p_1) + \sigma_n(n + n_1)} \tag{2.48f}$$

沿着某个带隙态分布求和。对方程(2.48e)，俘获电荷 n_T 与 p_T、电离掺杂浓度 N_A^- 与 N_D^+ 使用费米-狄拉克统计分布算出，如附录 C 中所讨论的。在此附录中还可看到：在稳态的这些量可转换为 n 和 p 的函数。考虑到这点，我们看到方程组（2.48）含有 5 个方程与 5 个未知量。

这个方程组中的 $G_{ph}(\lambda, x)$ 是 2.2.6 节中的光产生函数。对于产生自由电子-空穴对的吸收，它在数值模拟中用 $\alpha(\lambda)I_0(\lambda)e^{-\alpha(\lambda)x}$ 模拟（方程(2.2)）；即吸收机制被认为遵循比尔-朗伯定律。对于产生激子的吸收，$G_{ph}(\lambda, x)$ 在激子解离区域由类 δ 函数型分布来仿真。这点会在第 5 章进一步讨论。

在本书出现的数值结果中，计算机求解上述方程组时，假设在电池结构的左电极（L）边界条件为

$$J_n(L) = eS_n[n(L) - n_0(L)] \tag{2.48g}$$

与

$$J_p(L) = -eS_p[p(L) - p_0(L)] \tag{2.48h}$$

在右电极满足的边界条件为

$$J_n(R) = -eS_n[n(R) - n_0(R)] \tag{2.48i}$$

与

$$J_p(R) = eS_p[p(R) - p_0(R)] \qquad （2.48j）$$

这些条件取自方程（2.40）并假定坐标系统 x 从左到右增加。如我们在第 4 章所提及的，可以在电极的相邻处放置各种材料层，从而可以不用考虑这些边界条件。通过同时数值求解整个方程组，计算机即可以计算出第 4～7 章中讨论的无光照时（暗态） 的 $J\text{-}V$ 特性与光照时（亮态）的 $J\text{-}V$ 特性。当结果与器件坐标系统联系在一起时，常规电流密度以按器件坐标 x 的正方向流动为正。除非另有说明，当右电极的费米能级高于左电极时，电压为正。在涉及 $J\text{-}V$ 曲线的讨论中，J 在能量象限中的符号为负。所产生的数值解不仅给出了 $J\text{-}V$ 性能，也允许我们一瞥电池在工作状态下的内部过程，从而能够探索扩散、静电场、有效场、漂移、复合、俘获、界面等因素所起的作用。

2.5　光伏作用的机理

如之前讨论过的，方程(2.19)与方程(2.28)让我们了解了哪些因素能够在太阳电池内产生电流密度 J。这些方程说明产生 J 的原因在于：①存在电场；②存在有效力场（亲和势与能带有效态密度随位置的改变）；③扩散；④ 热扩散，如果有温度梯度的话。如果我们忽略温度梯度（这一假设在光存在时可以成立），导致光伏作用的可能原因有三个 。如第 3 章讨论的，实际上只有两个重要原因：这些方程中存在两个参数项，使得一个方向区分于另一个方向，即这些项推动了电子朝向一个方向移动，而空穴朝向另一个移动，从而将载流子分离。这些打破对称性的项为电场项和有效力场项。

参 考 文 献

[1] C. Kittel, Solid State Physics, eighth ed., John Wiley & Sons, New York, 2005, pp. 3-22, 89-102, 164-218, 420-435.

[2] T. Kamins, Polycrystalline Silicon for Integrated Circuit Applications, Kluwer Academic Publishers, Boston, MA, 1988, pp. 92-96, 178-179.

[3]　S. Sze, K.K. Ng, Physics of Semiconductor Devices, third ed., John Wiley & Sons, Hoboken, NJ, 2007, pp. 7-56, 246-258.

[4]　M. Rajalakshmi, A.K. Arora, B.S. Bendre, S. Mahamuni, Optical phonon confinement in zinc oxide nanoparticles, J. Appl. Phys. 87 (2000) 2445.

[5]　H. Richter, Z.P. Wang, L. Ley, The one phonon Raman spectrum in microcrystalline silicon, Solid State Commun. 39 (5) (August 1981) 625-629.

[6]　A. Kaan Kalkan, S.J. Fonash, Control of Enhanced Absorption in Poly-Si, Proceedings of the Spring Materials Research Society Meeting, Amorphous and Microcrystalline Silicon Technology, Materials Research Society, vol. 467:415, 1997.

[7]　M. Born, R. Oppenheimer, Zur Quantentheorie der Molekeln., Ann. Phys. 84 (1927) 457‑484.

[8]　A.D. Yoffe, Low-dimensional systems: quantum size effects and electronic properties of semiconductor microcrystallites (zero-dimensional systems) and some quasi-twodimensional systems, Adv. Phys. 51 (2002) 799. G.

[9]　J.J.M. Halls, J. Cornill, D.A. dos Santos, R. Silbey, D.-H. Hwang, A.B. Holmes, J.L. Brebas, R.H. Friend, Charge- and energy-transfer processes at polymer/polymer interfaces: A joint experimental and theoretical study, Phys. Rev. B 60 (1999) 5721.

[10]　E.A. Davis, in: P.G. LeComber, J. Mort (Eds.), Electronic and Structural Properties of Amorphous Semiconductors, Academic Press, New York, 1973.

[11]　N.-K. Persson, in: O. Inganas, S.-S. Sun, N.S. Sariciftci (Eds.), Organic Photovoltaics, CRC Press, Boca Raton, FL, 2005, pp. 114-129.

[12]　J.I. Pankove, Optical Processes in Semiconductors, Prentice-Hall, Englewood Cliffs, NJ, 1971, p. 29.

[13]　D. Zhou, R. Biswas, Photonic crystal enhanced light trapping in solar cells, J. Appl. Phys. 103 (2008) 093102.

[14]　E. Yablonovich, Inhibited spontaneous emission in solid-state physics and electronics, Phys. Rev. Lett., 58, 2059 (1987); S. John, Strong localization of photons in certain disordered dielectric superlattices, Phys. Rev. Lett., 58, 2486 (1987).

[15]　J.D. Joannopoulos, P.R. Villeneuve, S. Fan, Photonic crystals: putting a new twist on light, Nature 386 (1997) 143.

[16]　Z. Fan, H. Razavi, J. Do, A. Moriwaki, O. Ergen, Y.L. Chueh, P.W. Leu, J.C. Ho, T. Takahashi, L.A. Reichertz, S. Neale, K. Yu, M. Wu, J.A. Ager, A. Javey, Three-dimensional nanopillar-array photovoltaics on low-cost and flexible substrates, Nat. Mater. 8 (2009)

648-653.

[17] H.R. Stuart, D.G. Hall, Absorption enhancement in silicon-on-insulator waveguides using metal island films, App. Phys. Lett., 69, 2327 (1996); H.R. Stuart, D.G. Hall, Enhanced dipole-dipole interaction between elementary radiators near a surface, Phys. Rev. Lett., 80, 5663 (1998).

[18] A. Kaan Kalkan, S.J. Fonash, Laser-activated surface-enhanced Raman scattering substrates capable of single molecule detection, Appl. Phys. Lett. 89, 233103 (2006).

[19] J.A. Creighton, D.G. Eadon, Ultra-visible absorption spectra of the colloidal elements, J. Chem. Soc. 87 (1991) Faraday Trans. (24, 3881–3891).

[20] S. Forrest, J. Xue, Strategies for solar energy power conversion using thin film organic photovoltaic cells, Conference Record of the Thirty-first IEEE Photovoltaic Specialists Conference, Orlando, FL, January 2005.

[21] R. Biswas, D. Zhou, B. Curtin, N. Chakravarty, V. Dalal, Surface plasmon enhancement of optical absorption of thin film a-Si:H Solar cells with metallic nanoparticles, Thirty-fourth Photovoltaic Specialists Conf., Philadelphia, PA, June 2009.

[22] P.T. Landsberg, Non-radiative transitions in semiconductors, Phys. Status Solidi. 41,457 (1970).

[23] A. Luque, M. Marti, Increasing the efficiency of ideal solar cells by photon induced transitions at intermediate levels, Phys. Rev. Lett. 78, 5014 (1997).

[24] B.A. Gregg, Excitonic solar cells, J. Phys. Chem. B 107, 4688 (2003).

[25] R.J. Elingson, M.C. Beard, J.C. Johnson, P. Yu, O.I. Micic, A.J. Nozik, A. Shabaev, A.L. Efros, Highly efficient multiple exciton generation in colloidal PbSe and PbS quantum dots, Nano. Lett. 865 (2005); A. Zunger, A. Franceschetti, J.-W. Luo, V. Popescu, Understanding the physics of carrier-multiplication and intermediate band solar cells based on nanostructures——whats going on? Thirty-fourth IEEE Photovoltaic Specialist Conference, Philadelphia, PA, June, 2009.

[26] S.J. Fonash, S. Ashok, An additional source of photovoltage in photoconductive materials, Appl. Phys. Lett., 35, 535 (1979); S.J. Fonash, Photovoltaic devices, CRC Critical Reviews Solid State Mater, 9, 107 (1980).

[27] N.F. Mott, E.A. Davis, Electronic Processes in Non-Crystalline Materials, Oxford University Press, London and New York, 1971.

[28] L. Friedman, Transport Properties of Organic Semiconductors, Phys. Rev. A 133, 1668 (1964).

[29] S.J. Fonash, The role of the interfacial layer in metal–semiconductor solar cells, J. Appl. Phys. 46, 1286 (1975); S.J. Fonash, General formulation of the currentvoltage characteristic of a p‐n heterojunction solar cell, J. Appl. Phys. 51, 2115 (1980).

[30] E.H. Rhoderick, R.H. Williams, Metal-Semiconductor Contacts, second ed., Oxford University Press, New York, 1988.

[31] A.R. Riben, D.L. Feucht, Electrical transport in nGe–pGaAs heterojunctions, Int. J. Electron. 20, 583 (1966); A.R. Riben, D.L. Feucht, nGe–pGaAs heterojunctions, Solid-State Electron 9, 1055 (1966).

第 3 章
结构、材料与尺度

3.1 引　　言

太阳电池里的关键材料是吸收材料。这些材料能够吸收能量位于太阳光谱中光子丰富谱域内的光子，而产生激发态（图 1.1）。所产生的激发态必须是可移动的，即能够分离的自由电子-空穴对，或是能解离成自由电子和空穴、然后再分离的激子。吸收材料可以是有机或无机半导体，染料分子或量子点（与染料分子等价的人造无机粒子）。在一些结构中，吸收和分离过程都在同个材料中实现。在这种情况下，吸收材料内部存在一个内建电场区，它被设计用来打破对称性，以驱使电子前往一个方向，而空穴前往另一个方向。我们将这个区域称之为结。在其他结构中，需要使用第二种材料，与吸收材料一起建立对称性破缺的区域。在这种情况下，对称性的破缺可以由电场、有效场或二者同时完成。我们将这种区域也称之为结。

除了吸收材料和成结的材料，太阳电池结构中还有其他的辅助性材料单元。它们包括各种可以阻挡一种载流子而支持另一种载流子输运的材料，以促使一种载流子朝着与另一种载流子不同的方向移动。这些材料明显地加强了对称性破缺的区域。理想情况下，它们要么是空穴输运-电子阻挡层（HT-EBL）材料，要么是电子输运-空穴阻挡层（ET-HBL）材料。另外一个重要的单元是减反材料。减反材料用作匹配光学阻抗的媒介；也就是说，它们用于与光发生耦合，从而使光有效地进入太阳电池结构。等离子激元（金属）或光子（绝缘体、半导体、金属）材料也可以用作光学单元从而控制散射、反射、干涉和衍射，因此决定了光学电场强度和吸收材料中的吸收率分布。导电材料为电池提供了欧姆接触电极（没有压降的理想情况）和向外界输送电流所需要的电网栅。这些材料产生的电学和光学损失必须尽可能降到最小。电极材料可以是金属或透明导电氧化物（TCOs）。后种类型的电极材料不仅提供了低的电阻率，同时也允许光透进电池。最后，保护整个器件同时不妨碍光学耦合，则是封装材料的功能。

太阳电池会涉及一系列材料，而电池工作的核心部分是吸收材料和对称性破缺区域，即"电荷分离引擎"。当然，为了把能量从太阳电池中取出，还需有允许电流流出的电极。核心部分加上电极部分就构成了最简单的太阳电池结构。其余各部分都是为了进一步增强性能而添加的。

刚刚讨论过对称性破缺区域是通过建立电场、有效场或二者皆有来实现的，还没谈到扩散所起的作用。本章将具体地论证：扩散在电荷分离和光伏作用中，相对而言并不重要。我们将看到，它在电荷收集中可能非常重要。在阐明完这点之后，将转而探讨太阳电池结构在实际当中如何实现的问题。我们将考察吸收材料的选择标准，然后关注尺度问题。有关尺度的主要问题是：在光伏材料和光伏结构中，是否有自然形成的长度尺度？如果有的话，它们是哪些，它们位于纳米尺寸还是微米尺寸，还是两者皆有？

3.2　光伏作用的基本结构

2.5 节确定了描述太阳电池物理的系列数学方程组，指明：①存在电场；②存在有效力场（亲和势或等价的 LUMO、HOMO 能级、态密度随空间变化）；③扩散，是光伏作用的三个可能成因。为了考察这些潜在机制的相对重要性，我们将讨论一系列非常基础的结构，每一个结构着重关注这些可能成因中的一种。

3.2.1　能带图概述

我们将建立这些基本结构的能带图，并使用第 2 章推导出的数学模型与边界条件来分析它们在光照时的行为。通过使用数值方法求解数学模型，我们不需要使用任何简化假设，而这些假设经常是获得解析解所必需的。避免使用这些假设，使我们坚信可以正确地把握光伏电池在工作时发生的所有物理过程。

我们将使用能带图来探索光伏作用的电场、有效场和扩散的起源，在真正开始汇总这些结构的能带图之前，须先回顾一下多元材料体系在热平衡时的能带图对接规则。为此，使用图 3.1 来展示在热平衡时，两种半导体形成的材料体系的多个阶段。图 3.1(a)中，材料彼此隔开，它们的能带图排列以真空（逃逸）能级为参照，这样我们可以看到能带与带隙的相对位置。图 3.1(a)也再一次以真空能级为共同的参考能级，使用功函数 ϕ_{W1} 和 ϕ_{W2} 展示了每个材料的费米能级位置。在图 3.1(a)中可见，材料 1 是 n 型的，材料 2 是 p 型的。V_n 与 V_p 也确定了费米能级的位置，但它们没有使用共同的参考能级；换言之，V_n 确定了材料 1 的费米能级相对于材料 1 导带边的位置，而 V_p 确定了材料 2 的费米能级相对于材料 2 价带边的位置。图 3.1(a)使用的其他记号在第 2 章中已经介绍过。我们在图 3.1 中采用了半导体-半导体的例子，但即将回顾的规则，同样也适用于金属-半导体等组合。

图 3.1(b)是理想实验的一瞬间，其中我们把两个材料放在一起（实际上相当于一个材料沉积或生长于另一个材料之上），观察它们开始形成热平衡的状态。当然，热平衡是非常特殊的一种情况，整个材料系统里只存在一个温度和一个费米能级。因为它们在图 3.1(b)中还未形成热平衡，我们没有画出费米能级，但是，通过图 3.1(a)，可以明确地看到能带边和真空能级如何在接触之处排列。因为在这个例子中形成了突变的界面，电子亲和势 χ 与空穴亲和势 $E_G+\chi$ 在 $x=0$ 的位置处存在突变阶跃。如果是一种材料逐渐变为另一种材料，这些阶跃则会变成梯度的形式。

图 3.1(c)为这个理想实验的继续，其中我们让材料体系进入只有一个费米能级和温度的热平衡态。如图所示，在离结区左侧很远的地方，以真空能级为参照，费米能级处于老位置，如 ϕ_{W1} 所示，在材料 1 的带隙中它也处于老位置，如 V_n 所示。在离结区右侧很远的地方，以真空能级为参照，费米能级位于它的老位置，如 ϕ_{W2} 所示，在材料 2 的带隙中，它也位于老位置，如 V_p 所示。事实必须如此，因为 V_n 和 V_p 由远离冶金结的掺杂决定，而且亲和势对于给定材料不能改变。在热平衡时，系统费米能级的建立通过位于 $x=-d_1$ 到 $x=d_2$ 之间产生的静电势能来完成，或者相应地说，对电子产生了新的势能分量。能带图展示了电子的总能级，我们看到这个电子势能把材料 2 的能级相对于材料 1 往上移动（或把材料 1 的能级相对于材料 2 往下移动）了足够的量，从而使整个材料系统的费米能级相等。在 $x=-d_1$ 到 $x=d_2$ 之间产生的电子势能表现为这个区域中的能带弯曲，即价带、导带和本地真空能级都由于这个新产生的电子势能而弯曲。结区的电子势能差通常称为内建电势，其取向告诉我们材料系统必须在界面右侧形成负电荷，从而在界面左侧形成正电荷。这可以从材料 2 中导带朝向费米能级而价带远离费米能级弯曲（导致净负电荷）、材料 1 中导带远离费米能级而价带朝向费米能级弯曲（导致净正电荷）看出。

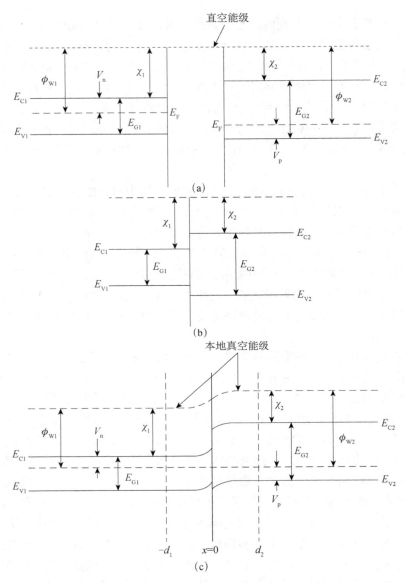

图 3.1　(a)接触之前的两种半导体；（b）上述两种半导体在接触瞬间；（c）上述两种半导体在接触之后的热平衡状态

　　事实上，本地真空能级 $E_{VL}(x)$随位置的一阶导数就是产生内建电子势能的内建静电场。根据泊松方程，介电常数与本地真空能级导数乘积的导数等于产生那个电场的电荷密度 ρ（或空间电荷）[1]，即

$$\frac{d\left[\varepsilon\dfrac{d}{dx}(E_{V_L}(x))\right]}{dx} = \rho \tag{3.1}$$

使用第 2 章方程(2.45)中的标识符号，可以将上式写成如下格式：

$$\frac{d\left[\varepsilon\dfrac{d}{dx}(E_{V_L}(x))\right]}{dx} = \rho = e[p - n + \sum p_T - \sum n_T + N_D^+ - N_A^-] \tag{3.2}$$

这些方程使用的是常导数项，因为我们假定的是一维结构。由于本地真空能级随 x 的一阶导数（电场）沿图 3.1(c)任一方向在远离结区的地方被视为零，结区的电荷分布必须是偶极子。方程（3.2）表明如果存在累积（多子浓度增强）或重掺杂，这个偶极子会在非常短的距离内形成。

E_{VL} 沿着偶极子的总变化量（图 3.1(c)中 $x=-d_1$ 到 $x=d_2$ 的能带弯曲）为内建电势 V_{Bi}。它是材料 1 的能带弯曲 V_{Bi1} 与材料 2 的能带弯曲 V_{Bi2} 之和，即

$$V_{Bi} = V_{Bi1} + V_{Bi2} \tag{3.3}$$

如图 3.1(a)所示，功函数之差是促使 V_{Bi} 生成的原因。因此

$$V_{Bi} = \phi_{W2} - \phi_{W1} \tag{3.4}$$

如果我们定义内建电势为热平衡时两个电极之间所产生的总能带弯曲，那么图 3.1 中与我们材料相接触的电极的功函数之差，还会对内建电势有额外的贡献。后面将解释这一点。

当材料 1 和 2 之间的界面存在永久性偶极子时，事情还会变得更加复杂。将相关细节的探讨放到第 5 章。

上文回顾了双材料系统的能带图的绘画规则。我们忽略了与电池构成材料相接触的电极，并假定图 3.1 中的材料 1 与材料 2 分别从结区开始远伸到电池的左侧和右侧。在实际情况中，太阳电池结构会涉及多种材料，能带弯曲甚至会延长到电极之间。相同的规则适用于此种多材料系统：如图 3.1(b)一样排列构成电池的各种材料，然后让电荷来回流动，直到如热平衡所要求的只存在一个费米能级。然而，这种情况下求解泊松方程也许会用到数值分析。我们将在器件章节分析讨论若干类似的情况。

3.2.2　源于内建静电场的光伏作用

下面即将探讨的结构并不针对器件的优化。我们研究它们从而观察它们是否可以充当"电荷分离引擎"并产生光伏作用。判断光伏作用的标准十分直接：在光照时是否会产生开路电压与短路电流？在本节，我们关注吸收材料内的内建电场，观察它是否在光照时产生了光伏作用。由于电场朝着一个方向推动电子，但朝相反的方向推动空穴，所以内建场很有可能会产生光伏作用。将 AM1.5G 光谱

（图 1.1）从左侧入射到样品上，并使用吸收过程会产生自由电子和空穴的吸收材料。吸收过程采用比尔-朗伯定律来模拟，并假定背表面存在反射（2.4 节）。吸收材料中的体复合机制采用 S-R-H 复合。图 3.2(a)展示了我们的结构在热平衡时的能带图（由电脑计算得出），表 3.1 中给出了它的材料参数。它显然是一种非常简单的结构，其内建电场由两个金属电极之间的功函数之差产生。吸收材料的掺杂密度很低以至于电场贯穿了整个吸收材料；也就是说，这是一个能带弯曲位于两个电极之间的例子。

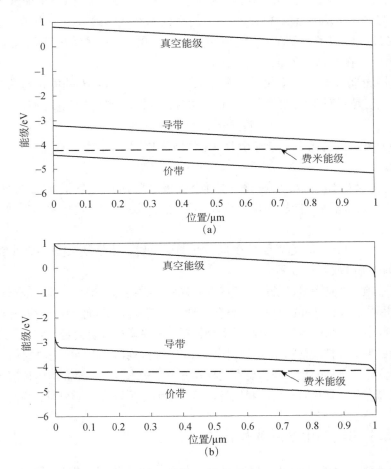

图 3.2 (a) 数值计算得出的表 3.1 中简单结构的热平衡能带图，这里 $\phi_{WL} - \phi_{WR} < E_G$；

(b) $\phi_{WL} - \phi_{WR} \geqslant E_G$ 时的热平衡能带示意图

此示意图夸大了费米能级对能带的穿透，以引起对此现象的注意。在(a)和(b)中，内建电场都由电极的功函数之差创建

表 3.1　由内建静电场产生的光伏作用的数值模拟参数

长度	1000 nm
禁带宽度	E_G=1.12 eV
电子亲和势	χ=4.05 eV
吸收性能	使用硅的吸收数据（图 3.19）
掺杂浓度	N_A=1.0 $\times$ 10^{13} cm^{-3}
前电极功函数与表面复合速率	ϕ_W=4.9 eV
	S_n=1$\times10^7$ cm/s
	S_p=1$\times10^7$ cm/s
背电极功函数与表面复合速率	ϕ_W=4.25 eV
	S_n=1$\times10^7$ cm/s
	S_p=1$\times10^7$ cm/s
电子与空穴迁移率	μ_n=1350 cm^2/（V·s）
	μ_p=450 cm^2/（V·s）
能带的有效状态密度	N_C=2.8$\times10^{19}$ cm^{-3}
	N_V=1.04$\times10^{19}$ cm^{-3}
体缺陷特性	从 E_V 到中间带隙的类施主型带隙态
	N_{TD}=1$\times10^{12}$ cm^{-3}·eV^{-1}
	σ_n=1$\times10^{-15}$ cm^{-2}
	σ_p=1$\times10^{-17}$ cm^{-2}
	从中间带隙到 E_C 的类受主型带隙态
	N_{TA}=1$\times10^{12}$ cm^{-3}·eV^{-1}
	σ_n=1$\times10^{-17}$ cm^{-2}
	σ_p=1$\times10^{-15}$ cm^{-2}

为了确定光照射在此结构上时会发生什么情况，我们使用计算机来数值求解 2.4 节给出的数学方程组和边界条件。所求得的亮态与暗态 J-V 特性见于图 3.3 中。如图 3.3 所示，这个含有内建电势的非常基本的结构，确实产生了光伏作用。事实上，图 3.3 显示短路电流为 J_{sc}≈13 mA/cm^2，开路电压为 V_{oc}=0.37 V。之所以产生这些光伏效应，是因为在光照下，内建电场将光生电子推向右侧，而将光生空穴推向左侧（图 3.2(a)），因此使得器件 J-V 曲线的一段位于能量象限，如图 3.3 所示。在 J-V 特性曲线的这一段，图 3.3 中的 J-V 曲线的电流从正（左）电极流出。如果我们改变光的入射方向，使它从右电极入射，光伏作用依然保持不变。有意思的是，图 3.3 给出的暗态 J-V 特性，也表明了电压上的不对称性。暗态的 J-V 行为也是由此结构内的内建电场使得一个方向区别于另外一个方向的事实引起的。

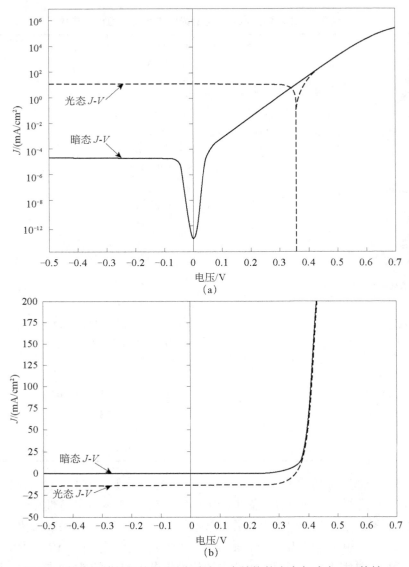

图 3.3　数值计算得出的图 3.2 与表 3.1 中结构的光态与暗态 J-V 特性

(a) 以半对数坐标显示；(b) 以线性坐标显示

　　根据数值分析结果，我们可以探索随着位置的变化，电子和空穴对总电流密度 J（沿着此一维结构必须是一个常数）的贡献。短路条件（光照下 V=0）在此研究中特别引人关注，因为短路条件下流动着最大的电流。空穴和电子对电流的贡献见图 3.4。此图表明，从阳极（左电极）涌出的空穴携带着所有的电流。当它向阴极移动时，电流由电子与空穴共同承载，最终在阴极涌出的电子携带着所有电流。图 3.5 与图 3.6 采用数值分析中包含的信息，更详细地分析了电流密度的行为。图 3.5(a)显示了热平衡时电子电流密度的漂移与扩散分量，而图 3.5(b)显示了短路条件下的这些分量随位置的变化。图 3.5(a)显示，即使热平衡时器件中也明显地存在电子的漂移与扩散电流——而且它们在数量上相对较大。但是，它们在热平衡时的总和必须为零，也就是说，根据细致平衡原理，热平衡时 $J_n \equiv 0$。从图 3.5(b)可以看出，在短路条件下，图 3.5(a)中电子漂移和扩散的平衡已经被打破，由于漂移的影响，存在净余的电子电流密度。这是光生的过剩载流子（热平衡之外多出的载流子）经过内建静电场所导致的。有意思的是，在此结构的右侧，净电子电流密度数量上比电子漂移电流密度小很多。在这个区域仍然有净漂移电流密度，因为漂移比起扩散起主导作用。短路条件下的电子扩散存在于右电极的附近，这是热平衡时此处载流子浓度高的残余效应。可以看出，电子朝着相反的方向扩散，给电极处的净电流产生了极大的影响。图 3.6(a)与(b)包含了空穴的同样信息。图 3.6(a)显示了热平衡时器件内部存在空穴的漂移与扩散电流，但是它们在热平衡时的总和也必须为零；也就是说，根据细致平衡原理，热平衡时 $J_p \equiv 0$。图 3.6(b)表明，在图 3.2(a)的简单结构中，短路条件下，(a)图中空穴漂移与扩散的平衡由于光的照射也被打破了。这时由于漂移影响，存在净余的空穴电流密度。在结构左侧，净空穴电流密度数量上比空穴漂移电流密度小很多，但由于空穴漂移，净空穴电流还是存在的。在短路条件下（偏离热平衡——图 3.6(a)）存在残

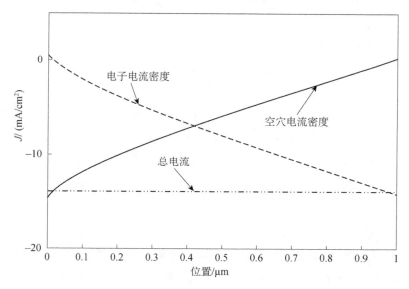

图 3.4　图 3.2(a)与表 3.1 中的结构在短路条件下，数值计算得出的电子、空穴与总电流密度随位置的变化

在图 3.2(a)中向左流动的电流密度定义为负

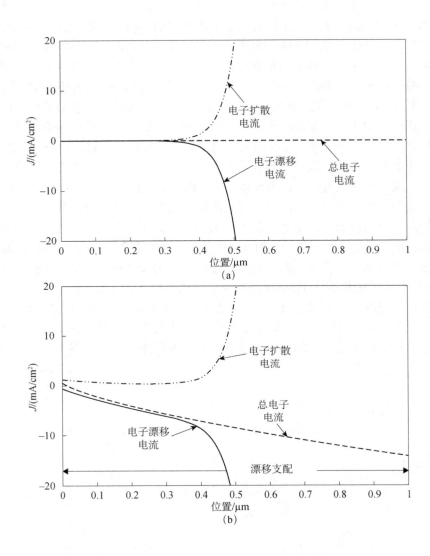

图 3.5　数值计算得出的图 3.2(a)结构中的电子电流中漂移与扩散分量随位置的变化

(a)热平衡，(b)短路。在短路条件下，可见整个结构中电子漂移相比扩散更具主导作用。将图 3.2(a)中负电流密度定义为向左流动的电流

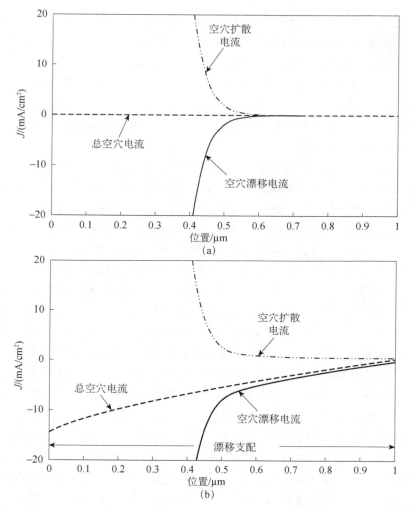

图 3.6　数值计算得出的图 3.2(a)结构中的空穴电流中漂移与扩散分量随位置的变化

(a)热平衡，(b)短路。在短路条件下，可见整个结构中空穴漂移比起扩散更具主导作用。负电流密度定义为向左流动的电流

余的空穴扩散，但它被局限在左电极的附近，并向与净空穴电流相反的方向移动。上述有关电流密度的分析强调了：在光照下，内建电场通过漂移机制把光生电子推向右边，而把光生空穴推向左边，因此产生了光伏作用。

从图 3.2(a)可以看到，在能量象限中，右金属电极处的费米能级和左金属电极处的费米能级可以分离多少存在一个上限。这点非常重要，因为电极费米能级的分离产生外在电压。在能量象限中，此电极费米能级分离的最大值（右电极与左电极处的费米能级相距的量）就是开路电压 V_{oc}。对于图 3.2(a)，当左右电极之间的费米能级分离把吸收材料中的能带变平的时候，能产生 V_{oc} 所能实现的最大值；也就是说，费米能级分离把内建电场——此电池唯一的"电荷分离引擎"，给完全消除了。因此，V_{oc} 所能实现的最大值必须等于内建内势 $V_{Bi}= \phi_{WL}- \phi_{WR}$。这与第 2 章的方程(2.47)一致，因为热平衡时电极之间的电场积分就是内建电势。如果分离超过了 V_{Bi}，器件里的电场会反向，电流将会流离阳极；也就是说，器件将会消耗而非产生能量。

图 3.2(a)中对 V_{oc} 限制的观察引出了以下问题：如果 $\phi_{WL}- \phi_{WR}\geqslant E_G$ 会发生什么？或者换言之，在这个简单器件中，V_{oc} 能否超过 E_G？对于这个结构，答案是：不会，或者更精确地讲，它取决于能带态密度分布，对图 3.2(b)中这个简单结构而言，通常 V_{oc} 的上限不能明显地超过 E_G。此理由如下：如果电极的功函数确实如 $\phi_{WL}- \phi_{WR}\geqslant E_G$，那么能带弯曲 V_{Bi} 必然大于 E_G，因为 $V_{Bi}= \phi_{WL}- \phi_{WR}$。所需要的额外能带弯曲会立即在电极附近产生。额外的能带弯曲（让我们称之为右侧的 V_{BiR} 与左侧的 V_{BiL}）之所以产生于电极处，是因为费米能级开始非常接近图 3.2 中右电极的能带边 E_C(几 kT 之内，室温时 $kT=0.026$ eV)，附录 D 的方程(D.1)表明此时巨大数量的电子会立即在邻近右电极处产生。对于空穴，同样的事情也在邻近左电极处立即发生，如果那里的费米能级也开始非常接近能带边 E_V。结果，在右电极界面处产生 V_{BiR} 和在左电极界面处产生 V_{BiL} 所需的电荷，在离吸收材料-电极界面非常短的距离内就能建立。这在图 3.2(b)的热平衡示意图中予以了描述，其中费米能级对能带的穿透被夸大了。在光照下，图 3.2(b)中右电极处位于导带内的费米能级位置与图 3.2(b)中左电极处的位于价带内的费米能级位置，不认为会随着电压偏移太多，因为任何变化都会导致电极处电荷的巨大区别。通常的术语称之为，费米能级被钉扎了，钉扎位置以电极处的吸收材料能带弯曲为参照；也就是说，电极处的能带弯曲 V_{BiR} 和 V_{BiL}，与以电极附近能带边为参照的费米能级的位置，无论在光照下还是产生电压时都不会改变太多[①]。在这种限制下，以能带边为参照的费米能级位置在电极处相对保持不变，由图 3.2(b)可导出，电极费米能级分离的最大值如下式所示

$$V_{oc}\leqslant E_G \tag{3.5}$$

方程(3.5)对简单的内建电势结构设定了 V_{oc} 的上限，而损耗动力学——体材料和电极处的复合，将导致实际的开路电压低于此值。复合损耗机制越强，光伏作用

---

① 如果费米能级被迫进入一个能态密度很高的区域，在界面处会产生费米能级钉扎。这种情形的产生缘于费米能级太靠近能带边，或缘于大的能隙态密度。

越被抑制，因为光生载流子不会有足够长的时间被分离和收集。

这里用产生自由电子-空穴对的吸收材料，演示了形成光伏作用的内建电场的角色，而我们也可以使用产生激子的吸收材料。在那种情况下，激子必须在电池结构中的某处解离成为自由电子和空穴，从而成为能对光伏作用有用的粒子。如果过剩载流子出现在内建电场区域，它们将被分离并产生光伏作用。我们下一个例子将展示两种其他的光伏作用来源，如我们在第 2 章中预期的那样。其中，只有一种来源如同内建电场一样重要。这三种情况在太阳电池结构中可能同时存在。

3.2.3　源于扩散的光伏作用

现在考虑一种结构，其吸收材料与前节中提及的完全一样。吸收材料具有的材料属性与表 3.1 相同，但是新的结构中没有内建电场也没有有效力场（没有电子亲和势、空穴亲和势、态密度的变化）。电极的功函数也没有不同，两个电极都为 ϕ_{W}=4.62 eV。所导致的能带图十分乏味——所有的能级都是平的，所以没有展示。因为没有电场与有效力场，所以光伏作用的唯一候选者只有电子和空穴的扩散。

如图 3.7 所示，当受到 AM1.5G 光谱从左部照射时，此器件响应的数值模拟结果显示有光伏作用，但是特别小。从此图得出的短路电流密度为 J_{sc}≈0.4 mA/cm^2，而开路电压为 V_{oc}=0.003 V。此光伏作用的产生基于以下事实：光生载流子的数量从左电极开始呈指数衰减，从而导致电子和空穴都向右电极扩散。因为吸收材料中的电子具有比空穴更高的迁移率（表 3.1），根据公式(2.20)与式（2.29），它们具有更高的扩散系数。结果，当它们经历不均衡扩散的时候，载流子本身就创建了电场，电场的方向试图把电子朝着更慢的空穴拉回。图 3.8 画出了开路条件下的这个电场。一如往常，开路条件下的静电场沿整个器件积分减去热平衡时的差值，就是开路电压，如 2.4 节讨论过的。也就是说，针对所讨论的情形

$$V_{\mathrm{oc}} = \int_{\mathrm{structure}} [\xi(x)]\mathrm{d}x$$

这里使用了此结构 $\xi_0(x)$=0 的事实。这个器件由于扩散，或更精确地讲由于扩散差别而产生的微小的光生电压，称为丹倍电势[2]。注意到，依据我们的惯例，此例中的 V_{oc} 为正。当光从右电极入射时，它会变成负的。有意思的是，在图 3.7 中对于暗态 J-V 却没有呈现出不对称性。这在预料之中，因为此结构中不存在使一个方向不同于另一个方向的内在特征。丹倍电势在太阳电池中的重要性通常很小。还有一点：扩散本身不是光伏作用的重要产生机制，但它是电池内部正在进行的机制当中非常重要的一部分。在图 3.5 和图 3.6 中，已经看到了这点。

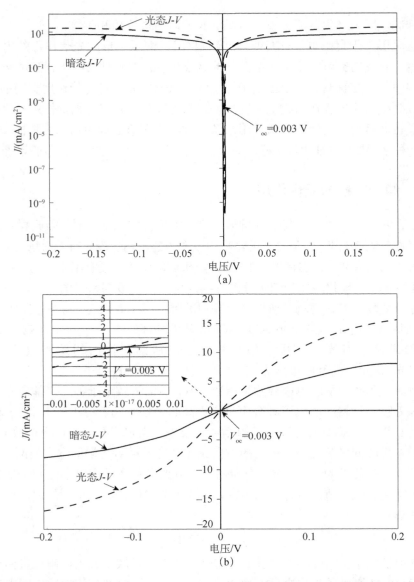

图 3.7　数值计算得出的在没有内建电场与有效场的结构下的光、暗态 *J-V* 特性

J-V 以（a）半对数与（b）线性坐标显示。所产生的 V_{oc} 为 0.003 V

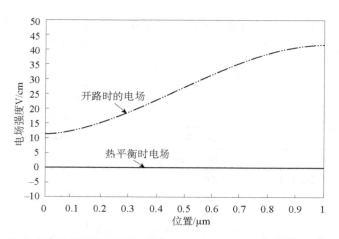

图 3.8　没有内建电场与有效场的结构在光照下，热平衡与开路状态时的电场

3.2.4　源于有效场的光伏作用

为了评估有效力场对光伏作用的影响，我们需要创建一个热平衡时没有内建电场，但存在电子、空穴或二者皆有的有效力场的结构。为了保守地估计有效力场的电势，我们使用只有电子亲和势梯度的异质结结构，如图 3.9 所示。也就是说，不存在空穴的有效力场。梯度被看成是 20 nm 的渐变阶梯。结构当中没有能带弯曲，因为 $\phi_{WL} = \phi_{W1} = \phi_{W2} = \phi_{WR}$，其中 ϕ_{WL} 为左电极的功函数，ϕ_{W1} 为材料 1（左吸收材料）的功函数，ϕ_{W2} 为材料 2（右吸收材料）的功函数，ϕ_{WR} 为右电极的功函数。此结构的材料参数列于表 3.2。我们希望图 3.9 中电子亲和势的这个变化，会致使一个方向区别于另一个方向——至少对于光生电子来说是这样，并因此产生光伏作用。

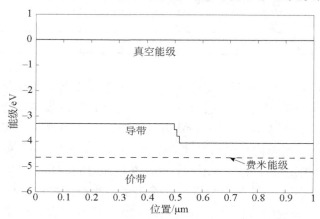

图 3.9　表 3.2 的简单结构在热平衡时的能带图

电子亲和势梯度的存在产生了电子的有效力场

表 3.2　用于数值模拟源于内建电子有效场的光伏作用的参数

参数	材料 1	材料 2
长度	500 nm	500 nm
禁带宽度	E_G=1.90 eV	E_G=1.12 eV
电子亲和势	χ=3.27 eV	χ=4.05 eV
吸收特性	Si 的吸收数据，截断于 E_G=1.90 eV	Si 的吸收数据（图 3.19）
掺杂密度	N_A=7.0×10^9 cm^{-3}	0.0
前电极功函数与表面复合速率	ϕ_{WL}=4.62 eV S_n=1×10^7 cm/s S_p=1×10^7 cm/s	N.A.
背电极功函数与表面复合速率	N.A.	ϕ_{WR}=4.62 eV S_n=1×10^7 cm/s S_p=1 x 10^7 cm/s
电子与空穴迁移率	μ_n=1350 cm^2/（V·s） μ_p=450 cm^2/（V·s）	μ_n=1350 cm^2/（V·s） μ_p=450 cm^2/（V·s）
能带有效状态密度	N_C=2.8×10^{19} cm^{-3} N_V=1.04×10^{19} cm^{-3}	N_C=2.8×10^{19} cm^{-3} N_V=1.04×10^{19} cm^{-3}
体缺陷性能	从 E_V 降的类施主态与从 E_C 下降的类受主态，密度为 $10^{14} \times e^{-E/0.01}$，俘获截面分别为 $\sigma_n=10^{-15}$ cm^{-2} 与 $\sigma_p=10^{-17}$ cm^{-2}，和 $\sigma_n=10^{-17}$ cm^{-2} 与 $\sigma_p=10^{-15}$ cm^{-2}	从 E_V 下降的类施主态与从 E_C 下降的类受主态，密度为 $10^{14} \times e^{E/0.01}$，俘获截面分别为 $\sigma_n=10^{-15}$ cm^{-2} 与 $\sigma_p=10^{-17}$ cm^{-2}，和 $\sigma_n=10^{-17}$ cm^{-2} 与 $\sigma_p=10^{-15}$ cm^{-2}
异质结构的界面光反射	忽略	
背部光反射		假定全反射

假设 AM1.5G 光谱从左侧入射，此异质结结构的数值模拟结果表明，此例中存在的电子有效场确实引起了光伏作用。从图 3.10 的亮态 *J-V* 特性中可以得到 J_{sc}≈4 mA/cm^2 的短路电流与 $V_{oc} \cong 0.06V$ 的开路电压。此开路电压比丹倍电势高了一个数量级，而且类似内建电场导致的光伏作用，当光从右边入射时，它也没有改变电流方向。暗态 *J-V* 的仔细观察表明，在电压上它实质上是对称的——这在预料当中，因为图 3.9 的费米能级位置表明了，此器件在暗态时将大致像 p 型电阻一样工作。如我们将在第 5 章演示的，如果界面处存在电子和空穴亲和势的阶跃，那么暗态 *J-V* 将变得不对称，而且光照下 V_{oc} 会变得更大。图 3.11 展

示了图 3.9 的结构在短路条件下的电子、空穴和总电流密度。当空穴从阳极（左电极）流出时，它携带着所有的电流；在朝向阴极的进程中电子承载了越来越多的电流；最终在阴极，流出的电子携带了全部的电流。图 3.12(a)着眼于热平衡时电子电流密度的漂移与扩散分量，图 3.12(b)则着眼于短路条件下的这些分量。在图 3.12(a)中，如热平衡所要求的，每一处 $J_n \equiv 0$；但在异质结构的界面处这是一个非常不稳定的平衡，因为那里巨大的电子数梯度形成了一个巨大的电子扩散正电流密度，此电流密度被亲和势变化引起的巨大有效作用力的漂移电流平衡。这发生在三个平面，因为梯度中有三个阶跃。另外，这也可以看成在这三个平面当中，从材料 2 到材料 1 的电子发射被从材料 1 到材料 2 的电子发射平衡。如 2.3.1 节解释的那样，由于使用有效场，包含了漂移机制的漂移-扩散公式，对数学分析而言显得更为便捷。这对如图 3.9 所示的梯度变化而言，是特别正确的。针对图 3.12(b)中所示的短路条件，电子电流密度的扩散成分比起电子漂移成分，在除了电子亲和势呈梯度变化的界面之外，在器件的每一处都扮演了更为支配性的角色。不利的是扩散把左侧约 0.2 μm 内各处的电子带入了前电极的复合区；但有利的是它将材料 1 中在此平面右侧的电子，带入了亲和势阶跃区域的"分离引擎"。在这个区域，源于电子有效力场的漂移作用在三个亲和势阶跃的平面处，朝着材料 2 将电子扫过界面。在材料 2 中，扩散再次代替漂移，产生了朝向背（右）电极的净电子移动。这里没有展示热平衡时的空穴电流成分，不仅因为热平衡时 $J_p \equiv 0$，还因为此异质结构的空穴漂移成分和扩散成分都为零。图 3.13 显示了在短路情况下扩散是主导的空穴输运机制。在材料 1 中因为它将空穴带往前（左）电极，是有利的；而在材料 2 中它将空穴带往背电极空穴复合区，是不利的。因为此结构中不存在空穴的有效力场，因此不存在源于有效力的空穴漂移输运。由于短路时所形成的电场，图 3.12(b)中有一个微小的电子漂移电流成分和空穴漂移电流成分（未显示）。如我们在第 2 章的方程(2.47)所获知的，开路状态时的这个电场值沿着器件积分，就可以给出开路电压。计算之所以能简化至此，是因为热平衡时没有电场。

以上实例展示了电子亲和势阶跃在使一个方向区别于另外一个方向，从而在产生光伏作用当中所扮演的角色（或在此特例中，阶跃的角色）。此例主要展示了在一个方向存在一种状态而在另一方向不存在这种状态时，如何在光照下产生了所需的载流子输运方向。这种情况仅需发生在一种载流子上。回到 2.3.1.1 节首次给出的电子和空穴有效场的全定义，可以看到能带有效态密度的梯度也可以产生光伏作用。表 3.2 表明此节的示例中没有 N_C 和 N_V 的变化。对于无内建电场、无电子亲和势阶跃、无空穴亲和势阶跃的情况的数值模拟结果（未显示），也确实表明了 N_C、N_V 的梯度或二者皆有，都能导致光伏作用。它们也能使载流子在两个方向上的运动状态不同。

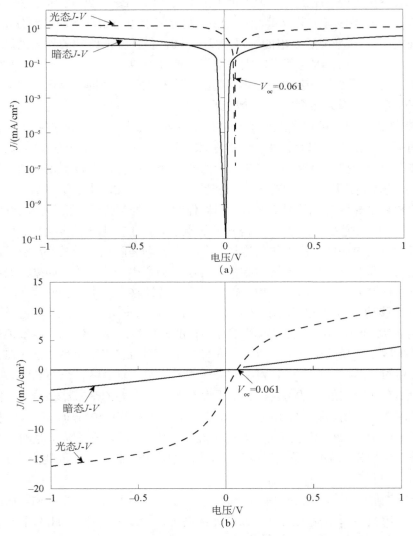

图 3.10 数值计算得出的图 3.9 结构的光暗态 *J-V* 特性

J-V 以（a）半对数和（b）线性坐标绘制。产生的 V_{oc} 为 0.06 V

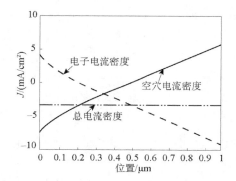

图 3.11 短路条件下，数值计算得出的图 3.9 与表 3.2 所示结构的电子、空穴和总电流密度

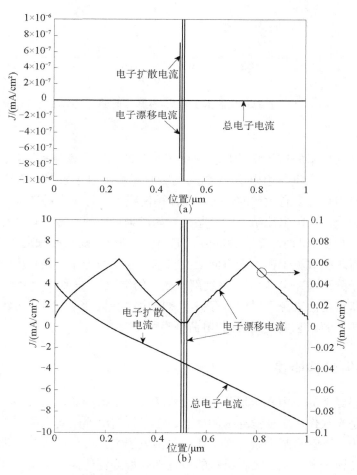

图 3.12 数值计算得出的图 3.9 结构的电子漂移和扩散电流分量

（a）为热平衡时，（b）为短路时。漂移分量包括有效力场的贡献，其存在于电子亲和势梯度变化的区域

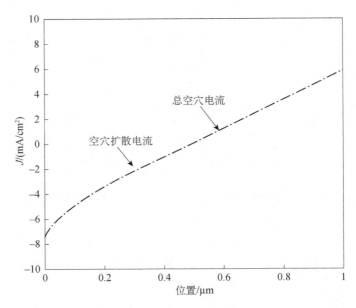

图 3.13　数值计算得出的图 3.9 结构在短路时的空穴扩散电流分量

空穴漂移成分由于太小而没有展示

　　引发光伏作用的有效场的角色（由亲和势差别或态密度差别导致的势垒），在这里通过使用产生自由电子-空穴对的吸收材料予以了解释，而产生激子的吸收材料也能用来说明有效场的作用。在那种情况下，要成为对光伏作用有用的粒子，激子必须在太阳电池结构中的某处（如讨论当中的有效力场势垒处）解离。产生的过剩（比热平衡时多出的部分）自由电子和空穴随后必须遇到有效场势垒。此势垒使得这些载流子在一个方向上的状态不同于另一个方向，从而产生光伏作用与载流子分离（在第 5 章将深度剖析激子的情况）。总结一下本章的发现：所有三种光伏作用的来源可以同时存在于太阳电池结构当中，但是内建电场与有效场是主要的来源。它们是重要的"电荷分离引擎"。

3.2.5　实际结构概要

　　我们已经建立了内建电场与内建有效场（电子亲和势、空穴亲和势和态密度的改变）是光伏作用主要源动力的概念。在可行的电池结构当中，必须至少存在一种源动力。不管是基于激子产生还是自由电子空穴产生的太阳电池，此结论都适用。对任何一种情况，吸收材料的激发必须最终转化为自由电子和空穴，而且太阳电池的结构必须能够使这些载流子在一个方向上的运动不同于另一个方向，从而实现它们的分离。扩散不会产生显著的光伏作用，因为它没有使一个方向本质性地区别于另一个方向。然而，如我们在最后一例中所看到的，它却有助于将载流子移动至由内建电场与有效场区所提供的"电荷分离引擎"。

在设计太阳电池结构时，我们很显然希望结构中存在内建静电场、内建有效场或二者皆有。图 3.14 汇总了各种常用的太阳电池结构。可见有些具有以能带弯曲所示的内建静电场区，有些具有有效力场区（电子亲和势变化、空穴亲和势变化或二者皆有）或具有光伏作用这两种来源的组合。缘于电场的能带弯曲区域称为电场势垒区，因为它们使用内建静电场阻止了载流子在一个方向上的移动。电子亲和势或导带态密度的变化、空穴亲和势或价带态密度的变化或二者皆有的区域称为有效场势垒区，因为它们使用有效场阻止了载流子在一个方向上的移动。图 3.14 中的一些结构使用了产生激子的吸收材料，一些使用了产生自由电子和空穴的吸收材料。对于前者，结构中存在一个具有合适的亲和势变化以解离激子的界面。图 3.14 中的 pn 和 pin 同质结依靠内建静电场来分离载流子，并产生光伏作用。它们没有包含有效场机制，使用的是产生自由电子和空穴的吸收材料。这些电池是第 4 章讨论的主题。异质结总是涉及有效力场。图 3.14(f) 的器件只含有这种势垒。图 3.14(c) 描述的器件含有内建静电场与有效场。随设计细节的不同（第 5 章中论述），此二者能够用于产生激子或产生自由电子空穴的吸收材料。在图 3.14(c) 的器件情况下，电场势垒区可被设计成穿越整个结构（未显示），类似于 pin 同质结。在图 3.14 中所示的肖特基势垒型电池中，存在电场与有效场两种机制。前者依赖于产生自由电子和空穴的吸收材料，而后者可能也会涉及产生激子的吸收材料。这些器件将在第 6 章中详细论述。也将在第 6 章中阐述的电解质-半导体电池，使用了内建静电场，但也能使用有效作用力，这取决于电解质和吸收材料。染料-半导体电池（通常称为染料敏化电池）使用缘于允态阶跃的有效作用力以实现分离。吸收材料在这些电池中激发的是激子，这些器件是第 7 章要讨论的主题。

注意到，这些结构当中的所有内建场都是由功函数的差别产生的。已经有人提出，由铁电体中的极化而非通常的功函数差别所产生的内建电场，也能被利用于太阳电池中[4]。

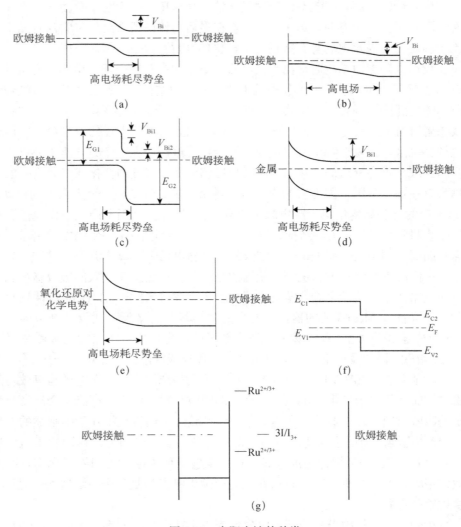

图 3.14　太阳电池的种类

一些电池只用内建电场作为"电荷分离引擎"：(a)pn 同质结与(b)pin 同质结。一些电池具有内建电场与有效场，其可根据特定电池与吸收机制而优化组合：(c)所示的异质结，与(d)肖特基势垒型电池，(e)半导体-电解质电池。一些电池只依赖有效场：(f)没有内建电场的异质结，与(g)染料-半导体（此处所示为钌基染料的情况）

3.3　关　键　材　料

3.3.1　吸收材料

吸收材料可以分为半导体或染料。吸收材料有无机的和有机的。它们可以从单元素材料（如硅）变到聚合物（如聚（3-己基噻吩））材料。如前文所述，它们共有一个属性：它们具有光吸收导致的激发态，①其能量上与太阳光谱的光子富集范围相匹配，②本身是自由电子和空穴或能够转换为自由电子和空穴。图 3.15 是以吸收层禁带宽度 E_G 为变量，吸收材料可能实现的短路电流密度 J_{sc} 的函数曲线。这条曲线是把图 1.1 中 AM1.5G 光谱从 410 nm 到 hc/E_G 积分得到的。图 3.15 中假设所有入射光子都进入了电池，而且每个光子都产生了一个激发态并形成外电路中的一个电子。这个没有光学损失与复合损失的理想情形意味着外量子效率①（EQE）为 1 。现实中 EQE<1.0。

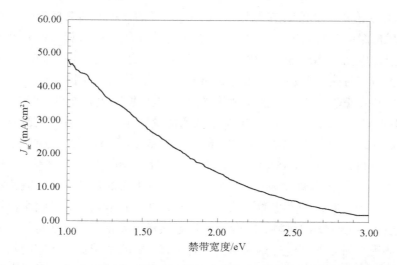

图 3.15　AM1.5G 光谱下，能够实现的短路电流密度与吸收层禁带宽度的关系

从效率的角度来说，最优的吸收材料不是使 J_{sc} 最大的材料，而是产生最大的

---

① EQE 表征入射光子是否转换成了在外电路中做功的电子。

$$\eta = \frac{FF(J_{sc}V_{oc})}{P_{IN}} \qquad (3.6)$$

其中使用了方程(1.3)与填充因子的定义。3.2.2 节表明了 V_{oc} 随着 E_G 变化，至少对于光伏作用源于内建电场的电池是如此。图 3.15 表明随着 E_G 增大，J_{sc} 减小。因此我们预计，对于给定的吸收材料和电池设计，会有某个禁带宽度值使 $(FF\,J_{sc}\,V_{oc})$ 的乘积值最优。研究吸收材料的哪个禁带宽度值将使能量转换效率 η 最大，其结果取决于所采用的假设。如果关注的是热力学所允许的极限最大效率，答案是 $E_G \approx 1.1$ eV，此时 $\eta = 44\%$[5]。此结果基于把所有能量低于 E_G 的光子看成被浪费，而所有能量 $\geq E_G$ 的光子则被收集，但是这些光子 $>E_G$ 的能量部分都被消耗掉了。它把电池的输出电压设为 E_G。如果加上复合损失而且考虑电流电压特性，那么答案变为 $E_G \approx 1.5$ eV，最大效率 η 下降至 ~25%或更低，具体数值取决于所假设的特定损失机制[5,6]。在实际中，选取理想的吸收材料禁带宽度，是比这些分析更加复杂的问题，因为必须把所有与整体优化相关的其他变量计算在内，如材料成本、生产成本、运行寿命与环境影响等。

吸收材料性能

图 3.16 给出了 2.2.4.1 节与附录 A 中所定义的一种普通有机吸收薄膜材料与几种无机薄膜吸收材料的吸收系数。图 3.16 中有机吸收材料和三种无机吸收材料在 $\alpha(E)$ 上的区别，缘于有机材料具有多簇分子轨道（态密度中的峰），而无机材料具有价带与导带，其态密度随着 E 离开能带边而增加（图 2.10）。图 3.17 给出了这些材料在 EQE＝1 时所能实现的 J_{sc} 与薄膜厚度的关系曲线。图 3.16 中，半导体 CIGS($CuIn_xGa_ySe$)的 $\alpha = \alpha(E)$ 从最低的能量处开始，因为在这些吸收材料当中它具有最低的禁带宽度(此处展示的 CIGS 为 1.15 eV[8,9])。化合物半导体 CdTe 是直接带隙材料，其 E_G=1.45 eV[10,11]。有机 P3HT:PCBM 是吸收材料聚（3-己基噻吩）(P3HT)与电子传输材料 C_{61} 丁酸甲酯 (PCBM)的混合物。在这些特定材料中它是唯一一个吸收过程产生激子的材料。所示的特定 a-Si:H 的吸收系数针对的是禁带宽度为 ~1.8 eV 的材料。它看起来具有强烈的吸收行为，这是因为 k 选择定则不再适用。所示的特定硅纳晶材料具有 1.12 eV 的禁带宽度（它的禁带宽度没有被量子限域效应影响），强烈的吸收行为是由光子、电子或二者皆有的限域效应使得 k 选择定则不再严格成立所导致的。

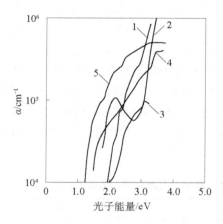

1　a-Si：H来自文献[7]，[8]

2　nC-Si来自文献[8]

3　P3HT:PCBM1:1来自文献[9]

4　CdTe来自文献[10]

5　ClGS来自文献[11]

图 3.16　在 2.2.4.1 节和附录 A 中定义的非晶硅(a-Si:H)、纳晶硅(nC-Si)、聚（3-己基噻吩）：C_{61} 丁酸甲酯 (P3HT:PCBM)、CdTe，铜铟镓硒(CIGS)薄膜的吸收系数

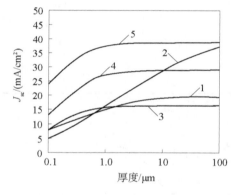

1　a-Si：H来自文献[7]，[8]

2　nC-Si来自文献[8]

3　P3HT:PCBM1:1来自文献[9]

4　CdTe来自文献[10]

5　ClGS来自文献[11]

图 3.17　以图 3.16 中材料的薄膜吸收层厚度的对数为变量，可能实现的 J_{sc}（假定 EQE=1）

　　图 3.17 是有用的，因为它表明了图 3.16 中的各材料需要多厚才能有机会把它们潜在的 J_{sc} 全部收集。它是个保守估计，因为它假定吸收遵循比尔-朗伯定律(方程(2.1))；即图 3.17 忽略了反射、散射和干涉效应，而如 2.2.4.2 节所讨论的，这些效应可以以有利的形式建立在电池之中。注意到很有意思的一点，这个曲线中的横坐标是厚度的对数，因为这些材料的各种 $\alpha=\alpha(E)$ 数据，是以指数的形式用在 J_{sc} 与厚度关系的计算当中。我们能否收集到图 3.17 所示的潜在短路电流，取决于电池设计、载流子迁移率、扩散率和复合。

　　如我们第 1 章所讨论的，实际上乘积

$$\frac{能量转换效率}{实际成本} \times 电池寿命$$

才是大面积地面光伏应用当中最为关键的因素。因此，吸收材料的厚度非常重要，因为它经由两种方式进入到此乘积当中：效率和材料与沉积时间（生产）成本。基于这两个事实，已经有观点认为高吸收、鲁棒而且不昂贵的吸收材料也许才是最佳的，尽管它们也许不会给出方程(3.6)中的最大值[12,13]。黄铁矿(FeS_2)是此类材料当中一个令人感兴趣的例子。它是一种非常丰富、不昂贵、光吸收强的材料。它具有 0.95 eV 的间接带隙，1.03 eV 的直接带隙，其 $\alpha=\alpha(E)$ 特性见图 3.18[14]。这些 α 值可与图 3.16 所示的吸收系数相比拟。表 3.3 中给出了一些其他的高吸收、稳定并且不昂贵的材料示例[13]。

表 3.3　一些高吸收、鲁棒、而且可能不昂贵的材料

材料	参考文献
Zn_3P_2	[15]~[17]
Cu_2S	[16],[18]
CuO	[16],[19]
Cu_2O	[20],[21]

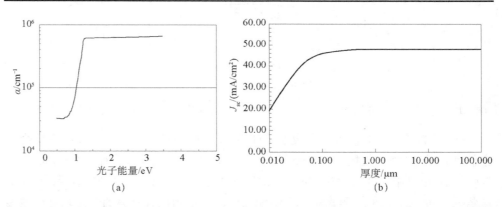

(a) FeS₂ (b)

图 3.18　(a) FeS_2 的吸收系数曲线（经允许摘自文献[14]）与(b) FeS_2 的 J_{sc} 与厚度的关系（假定 EQE=1）

图 3.19 展示了三种不同形式的硅的吸收数据[7,8,22]。图 3.16 中给出了 a-Si:H、纳晶硅以及单晶硅(c-Si)的 $\alpha=\alpha(E)$ 数据。后者是 E_G=1.12 eV 的间接带隙材料。从这些曲线的比较中，c-Si 的吸收过程受 k 选择定则的负面影响是明显的。以厚度对数为横坐标的图 3.20，展示了硅材料类型是如何显著地影响能够实现的潜在 J_{sc}

与实现它所需要的厚度。图 3.21 是图 3.19 的后续,并且更深入地考察了吸收系数 $\alpha=\alpha(E)$ 随几种多晶硅材料晶粒大小的演化,这些材料由相同的 a-Si:H 作前驱物固相晶化而来[23]。所示的纳晶材料晶粒大小 $\varDelta$ 为 10~150 nm,微晶材料晶粒大小 $\varDelta$ 为 1 μm。在 10 nm 晶粒大小的 nC 材料中观测到了声子限域效应。

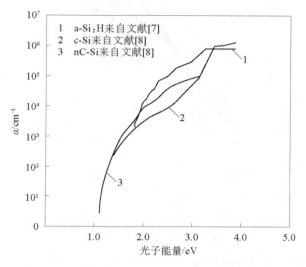

图 3.19   2.2.4.1 节与附录 A 定义的三种硅吸收材料的吸收系数比较

非晶硅(a-Si:H);单晶硅(c-Si)与纳晶硅(nC-Si)

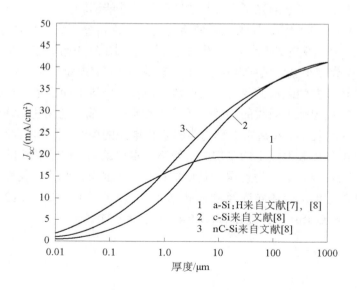

图 3.20   图 3.19 中的材料能够实现的潜在 J_{sc} 与吸收材料厚度的关系(假定 EQE=1)

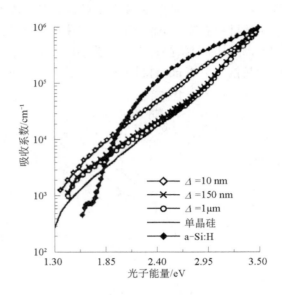

图 3.21　2.2.4.1 节与附录 A 定义的，由相同的前驱物固相晶化而来的两种纳晶硅材料与一种
微晶硅材料的吸收系数比较

非晶硅材料与单晶硅的数据也画在图中用于对比（经允许摘自文献[23]）

　　染料是一个非常有趣的吸收材料种类。它们的分子具有吸收诱导的激发态，其①能量上与太阳光谱的光子富集范围匹配，且②能够转换为自由电子与移动的离子，如图 3.14(g)中所示。那张图所描绘的电子从染料分子到半导体导带的转移，一定程度上与图 3.9 的亲和势阶跃类似。类似地，图 3.14(g)中空穴从分子到离子能级的转移，类似于空穴的亲和势驱动分离。因为染料中光诱导的激发态为激子，描述的这些转移发生之前需要有必要的激子解离。染料不同于半导体吸收材料的地方在于，它仅履行了吸收的功能，而且通常不充当输运的角色。由于此原因，它经常被称为敏化剂。在通常被称为染料敏化电池的染料-半导体太阳的构造中，染料存在于半导体表面之上的单层中。如第 7 章讨论的，电池结构的表面形态影响了整体的吸收与 J_{sc}。因为使用的是单层材料，并因为它们的吸收性能通常是在溶液中评估，它们的吸收响应经常表示为 A_{abs}（附录 A）。图 3.22 给出两种钌基染料（$C_{58}H_{86}N_8O_8RuS_2$ 与 $C_{42}H_{52}N_6O_4RuS_2$）的 A_{abs} 曲线。

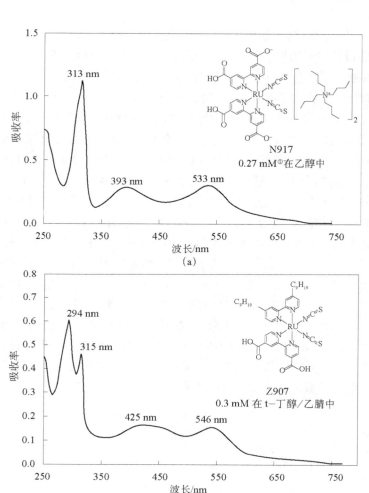

图 3.22　两种基于钌的染料(a)$C_{58}H_{86}N_8O_8RuS_2$与(b)$C_{42}H_{52}N_6O_4RuS_2$在溶液中 1 cm 光程的吸收率（经允许摘自文献[24]）

3.3.2　电极材料

3.3.2.1　金属电极

欧姆接触是理想的传送电流且要求不损失任何电压的接触。因为金属电阻率低，所以成为优秀的电极材料。作为普适的"经验法则"，我们希望使用功函数高的

----

① 1mM=1mmol/L。

金属作为 p 型半导体材料的电极，无论它是无机的还是有机的。这是根据我们在 3.2.1 节的能带图中讨论得出的结果。功函数小于给定 p 型材料的金属如果用于与 p 型半导体接触，那么热平衡时，金属内部朝向为正、半导体内部朝向为负的偶极子将导致费米能级持平。这意味着空穴将在 p 型半导体中耗尽（多子浓度低于掺杂所决定的值），在半导体中形成空穴的静电势垒，对 p 型材料我们实际上成功地制作了一个肖特基势垒整流二极管。在电极处将不会有电子输运的静电势垒。对 p 型半导体使用功函数大的金属，将缓解这些问题。为了充分地利用此益处，我们希望 $\phi_{WM} \geqslant \phi_{Wp}$，其中 ϕ_{WM} 为金属功函数， ϕ_{Wp} 为 p 型半导体功函数。这种情况产生了金属中朝向为负、半导体内朝向为正的偶极子，因此空穴将在半导体中积累（多子浓度多于掺杂所决定的值），而且对于进入电极的空穴没有静电势垒。而对电子将有一个势垒。这个功函数大的情况给 p 型材料中的空穴提供了欧姆接触。需要提一下，有一种方法使功函数小的金属也能为 p 型材料给出欧姆行为：如果半导体重掺得很厉害以致静电势垒很薄，那么空穴将以隧穿的方式通过。如果理想的金属由于成本、化学兼容性、工艺损伤或互扩散等问题而不能被采用时，这一方法会十分有用。此功函数的"经验法则"明显的一个推论是，希望使用功函数小的金属作为 n 型半导体的电极，无论无机或有机。理想的情况应该满足 $\phi_{WM} \leqslant \phi_{Wn}$，但是再次出现像化学反应、成本、扩散或损伤等问题时，采用隧穿的方法就成为了必须。图 3.23 展示了各金属的功函数，其为原子数的函数。

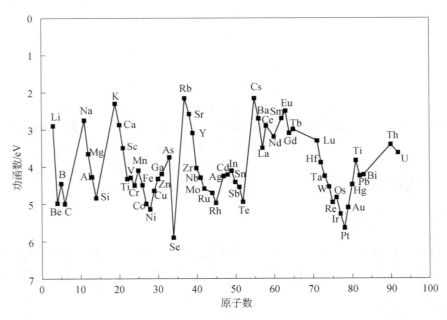

图 3.23　金属的功函数随它们原子数的变化（经允许摘自文献[25]）

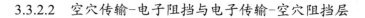

3.3.2.2　空穴传输-电子阻挡与电子传输-空穴阻挡层

当应用于电极的制备时，具有合适的电子、空穴亲和势排列的宽带隙空穴导体与宽带隙电子导体材料经常分别被称为空穴传输-电子阻挡层（HT-EBL）和电子传输-空穴阻挡层（ET-HBL）。此类材料中多数也能用于异质结的形成，这将在第 5 章进行深度探讨，而我们这里关注它们的电极角色。在电极的形成中，通过利用电子亲和势、空穴亲和势与态密度的变化（或者等价地说，通过 LUMO 能级与 HOMO 能级的改变）这些材料可以执行两种不同的功能。这两种不同的功能是（a）形成选择性电极与（b）激子阻挡界面。

（a）选择性欧姆接触。

我们定义选择性欧姆接触为只传输一种载流子类型，最理想的是不产生电压降。这在太阳电池中是非常有利的，因为它帮助一个方向的载流子输运区别于另一个方向；也就是说，它协助激励光生载流子的分离。例如，如果电极是电池的阳极，那么电子不被希望通过此电极离开或与电极表面的空穴复合（2.3.2 节）。HT-EBL 材料在此特殊情况下会非常有用。图 3.24 展示了两种与吸收材料层相配的此类材料层。图 3.24(a)展示了一个梯度界面，图 3.24(b)展示了一个突变界面。图 3.24 的光生空穴能够轻易地穿越 HT-EBL 材料并进入接触电极。光生电子被视作遇到了一个有效力势垒从而被阻挡进入接触电极。几种有机和无机的 HT-EBL 与 ET-HBL 材料示于图 3.25 中。吸收材料 P3HT 与硅的能带边作为对比也予以了显示。

（b）激子阻挡界面。

在我们图 3.24 的示例中，如果毗邻 HT-EB 的吸收材料是产生激子的材料，那么电极处 HT-EBL 的配置，如图所示，也能用于阻挡激子向左扩散，并因此促进激子扩散进入右侧解离激子的异质结（未示于图中）。

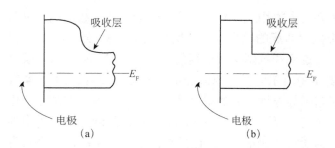

图 3.24　使用 HT-EBL 形成空穴的选择性欧姆接触

(a)梯度结构；(b)突变结构

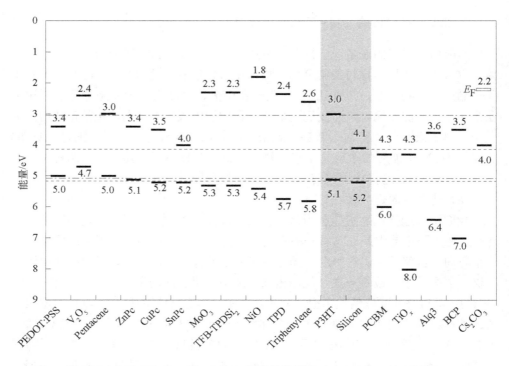

图 3.25　几种 HT-EBL 和 ET-HBL 材料的能带边（LUMO-HOMO 位置）

吸收材料 P3HT 与 Si 作为对比予以了显示（灰带）。大体上 HT-EBL 材料在这两种吸收材料的左侧，ET-HBL 材料在右侧。在此能带图中，ZnPc=酞菁锌；CuPc=酞菁铜；SnPc=酞菁锡；TFB-TPDSi₂ 是交联共混的聚[9,9-二辛基芴-共-氮-[4（3-甲基丙醇）]-二苯胺与 4,4′-双[(p-三氯甲硅烷基丙苯基)苯胺基-联苯]；TPD=N,N′-双（3 甲基苯）-N,N′-二苯基联苯胺；Alq3=三（8-羟基喹啉铝）;BCP=浴铜灵。(摘自文献[26]~[38])

3.3.2.3　透明电极

　　光显然需要进入太阳电池结构，这意味着透明电极既需要允许光的进入，又需要提供能带位置匹配的电极功能。所使用的材料必须具有高电导率（如≥5×10² S/cm）、高透过率和欧姆接触所需的带边位置与功函数。由于这些材料中的吸收过程是图 2.11 中所示的自由载流子带内过程 1，存在掺杂（实际上是合金化所用的浓度）引起的导电性和光透射之间的折中。在薄膜厚度上，电阻率与透过率也存在一个折中点。透明导电氧化物(TCO)材料能满足这些折中的要求。已经研究过的、可作为透明电极的 TCO 包括氧化铟、氧化锡、氧化铟锡（ITO）、氧化锌、掺铝氧化锌(AZO)、氧化镓铟、氧化铟锌、镓铟锡氧化物与锌铟锡氧化物。这些当中，氧化锡、ITO 与氧化锌在实际中的应用最为广泛[39]。图 3.26 中给出了 ITO 材料的能带边位置与功函数信息，连同几种 AZO 材料的相应信息。说明性的透射数据（对于 AZO 材料）示于图 3.27 中。

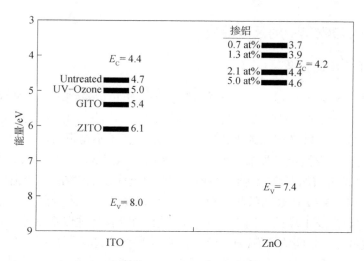

图 3.26　ITO 与 ZnO 的带边位置

取决于工艺与合金化（对于 ITO，Ga 和 Zn 的浓度；对于 ZnO，Al 的浓度）的费米能级位置（条纹）也示于图中。

ZnO 合金化数据暗示带隙宽度是变化的。符号 at% 代表原子百分比（摘自文献[40]）

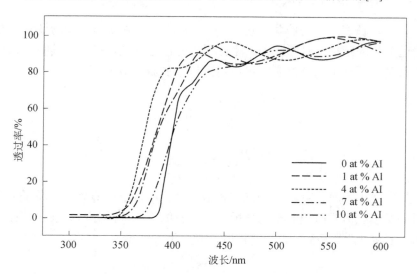

图 3.27　ZnO（0% 铝）与几种 AZO 透明电极材料的透过特性

符号 at% 代表原子百分比。波动是由于干涉效应（摘自文献[41]）

3.4 材料与结构的尺度效应

3.4.1 吸收与收集中的尺度效应

3.4.1.1 吸收长度

在光伏中有许多自然存在的长度，它们的数量可以从纳米尺度变化至微米尺度。这些基本长度之一是吸收长度。它可以像 2.2.4.1 节中，正式定义成 λ 的函数。然而，当考虑到入射光波长的光谱时，这个定义变得不是很有用。为了得到一个更有用的数值，我们定义吸收长度 L_{ABS}（使用类似图 3.17 和图 3.20 的图）为吸收 85% 入射光所需的厚度或等价地形成 85% 可能实现的潜在 J_{sc} 所需的厚度。对于图 3.17 和图 3.20 代表的吸收材料，L_{ABS} 可以从几百纳米变到数十微米。使用这些图来确定需要多厚的材料以获取一定程度的吸收是种保守估计，因为它假设吸收过程遵循比尔-朗伯定律(方程(2.1))，即这些图中忽略了反射、散射和干涉效应，而通过使用从简单反射层到等离子激元或光子结构等功能性材料或结构，这些效应在电池中是必不可免的。

3.4.1.2 激子扩散长度

也有一些长度，称为收集长度（L_C），能被用于估算光吸收诱导的激发态可以被输运多长的距离。对于激子，注意到它的输运只能是扩散，其收集长度可以由扩散来确定。利用这个事实，可以得到以下的激子数方程：

$$D_E \frac{d^2 P_E}{dx^2} = G' - \frac{P_E}{\tau_E}$$

或

$$\frac{d^2 P_E}{dx^2} = \frac{G'}{D_E} - \frac{P_E}{D_E \tau_E} \tag{3.7}$$

其中 G' 代表激子产生率，D_p 为激子扩散系数，τ_E 为激子寿命——激子消失之前存活时间量度。方程(3.7)的量纲分析（观察右侧第二项的分母）表明，存在一个自然形成长度 L_E^{Diff} 可表征激子的扩散，其由下式给出

$$L_E^{Diff} = [D_E \tau_E]^{1/2} \tag{3.8}$$

此扩散长度称为激子扩散长度，其衡量了激子在弛豫回基态前可在吸收材料中扩散多远。比如，共轭高分子吸收材料的激子扩散长度通常被认为在 5~10 nm，尽管有一些证据表明这些长度也许更长[42]。

3.4.1.3　电子与空穴的扩散与漂移长度

当光吸收诱导的激发为自由电子和空穴时，收集长度 L_C 被扩散、漂移或二者的某种混合所控制。分析 2.2.5.1 节与 2.4 节中的方程可见：由于扩散和漂移，存在自然形成的电子与空穴的收集长度。具体地说，如果漂移被忽略而且线性复合模型有效，那么上述章节中的方程对于电子可以简化为

$$D_n \frac{\mathrm{d}^2 n}{\mathrm{d}x^2} = G'' - \frac{n - n_0}{\tau_n} \tag{3.9}$$

其中 G'' 是产生项。方程(3.9)的量纲分析表明，存在一个自然形成的电子扩散长度 L_n^{Diff}，由下式表示：

$$L_n^{\mathrm{Diff}} = [D_n \tau_n]^{1/2} \tag{3.10}$$

其中 D_n 为电子扩散系数，τ_n 为电子少子寿命。

类似地，如果漂移被忽略而且线性复合模型有效，那么上述章节中的方程对于空穴可以简化为

$$D_p \frac{\mathrm{d}^2 p}{\mathrm{d}x^2} = G'' - \frac{p - p_0}{\tau_p} \tag{3.11}$$

方程(3.11)的量纲分析表明，存在一个自然形成的空穴扩散长度 L_p^{Diff}，由下式给出

$$L_p^{\mathrm{Diff}} = [D_p \tau_p]^{1/2} \tag{3.12}$$

其中 D_p 为空穴扩散系数，τ_p 为空穴少子寿命。这些由方程(3.10)和方程(3.12)给出的扩散长度意味着，如果光生载流子通过扩散被收集到"载流子分离引擎"（内建电场或有效场的区域）时，只要吸收材料区域在远离"分离引擎"的一个扩散长度距离之内，收集都会是有效的。如我们已经看到的，在既无内建电场也无内建有效场的吸收材料区域中，扩散可以在光生载流子的收集中扮演一个主要角色。

如果再次分析 2.2.5.1 节与 2.4 节中的方程，但这次扩散被忽略，那么漂移收集长度出现了。对于电子，忽略扩散与使用线性复合模型可将上述章节的方程简化为

$$\mu_n \xi \frac{\mathrm{d}n}{\mathrm{d}x} = -G'' + \frac{n - n_0}{\tau_n} \tag{3.13}$$

其中我们在收集区域假定了一个常数电场。方程(3.13)的量纲分析表明存在一个电子漂移长度 L_n^{Drift}，为

$$L_n^{\mathrm{Drift}} = \frac{D_n \tau_n \xi}{kT} \tag{3.14}$$

这里使用了附录 D 中引入的爱因斯坦关系式 $D_n = kT\mu_n$。对于空穴，忽略扩散与使

用线性复合模型，可将上述章节的方程简化为

$$\mu_p \xi \frac{dp}{dx} = G'' - \frac{p - p_0}{\tau_p} \qquad (3.15)$$

其中我们也假定在收集区的电场为常数。方程（3.15）的量纲分析表明存在一个空穴漂移长度 L_p^{Drift}，为

$$L_p^{Drift} = \frac{D_p \tau_p \xi}{kT} \qquad (3.16)$$

这个方程使用了附录 D 中引入的爱因斯坦关系式 $D_p = kT\mu_p$。方程(3.14)与方程(3.16)给出了强度为 ξ 的电场可以收集寿命为 $\tau_{n,p}$ 的光生载流子的电场长度。

3.4.1.4 吸收长度与收集长度的匹配问题

吸收材料可能①吸收与收集长度都处在纳米尺度，②吸收长度处在微米尺度而收集长度处在纳米尺度与③吸收与收集长度都处在微米尺度。表 3.4 用几种材料为例说明了吸收材料的这些可能性。图 3.28 展示了由于常见的吸收长度大于收集长度而产生的问题。在图 3.28(a)描述的构造中，吸收层含有被浪费掉的材料。在图 3.28(b)中，吸收层体积减小了，因此消除了未利用的材料，但是却损失了光。光损失可以使用背反射、光子结构与等离子激元结构来解决，如第 2 章所讨论的。光损失也可以使用电学或光学级联的叠层或三结电池来解决；也就是说，通过第一个电池的光再通过第二个电池，再诸如此类。从图 3.28 中可以看出产生了吸收长度-收集长度的失配问题，因为传统电池构造中的这些长度都是并行的。

表 3.4　一些收集长度，吸收长度与横向收集的电极间距

材料	收集长度	吸收长度	电极间距尺度	吸收层厚度
微晶、多晶硅	通过扩散，2~5 μm 的范围[39]	~80 μm (来自图 3.20)	~5 μm	~80 μm
a-Si:H	通过漂移，~300 nm[39]	~1 μm (来自图 3.20)	~300 nm	~1 μm
P3HT	激子 5~10nm[26,42]。可以达到 150 nm[42]。通过漂移，空穴 200~300 nm（从电池厚度估计）	300~400 nm(图 3.17)	5~150nm 如果激子解离在电极界面处完成；10~300nm 如果激子解离在中间界面处完成	~300 nm
FeS₂	<100 nm[44]	~60 nm (图 3.18)	<100 nm	~60 nm

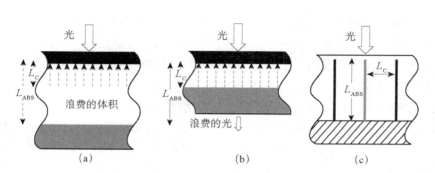

图 3.28　三种太阳电池，都具有相同的吸收长度 L_{ABS} 与收集长度 L_C

（a）和（b）中的虚箭头代表产生有用电流（能被收集）的器件范围。（a）含有平面电极（顶部与底部的暗色部分）与厚度等于吸收长度但大于收集长度的吸收层的传统设计。（b）含有平面电极（顶部与底部的暗色部分）与厚度等于收集长度的吸收层的传统设计。（c）吸收与收集长度解耦而且不再并行的横向收集设计。垂直的阳极与阴极电极交替出现，但与它们在底部衬底的各自内联结构相连

　　如图 3.28(c)所示的横向收集构造，已经被提出来用以解决失配问题[43]。此方式既没有浪费光也没有浪费活性层材料，因为 L_C 与 L_{ABS} 被设置成彼此垂直的。通过这个构造，电极间距以及器件厚度可以独立地变化，理论上可以定制从而适应吸收材料的性质。从图 3.28(c)可以看出：可以把阳极与阴极元素嵌入吸收材料中，用以实现横向收集或者把一组电极元素放入吸收层，而另一电极放在吸收层之上。吸收产生的激子、电子或空穴从它们产生的地方到被收集必须传输一段距离，而横向收集结构具有缩短这段传输路径的效果。横向收集结构被设计来帮助那些很难被收集的实体（激子、电子或空穴）。既然收集长度和吸收长度可以处在纳米或微米长度范围，具体值取决于吸收材料，那么图 3.28(c)结构中的间距与高度可以是纳米或微米尺度的。表 3.4也总结了几种示例性吸收材料的电极间距与吸收层厚度。对于代表性的有机吸收材料 P3HT，列出了其两种收集长度，因为它是一种产生激子的吸收材料，而且①激子必须被收集和解离；②产生的电子与空穴必须被收集。横向收集结构可以带来更多的电流收集，但它的使用必须考虑具体情况，因为它也许会带来更多的复合，并因此降低开路电压。这个权衡取决于体复合与电极复合的相对重要程度。

　　在激子电池中，激子必须扩散进它们可以解离的区域。图 3.29 展示了在类似 P3HT 产生激子的有机太阳电池中，产生自由电子和空穴必须发生的异质结激子解离过程。如图所示，一个具有合适的电子与空穴亲和势阶跃（或等价地在 LUMO 和 HOMO 能级）、妥善设计的界面可以提供解离激子的能量，形成图 3.29(a)中右

手侧材料导带（分子轨道族）中的自由电子与左手侧材料价带（分子轨道簇）中的空穴。在有机电子学与光电子学的术语中，从激子解离过程中接收电子的材料是受主材料，而激子解离产生电子（和空穴）的材料称为施主。在图 3.29 的例子中，P3HT 是吸收层，为施主；而 PCBM 是异质结形成者，为受主。图 3.29(b) 描述了 P3HT-PCBM 电池中纳米尺度的横向收集结构。这里 P3HT 柱具有表 3.4 要求的直径，从而收集产生于 P3HT 并前往 P3HT-PCBM 界面解离的激子。PCBM 的体积被最小化了，因为此材料不是很强的吸收材料而是电子导体。然后 PCBM 柱与顶部的平面导体相连以收集电子，P3HT 柱与底部的透明导体相连以收集空穴。P3HT-PCBM 混合物的研究表明它们可以承受退火中的相分离，其会形成近似图 3.28(c)与图 3.29(b)中的特征结构[42]。有机异质结电池将在第 5 章中进一步论述。

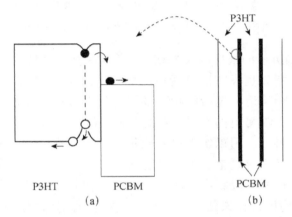

图 3.29　(a)缘于有效场（亲和势变化）的异质结处的激子解离与后续的电子空穴分离；（b）器件构造的示意图

3.4.2　使用纳米尺度捕获损失能量

在太阳电池的运行当中，$hv>E_G$ 的额外光子能量损失成了热。而理想的情形则要使用那些 $hv>2E_G$ 的光子产生多个载流子。还有，所有 $hv<E_G$ 光子能量都损失掉了。理想的情形则要使用几个这样的光子以产生一个载流子。如果这些更好地利用光子能量的目标能够有意义地实现，那么 3.3.1 节讨论的终极效率的分析结果，将有望得到进一步的提高。纳米尺度的材料工程提供了实现这些目标的可能。

如第 2 章讨论过的，半导体纳米颗粒（量子点）结构在亚 10 nm 的范围，通过量子限域效应给带隙调节和引发多激子产生（multiple exciton generation, MEG）的吸收可能性打开了大门。在 MEG 过程中，一个超禁带光子（$hv > 2E_G$）可以产生多于一个的激子。这特别具有吸引力，因为它利用了本会被浪费掉的多余能量，这些能量由超带隙光子吸收所导致的热载流子拥有。硒化铅、硫化铅、碲化铅和硒化镉的量子点展现出 MEG[45]效应，并因此提供了自由载流子倍增（carrier multiplication, CM）的可能性。如第 2 章所讨论的，量子点中 CM 模型的理论基础是 MEG 过程，类似碰撞离化；然而，其他模型也已经提出[45,46]。此模拟发现的 MEG 的最小阈值是预期的 $2E_G$，意味着低带隙的量子点材料能够充分利用太阳光谱的光子富集区域（图 1.1）。一旦在量子点中一个超带隙光子形成了多个激子，之后的问题就变成了激子如何解离与自由电子与空穴如何被收集。换言之，我们如何进入自由载流子倍增阶段？所需的解离过程，类似于图 3.14(g)中由吸收产生的激子在 DSSC 电池的染料分子处所经历的。在那种电池中，被激发的染料分子激子通过释放一个电子给半导体导带边的能级，与一个空穴给电解质的离子能级，完成弛豫过程。在量子点中，类似的缘于 MEG 的自由载流子收集，似乎被量子点的表面态与短的激子寿命所束缚[47]。为了实现 CM，已经在几种电池结构中尝试过使用量子点吸收材料，包括叠层电池，但迄今成就有限，显然是由于这些收集的问题[47]。

为了尝试捕获子带隙光子所损失的能量，已经有方案（追溯至 1960 年）提出在带隙中引入能态从而允许双光子产生过程[48,49]。如第 2 章讨论的，基于带隙内非定域中间带(IB)的双光子过程，被认为是最有效的。如果此类能带经过合理设计，被认为可以支持光子吸收-自由载流子产生的两步过程，而不增加与之相竞争的非辐射复合损失物理过程。有人提议，此类 IB 能级可以通过把量子点结构浸没在宽带隙吸收材料中来实现[50]。在 1000 倍太阳光照射下，基于量子点结构的 IB 双光子产生分析已表明，它也可以用于聚光应用中[51]。

3.4.3 光管理中的尺度角色

在电池表面刻蚀 2~10 μm 的金字塔结构，其陷光效果已经在基于晶片的太阳电池中应用了很长时间。将这种微米长度尺度的技术应用在薄膜结构当中，显然是不可能的。而在衬底上形成波长尺度的织构，然后再在其上沉积薄膜电池的陷光结构，已经在薄膜电池中应用了很长时间。当电池制作得更薄从而节省吸收材料的成本时，这种衬底织构的方法也变得有问题，因为它影响了电池形貌与背表面复合[52]。因此，纳米技术被用来参于太阳电池的光管理。如第 2 章讨论的，它使得两种新方法成为了可能：光子结构与等离子激元。二者都已经用于了改进电池性能，这也在第 2 章讨论过。二者都涉及纳米尺度结构，并因此可以与更薄的器件相兼容。

参 考 文 献

[1] S. Sze, K.K. Ng. Physics of Semiconductor Devices, third ed., John Wiley & Sons, Hoboken, NJ, 2007, pp. 360-380.

[2] H. Dember, Photoelectric E.M.F. in cuprous-oxide crystals, Phys. Z. 32 (1931) 554. 856 (1931); Kristallphotoeffekt in Klarer Zinkblende, Naturwissenschaften 20, 758 (1932).

[3] W. Shockley, Electrons and Holes in Semiconductors, D. Van Nostrand Co.,Princeton, NJ, 1956, pp. 254, 299, 491.

[4] T. Choi, S. Lee, Y.J. Choi, V. Kiryukhin, S.W. Cheong, Switchable ferroelectric diode and photovoltaic effect in BiFeO$_3$, Science 324 (2009) 61.

[5] W. Shockley, H. Queisser, Detailed balance limit of efficiency of p–n junction solar cells, J. Appl. Phys. 32 (1961) 510.

[6] J. Loferski, Theoretical considerations governing the choice of the optimum semiconductor for photovoltaic solar energy conversion, J. Appl. Phys. 27 (1956) 777.

[7] T. Searle, Properties of Amorphous Silicon and Its Alloys, INSPEC, 1998.

[8] M. Vanecek, Optical properties of microcrystalline materials, J. Non-Crystalline Solids (1998), 227-230, 967-972.

[9] Y. Kim, S.A. Choulis, J. Nelson, D.D.C. Bradley, S. Cook, J.R. Durrant, Composition and annealing effects in polythiophene/fullerene solar cells, J. Mater. Sci. 40 (2005) 1371–1376; V.D. Mihailetchi, H.X. Xie, B. de Boer, L.J.A. Koster, P.W.M. Blom, Charge transport and photocurrent generation in poly(3-hexylthiophene): Methanofullerene bulkheterojunction solar cells, Adv. Funct. Mater. 16, 699-708 (2006).

[10] A. Fahrenbruch, Modeling Results for CdS/CdTe Solar Cells, Colorado State University Technical Report, March 2000. Available on CSU Web site: http://www.physics.colostate.edu/ groups/photovoltaic/PDFdocs.htm.

[11] M. Gloeckler, A.L. Fahrenbruch, J.R. Sites, Proc. of the IEEE Photovoltaic Energy Conversion, 3rd World Conference, Osaka, Japan, vol. 1, 491 (2003); AMPS Web site http://www.

ampsmodeling.org/.

[12] A. Ennaoui, S. Fiechter, Ch. Pettenkofer, N. Alonso-Vante, K. Buker, M. Bronold, Ch. Hopfner, H. Tributsch, Iron disulfide for solar energy conversion, Sol. Energy Mater. Sol. Cells 29 (1993) 289.

[13] C. Wadia, Y. Wu, S. Gul, S.K. Volkman, J. Guo, A.P. Alivastos, Surfactant-assisted hydrothermal synthesis of single phase pyrite FeS_2 nanocrystals, Chem. Mater. 21 (2009) 2568.

[14] A. Ennaoui, S. Fiechter, H. Goslowsky, H. Tributsch, Photoactive synthetic polycrystalline pyrite (FeS_2), J. Electrochem. Soc. 132 (1985) 1579.

[15] L. Bryja, K. Jezierski, M. Ciorga, A. Bohdziewicz, J. Misiewicz, Temperature dependence of energy gap of amorphous thin films of Zn_3P_2, Vacuum 50 (1-2) (1998) 5-7.

[16] R. Clasen, P. Grosse, A. Krost, F. Levy, Condensed Matter Subvolume C: Non-Tetra- hedrally Bonded Elements and Binary Compounds I (Lanboldt-Bornstein), Springer-Verlag, Berlin and Heidelberg, Germany, 1998.

[17] J.M. Pawlikowski, Absorption edge of Zn_3P_2, Phys. Rev. B. 26 (8) (1982).

[18] S.V. Bagul, S.D. Chavhan, R. Sharma, Growth and characterization of Cu_xS ($x = 1.0, 1.76$, and 2.0) thin films grown by Solution Growth Technique (SGT), J. Physics Chem. Solids 68 (2007) 1623.

[19] P. Yu, N. Sukhorukov, N. Loshkareva, A.S. Moskin, V.L. Arbuzov, S.V. Naumov,Influence of electron irradiation on the fundamental absorption edge of a copper monoxide CuO single crystal, Tech. Phys. Lett. 24 (2) (1998).

[20] K. Akimotot, S. Ishizuka, M. Yanagita, Y. Nawa, G.K. Paul, T. Sakurai, Thin film deposition of Cu_2O and application for solar cells, Solar Energy 80 (2006) 715.

[21] L.C. Olsen, F.W. Addis, W. Miller, Experimental and theoretical studies of Cu_2O solar cells, Solar Cells 7 (1982) 247-279.

[22] Optical Properties of Silicon, technical data sheet available on Virginia semiconductor website: http://www.virginiasemi.com/vsitl.cfm.

[23] A. Kaan Kalkan, S.J. Fonash, Control of Enhanced Absorption in Poly-Si., Proceedings of the Spring Materials Research Society Meeting, Amorphous and Microcrystalline Silicon Technology, Materials Research Society, vol. 467:415, 1997.

[24] Aldrich Web site at http://www.sigmaaldrich.com/materials-science/organicelectronics/dye-solar- cells. html.

[25] Electron Work Function of the Elements, in CRC Handbook of Chemistry and Physics, 89th Edition (Internet Version 2009), D.R. Lide, ed., CRC Press/Taylor and Francis, Boca Raton, FL.

[26] Z. Xu, L. Chen, M. Chen, G. Li, Y. Yang, Energy level alignment of poly (3-hexyl- thiophene): [6,6]-phenyl C_{61} butyric acid methyl ester bulk heterojunction, Appl. Phys. Lett. 95 (2009) 013301.

[27] V. Shrotriya, G. Li, Y. Yao, C. Chu, Y. Yang, Transition metal oxides as the buffer layer for polymer photovoltaic cells, Appl. Phys. Lett. 88 (2006) 073508.

[28] Y. Kinoshita, T. Hasobe, H. Murata, Controlling open-circuit voltage of organic photovoltaic cells by inserting thin layer of Zn-Phthalocyanine at pentacene/C_{60} interface, Jpn. J. Appl. Phys. 47 (2) (2008) 1234.

[29] P. Peumans, S.R. Forest, Very-high-efficiency double-heterostructure copper phthalocyanine/C_{60} photovoltaic cells, Appl. Phys. Lett. 79 (1-2) (2001) 126.

[30] B.P. Rand, J. Xue, F. Yang, S. Forrest, Organic solar cells with sensitivity extending into the near infrared, Appl. Phys. Lett. 87 (2005) 233508.

[31] A.W. Hains, T.J. Marks, High-efficiency hole extraction/electron-blocking layer to replace poly(3,4-ethylenedioxythiophene):poly(styrene sulfonate) in bulkheterojunction polymer solar cells, Appl. Phys. Lett. 92 (2008) 023504.

[32] M.D. Irwin, D.B. Buchholz, A.W. Hains, R.P.H. Chang, T.J. Marks, p-type semiconducting nickel oxide as an efficiency-enhancing anode interfacial layer in polymer bulk-heterojunction solar cells, PNAS 105 (8) (2008) 2783; L. Ai, G. Fang, L. Yuan, N. Liu, M. Wang, C. Li, Q. Zhang, J. Li, X. Zhao, Influence of substrate temperature on electrical and optical properties of p-type semitransparent conductive nickel oxide thin films deposited by radio frequency sputtering, Appl. Surf. Sci., 254, 2401 (2008).

[33] J. Cui, A. Wang, N.L. Edleman, J. Ni, P. Lee, N.R. Armstrong, T.J. Marks, Indium tin oxide alternatives——high work function transparent conducting oxides as anodes for organic light-emitting diodes, Adv. Mater. 13 (19) (2001) 1476.

[34] P. Destruel, H. Bock, I. Séguy, P. Jolinat, M. Oukachmih, E. Bedel-Pereira, Influence of indium tin oxide treatment using UV-ozone and argon plasma on the photovoltaic parameters of devices based on organic discotic materials, Polym. Int. 55 (2006) 601.

[35] M.C. Scharber, D. Mühlbacher, M. Koppe, P. Denk, C. Waldauf, A.J. Heeger, C.J. Brabec, Design rules for donors in bulk-heterojunction solar cells-towards 10% energy-conversion efficiency, Adv. Mater. 18 (6) (2006) 789.

[36] S.H. Park, A. Roy, S. Beaupre, S. Cho, N. Coates, J.S. Moon, D. Moses, M. Leclerc, K. Lee, A. Heeger, Bulk heterojunction solar cells with internal quantum efficiency approaching 100%, Nature Photonics 3 (5) (2009) 297.

[37] K.L. Wang, B. Lai, M. Lu, X. Zhou, L.S. Liao, X.M. Ding, X.Y. Hou, S.T. Lee, Electronic structure and energy level alignment of $Alq_3/Al_2O_3/Al$ and Alq_3/Al interfaces studied by ultraviolet photoemission spectroscopy, Thin Solid Films 363 (1-2)(2000) 178.

[38] J. Huang, Z. Xu, Y. Yang, Low-work-function surface formed by solution-processed and thermally deposited nanoscale layers of cesium carbonate, Adv. Funct. Mater. 17 (12) (2007) 1966.

[39] G. Beaucarne, Silicon thin-film solar cells, Adv. OptoElectronics 10 (2007) 1155.

[40] X. Jiang, F.L. Wong, M.K. Fung, S.T. Lee, Aluminum-doped zinc oxide films as transparent conductive electrode for organic light-emitting devices, Appl. Phys. Lett.83 (9) (2003) 1875; T.W. Kim, D.C. Choo, Y.S. No, W.K. Choi, E.H. Choi, High work function of Al-doped zinc-oxide thin films as transparent conductive anodes in organic light-emitting devices, Applied Surface Science 253, 1917–1920 (2006);P. Ravirajan, A.M. Peiró, M.K. Nazeeruddin, M. Graetzel, D.D.C. Bradley, J.R. Durrant,Nelson, Hybrid polymer/zinc oxide photovoltaic devices with vertically oriented ZnO nanorods and an amphiphilic molecular interface layer, J. Phys. Chem. B 110 (15) 7635 (2006).

[41] J.G. Lu, Z.Z. Ye, Y.J. Zeng, L.P. Zhu, L. Wang, J. Yuan, B.H. Zhao, Q.L. Liang,Structural, optical, and electrical properties of (Zn,Al)O films over a wide range of compositions, J. Appl. Phys. 100 (2006) 073714.

[42] J.S. Moon, J.K. Lee, S. Cho, J. Byun, A.J. Heeger, Columnlike structure of the crosssectional morphology of bulk heterojunction materials, Nano Lett. 9 (1) (2009) 230; A.I. Ayzner, C.J. Tassone, S.H. Tolbert, B.J. Schwartz, Reappraising the need for bulk heterojunctions in polymer-fullerene photovoltaics: The role of carrier transport in all-solution-processed P3HT/PCBM bilayer solar cells, J. Phys. Chem. C (2009) 113, 20050-20060.

[43] U.S. Patents 6399177, 6919119, and 7341774.

[44] P. Altermatt, T. Kiesewetter, K. Ellmer, H. Tributsch, Specifying targets of future research in photovoltaic devices containing pyrite (FeS_2) by numerical modelling, Sol.Energy Mater. Sol. Cells 71 (2002) 181.

[45] M.C. Beard, K.P. Knutsen, P. Yu, J.M. Luther, Q. Song, W.K. Metzger, R.J. Ellingson,A.J. Nozik, Multiple exciton generation in colloidal silicon nanocrystals, Nano Lett. 7 (2007) 2506.

[46] V.I. Rupasov, V.I. Klimov, Carrier multiplication in semiconductor nanocrystals via intraband optical transitions involving virtual biexciton states, Physical Review B 76 (2007) 125321.

[47] S.J. Kim, W.J. Kim, A.N. Cartwright, P.N. Prasad, Carrier multiplication in a PbSe nanocrystal and P3HT/PCBM tandem cell, Appl. Phys. Lett. 92 (2008) 191107.

[48] M. Wolf, Proc. IRE 48 (1960) 1259.

[49] A. Luque, A. Marti, Increasing the efficiency of ideal solar cells by photon induced transitions at intermediate levels, Phys. Rev. Lett. 78 (1997) 5014.

[50] A. Luque, A. Marti, A.J. Nozik, Solar cells based on quantum dots: multiple excitongeneration and intermediate bands, MRS Bulletin 32 (2007) 236.

[51] S.P. Bremner, M.Y. Levy, C.B. Honsberg, Limiting efficiency of an intermediate band solar cell under a terrestrial spectrum, Appl. Phys. Lett. 92 (2008) 171110.

[52] K.R. Catchpole, A. Polman, Plasmonic solar cells, Optics Express 16 (26) (2008) 21793.

第 4 章
同质结太阳电池

4.1 引　　言

现在我们开始详细讨论特定的光伏电池结构,首先要探讨的是 pn 和 pin 型同质结太阳电池。这类电池的渊源可追溯到 1941 年 Ohl[1]所发表的论文,其中展示了一种硅基生长的 pn 结光伏器件。约 12 年后,转换效率 6%、扩散制备的单晶硅 pn 结器件被研制了出来[2],而至 1958 年,采用扩散结技术获得了转换效率 14% 的单结硅器件。在硅基电池持续发展的同时,人们也开始致力于研发基于其他单晶半导体材料的 pn 型同质结电池,如 GaAs[3]等。效率达 22%(一个太阳条件下)的浅结 GaAs 同质结器件[4]以及效率 22% (基本上在一个太阳条件下)的 (p)Ga$_y$Al$_{1-y}$As/(p)GaAs/(n)GaAs 的器件[5]亦见诸报道。该结构中宽带隙的 (p)Ga$_y$Al$_{1-y}$As 层会降低前表面附近的光生率,但却起到了选择性欧姆接触的作用。这些硅及III- V族化合物半导体 pn 结的技术在随后的数年中不断地被完善。薄膜 pn 同质结由于具有节约材料成本的潜在优势也迅速脱颖而出;这类器件起初采用多晶 CuInS$_2$[6],CuInSe$_2$[7]以及氢化非晶硅(a-Si:H)[8]等半导体材料。有趣的是,同质结电池都是基于产生电子-空穴对的吸收层材料。而以产生激子的吸收层为基础的同质结电池却还未实现[9]。人们一致认为,这种器件结构由于以下原因也许不可能实现[10-12]:①无法通过内建的电场来解离激子[13-16];因而②需要半导体异质结或者金属/半导体界面来解离激子并实现电荷分离。

图 4.1 给出了多种可能的同质结能带图。在所有结构中,打破对称性、分离电荷的主要区域均采用 pn 或 pin 同质结的内建电场。这些示例中一些结构的辅助有效场区是由空穴传输-电子阻挡层(HT-EBL)/吸收层的电子亲和势之差形成的。辅助有效场也可以由电子传输-空穴阻挡层(ET-HBL)/吸收层的空穴亲和势之差

形成。图 4.1(e)在背电极处具有一个由 n-n⁺ "高−低"结形成的辅助电场区。从这些电池中看到的所有不同类型的辅助区，无论是通过有效场还是电场，都用于形成选择性欧姆接触。在图 4.1(b)~(d)中，前宽带隙区还具有抑制光生载流子在电极附近产生的优势，而此处光子流最大，从而限制了光生电子在该电极处的复合损失。在 pn 同质结术语中，图 4.1(b)中的亲和势渐变区被称为异质面结构。图 4.1(e)中的辅助电场区被称为背面场区。在图 4.1(a)~(d)中可看到内建电势位于 pn 冶金结区内部及其附近，然而在图 4.1(e)中可看到电池背部也有贡献，在图 4.1(f)中内建电势贯穿整个 pin 型电池。无论是否存在辅助场区，这些器件中的主体 "电荷分离引擎" 均位于相同半导体材料内部的各种 p 区、n 区，甚至 i 区中。因此，正如所指出的，这类电池都被称为同质结电池。

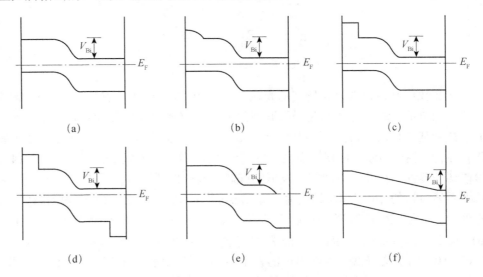

图 4.1　一些同质结太阳电池的能带结构，光从左侧进入

(a)没有辅助场的 pn 型吸收层结构；(b)具有梯度式辅助有效场的 pn 型吸收层结构，有效场区形成了选择性欧姆接触；(c)具有跃变式辅助有效场的 pn 型吸收层结构，有效场区形成了选择性欧姆接触；(d) 具有跃变式辅助有效场区，在正面和背面形成了选择性欧姆接触的 pn 型吸收层结构；(e) 具有跃变式辅助有效场区，在背面形成了选择性欧姆接触的 pn 型吸收层结构；(f)没有辅助场的 pin 型结构。在这些结构中，V_{Bi} 是在热平衡（TE）状态下贯穿整个器件的内建电子静电势能。在(a)~(d)中此内建电势被视为位于 pn 结区。在(e)中它被视为在两个结区内形成，而在(f)中，该内建势则贯穿整个 pin 型电池。由于光从左侧入射，可抑制前表面复合的(b)~(d)结构会非常有效

　　在图 4.1 中的 pn 结构中，毗邻 pn 结处存在一个平带区，其中没有内建场。我们之所以知道这些区域没有内建电场存在，是因为附录 D 指明了，在同质结中

本地真空能级以及任一带边的导数为负才对应正的静电场。在这些平带区存在通过掺杂而形成的多子。这些多子的浓度一般很高，很难在光照条件下（至少一个太阳光照）发生改变。另一种载流子浓度相当小，被称为该区中的少子。少子的浓度在光照下通常会发生显著变化。在这种平带区域，正是这些光照下产生的过剩少子需要被抽取到内建的静电、对称破缺区域(该图的非平带区域)。因此，必须依靠扩散将光生少子收集到 pn 结区的内建电场以进行电荷分离。光生载流子的迁移运动在这些 pn 型电池的势垒区里非常重要，其中的能带边导数表明其具有将电子和空穴向不同方向分离的内建静电场。在 pin 型结构中，漂移运动被用于整个器件中的载流子收集和分离。当吸收层材料的载流子扩散长度足够使光生少子扩散出平带区域时，适合使用图 4.1(a)~(e)中的同质结设计。当电极附近的掺杂、电极功函数或二者共同建立起贯穿电池结构的电场，且使 L_n^{Drift} 和 L_p^{Drift} 均 $\approx L_{ABS}$ 以及电池宽度$\approx L_{ABS}$ 时，图 4.1(f)的 pin 型结构则是理想化的设计。

4.2 同质结太阳电池器件物理概述

4.2.1 输运

首先我们通过考虑图 4.2 中所示的简单 pn 结结构，来更为深入地探讨同质结太阳电池内部的输运机理。本章的最终目标是理解电池内部电流密度 J 和电压 V 之间函数相关的机理。如果我们理解了这一点，就可以分析并设计出更好的器件。从图 4.2 中可看到，入射光产生的光生自由电子和空穴受限于各种载流子损失机制，包括(a)体复合(机制 1，4，5)，(b)前电极复合(机制 2 和 3)以及(c)背电极复合(机制 6 和 7)。在所有复合发生的时候，幸运逃离顶层而没被复合的光生电子将通过扩散而进入静电场(势垒)区。在那里它们将与该势垒区产生的光生电子一起，如果避免了电场势垒区的复合，将被漂移机制扫进底层材料。一旦电子进入底层材料，虽然其依然受限于复合过程，然而此时已成为向背电极输运的多子。该层中这些电子主要通过漂移进行移动，然而是在非常小的电场作用下——由于在底层材料中电子为多子，如此弱的电场也可以产生显著的电子电流。相应地，底层材料中的光生空穴主要通过扩散进入到静电势垒区，并与该区产生的光生空穴一起漂移至顶层材料。一旦空穴到达顶层材料则成为向前电极输运的多子，主要表现为由非常小的电场驱动的多子漂移电流。

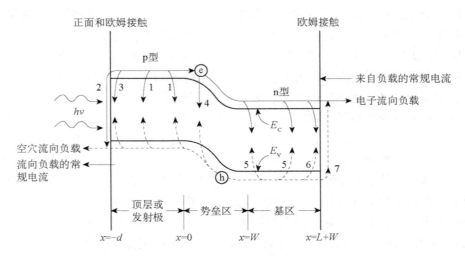

图 4.2　光照下的简单 pn 型同质结太阳电池，光从左侧入射

图中所示为光生载流子的体损失机制 1，4 和 5 以及电极复合损失机制 2，3，6 和 7。粒子流也予以了显示。机制 2 和 3 之间以及 6 和 7 之间的区别已在 2.3.2.9 节中进行了深入探讨

　　图 4.2 中，成功避免了复合机制 1~7 的电子从右电极处涌出（以粒子流的形式），形成了流经外电路的电流。这些电子通过外电路做功，随后返回到左电极，并在此与相同数目的涌出空穴发生湮没。这些空穴也同样成功避免了电池内部的复合机制。图 4.2 表明，为提升电池性能，减少过程 1~7 造成的光生载流子损失是很必要的。需要注意的是，当图 4.2 中的电池处于光照下时，在功率象限内 J-V 曲线的任意一点，左电极相对于右电极电压为正。同时也要注意的是，在这样的功率产生模式中，电流沿着图 4.2 中 x 的负轴方向流动。该表述适用于图 4.2 中光从左电极入射的情况，也适用于光从右电极入射的情况。

　　从图 4.2 中可看到，对于这种最简单的 pn 型同质结，V_{oc} 的上限是内建静电势能 V_{Bi}。如果 V_{oc} 大于 V_{Bi}，则势垒区的电场方向将会发生反向，同时电流方向也将反向。如果发生这种情况，电流方向的改变将会把器件 J-V 带入到功率损耗模式。虽然 V_{Bi} 为 V_{oc} 设置了上限，需强调的是，实际的开路电压 V_{oc} 是由损失机制 1~7 当中的动力学决定的。复合过程 1~7 越被抑制，则开路电压 V_{oc} 越趋近于其上限 V_{Bi}。V_{oc} 可以看成把势垒静电场降得足够低、电子和空穴准费米能级发生足够的分裂，进而使得损失率等于产生率时所需的电压值，可以看成 V_{oc}。

　　在图 4.2 中，光态下所有这些机制的净结果，可以通过选择任一平面[①]进行一

---

① 电池中任一平面的净电流密度是相同的，因为假定的是一维结构。

些计数后表达出来。该计数过程必须给出当电池输出一个电压 V 时，流经该平面的电流密度 J。我们在平面 $x=L+W$ 处进行电子的计数，可以看到在 $x=L+W$ 处单位时间单位面积离开器件的电子净数目(正如 2.3.2.9 节所讨论的，实际上是从过程 6 和 7 右侧的 x 处离开)构成了 $x=L+W$ 处从负载流入器件的电流密度 J。J 必须来源于 $\int_{-d}^{L+W}\int_{\lambda} G_{\mathrm{ph}}(\lambda,x)\mathrm{d}\lambda\mathrm{d}x$，即 $-d$ 和 $L+W$ 之间单位面积单位时间内的光生电子(和空穴)，减去 $\int_{-d}^{L+W}\mathscr{R}(x)\mathrm{d}x$ 项，即单位面积单位时间在 $-d$ 和 $L+W$ 区内体复合损失的电子(和空穴)。代表单位面积单位时间通过电极复合损失的电子(和空穴)电荷的 $-J_{\mathrm{ST}}(-d)$ 和 $-J_{\mathrm{SB}}(L+W)$ 量也需考虑在内。由此可得到

$$J = -\left[e\int_{-d}^{L+W}\int_{\lambda} G_{\mathrm{ph}}(\lambda,x)\mathrm{d}\lambda\mathrm{d}x - e\int_{-d}^{L+W}\mathscr{R}(x)\mathrm{d}x - J_{\mathrm{ST}}(-d) - J_{\mathrm{SB}}(L+W) \right] \quad (4.1a)$$

方程(4.1a)是 2.3.3 节连续性概念的积分表达形式。这里 $G_{\mathrm{ph}}(\lambda,x)$ 是 2.2.6 节中引入的自由载流子光生函数，方程(4.1a)中变量 λ 的积分范围是整个入射光谱。损失机制 1，4 和 5 都通过积分 $\int_{-d}^{L+W}\mathscr{R}(x)\mathrm{d}x$ 考虑了进去。其中 $\mathscr{R}(x)$ 被积函数代表在入射光谱下，在某位置 x 发生的带到带 S-R-H 或者俄歇净复合率。这些损失机制在 2.2.5.1 节中详细讨论过。$J_{\mathrm{ST}}(-d)$ 的值代表通过损失机制 2 和 3 损失在顶表面(光入射端)的电子(和相应的空穴)，而 $J_{\mathrm{SB}}(L+W)$ 则代表在入射光谱下通过机制 6 和 7 损失在背表面的电子(和相应的空穴)。在我们进一步讨论之前，需考察一下方程(4.1a)中的符号约定。因为我们在第 1 章中选择功率象限为第四象限，而当器件输出功率时，J 沿着图 4.2 中的 x 负轴方向，因此在方程(4.1a)所有项的前面出现的负号是为了与我们在 x 坐标和功率象限所采用的符号一致。

从方程(4.1a)中可得到短路电流密度 J_{sc}，其可以表达为

$$J_{\mathrm{sc}} = -\left[e\int_{-d}^{L+W}\int_{\lambda} G_{\mathrm{ph}}(\lambda,x)\mathrm{d}\lambda\mathrm{d}x - e\int_{-d}^{L+W}\mathscr{R}^{\mathrm{SC}}(x)\mathrm{d}x - J_{\mathrm{ST}}^{\mathrm{SC}}(-d) - J_{\mathrm{SB}}^{\mathrm{SC}}(L+W) \right] \quad (4.1b)$$

这里上标 SC 代表此为短路条件下的损失项。开路电压生成时也遵循方程(4.1a)，此时

$$0 = -\left[e\int_{-d}^{L+W}\int_{\lambda} G_{\mathrm{ph}}(\lambda,x)\mathrm{d}\lambda\mathrm{d}x - e\int_{-d}^{L+W}\mathscr{R}^{\mathrm{OC}}(x)\mathrm{d}x - J_{\mathrm{ST}}^{\mathrm{OC}}(-d) - J_{\mathrm{SB}}^{\mathrm{OC}}(L+W) \right] \quad (4.1c)$$

其中上标 OC 代表此为开路条件下的损失项。

现在，如果我们可以计算方程（4.1a）中的各个项，那么就可以得到我们所

找寻的函数关系，即 $J\text{-}V$ 特性。这些项的计算需要大量的工作，我们将其延后到 4.3 节中采用数值分析法，以及在 4.4 节中采用解析法再来进行。至此，我们得到了方程(4.1a)～方程(4.1c)。这些方程是非常通用的、"整体概念"性的表述，适用于图 4.1 中的所有结构。既然有了方程(4.1a)，那我们看看是否可从中获得更多信息。方程(4.1a)中的损失项，即 $-e\int_{-d}^{L+W} \mathscr{R}(x)\mathrm{d}x - J_{ST}(-d) - J_{SB}^{D}(L+W)$ 项，与 V 有关，如方程(4.1b)和方程(4.1c)中所示；这些项也与光照有关。具体来说，它们与入射光谱分布以及强度相关，因为这两个光谱特性会影响载流子浓度。如果处于暗态，方程(4.1a)可简化为

$$J = e\int_{-d}^{L+W} \mathscr{R}^{D}(x)\mathrm{d}x + J_{ST}^{D}(-d) + J_{SB}^{D}(L+W) \qquad (4.2)$$

其中上标 D 用以强调此时是在暗态条件下 $e\int_{-d}^{L+W} \mathscr{R}(x)\mathrm{d}x + J_{ST}(-d) + (L+W)$ 项和电压 V 的函数。方程(4.2)通常称为暗态伏安($J\text{-}V$)特性，我们将之表示为 $J_{DK}(V)$。

我们也可以使用方程(4.1a)来理解一个有助衡量电池性能的指标，即量子效率。该量表征了对于每个波长为 λ 的入射光子，产生了多少在外电路做功的电子数目。事实上，存在两种量子效率：一种是在第 3 章中已经讨论过的外量子效率(EQE)，其表征了器件对入射到电池上、带宽为 $\Delta\lambda$，数量为 $\phi(\lambda)\Delta\lambda$ 的测试光子的响应。另外一种是内量子效率(IQE)，其表征了器件对进入到电池内部的、带宽为 $\Delta\lambda$，数量为 $\phi_{C}(\lambda)\Delta\lambda$ 的测试光子的响应，其中 $\phi(\lambda)\Delta\lambda$ 已经针对进入实际电池之前被反射或者吸收的光子数进行了修正。正如两种量子效率的定义所示，二者的值都 $\geqslant 0$。总之，它们都与施加在电池上的电压(电偏置)以及入射到电池上的光谱(光偏置)相关。更多时候，所报道的量子效率是在没有电偏置(处于短路条件)和光偏置的条件下得到的。但是，如果在充电时，外加的偏置电压导致静电场剧烈的重新分布，此时测得的量子效率也是有助于分析的。同样，如果在一定光偏置下，出现的高浓度光生载流子对陷阱进行充电，并重整了器件内部的电场，那么光偏置下测得的量子效率也会包含丰富的物理信息。除非电池出现了载流子倍增现象(2.2.6 节)，否则 IQE 和 EQE 值一般都 $\leqslant 100$（按百分比），或者 $\leqslant 1$（归一化）。由于 EQE 总为正值，从方程(4.1a)中可得到在没有光偏置时的 EQE 表达式

$$\mathrm{EQE} = \left[\int_{-d}^{L+W} G_{ph}^{T}(\lambda,x)\mathrm{d}x\Delta\lambda - \int_{-d}^{L+W} \mathscr{R}^{T}(\lambda,x)\mathrm{d}x - J_{ST}^{T}(\lambda,-d) - J_{SB}^{T}(\lambda,\ L+W)\right]\Big/ \Phi(\lambda)\Delta\lambda$$

$$(4.3)$$

其中上标 T 代表数量为 $\phi(\lambda)\Delta\lambda$ 的测试光子照射到电池上。将方程(4.3)中的分母

$\phi(\lambda)\Delta\lambda$，即单位时间单位面积$\Delta\lambda$带宽内的光子数，用$\phi_C(\lambda)\Delta\lambda$来替换，可获得 IQE 的表达式。这里对量子效率的讨论不仅适用于同质结，对于其他不同类型的太阳电池也普遍适用。方程(4.3)的普适性源于它把量子效率简洁地表述成了在测试光照条件下，产生率减去损失率的表达式。

方程(4.1a)同时也可以让我们更深入地了解叠加假设。该假设通常用于建立所有类型电池的 J-V 特性。其假设 J 可以表达为与电压无关而与光照有关的光生电流密度项和与电压有关而与光照无关的电流密度项之差。由于后一电流密度项一直存在，因此该电流密度项必为前面所讨论的暗态电流密度 $J_{DK}(V)$。而在短路条件下电池的暗态电流密度为 0，故而光生电流密度项必为短路电流密度 J_{sc}。基于这样的叠加假设，J 和 V 之间更受欢迎的关系式可表达为

$$J = -\left[J_{sc} - J_{DK}(V)\right] \tag{4.4}$$

根据符号约定，负号再次出现在方程右侧所有项之前。当方程(4.4)成立时，其意味着一个同质结器件(或者其适用的任意类型电池)可以从等效电路图的角度，解释为一个恒定电流源和一个与电压相关的元件并联，该元件的 J-V 特性在光暗态条件下都相同。方程(4.4)也表明这些元件彼此间朝向相反。根据我们在第 3 章中关于对称破缺的讨论，可以预测图 4.2 中结构的 $J_{DK}(V)$ 特性在理想情况下为二极管特性。

将方程(4.1b)和方程(4.2)代入方程(4.4)的叠加假设中，则根据叠加原理假设 J 可表示为

$$J = -e\left\{\int_{-d}^{L+W}\int_{\lambda}G_{ph}(\lambda,x)\mathrm{d}\lambda\mathrm{d}x - e\int_{-d}^{L+W}\mathscr{R}^{SC}(x)\mathrm{d}x - J_{ST}^{SC}(-d) - J_{SB}^{SC}(L+W) \right.$$
$$\left. -e\int_{-d}^{L+W}\mathscr{R}^{D}(x)\mathrm{d}x - J_{ST}^{D}(-d) - J_{SB}^{D}(L+W)\right\} \tag{4.5}$$

换句话说，其假定方程（4.1a）中的损失项在任一电压时由 $e\int_{-d}^{L+W}\mathscr{R}^{SC}(x)\mathrm{d}x + J_{ST}^{SC}(+d) + J_{SB}^{SC}(L+W)$ 与 $e\int_{-d}^{L+W}\mathscr{R}^{D}(x)\mathrm{d}x + J_{ST}^{D}(-d) + J_{SB}^{D}(L+W)$ 之和给出。此时显然出现了一个问题：叠加假设的有效性如何？严格来讲，要使叠加原理有效，用以描述电池内部工作机理的方程组必须是线性的。但是目前所采用的数学方程组(2.4节)都不是线性的，除非许多机制不起主导作用。

我们将在 4.3 节和 4.4 节中详细探究同质结光暗态 J-V 特性的特征。在 4.3 节中采用 2.4 节中的方程，不作任何假设而对方程(4.1a)进行数值求解以得到 J-V 特性。理想地来说，这将使我们更加深入地了解同质结器件设计和工作机理。在这个过程中，我们还将确定方程(4.4)与我们所得结果匹配得如何。在 4.4 节中，我们将采用解析法来计算 J-V 特性。这可以使我们更详细地探查方程(4.4)所有采用的假设是否严格有效，同时也可以进一步洞察同质结的器件行为和如何进行性能优化。

4.2.2　同质结势垒区

　　静电势垒区是同质结电池的"电荷分离引擎"。它可以是如图 4.1(a)~(e)中所示的 pn 型或者图 4.1(f)中的 pin 型。这些势垒打破了结构对称性，使得不同的载流子向着不同方向输运，而导致电荷分离和电流流动。正如从图 4.1(a)~(e)中 pn 型同质结器件的能带图所观察到的那样，pn 型电池都拥有一个显著特征：在热力学平衡态(TE)时，它们都有一个位于两侧平带区(没有内建电场的区域)之间的势垒区。在光照并且有电流流动的情况下，数值分析(4.3 节)将表明在 pn 型电池的这些平带区实际上存在着电场，但是其强度通常很弱。在光态而且不处于 TE 态时，势垒外的电场很弱，这些区域不可能存在明显的电荷密度。正因为如此，这些区域一般被称为准中性区。意大利语中"准"有"几乎"的意思，所以在太阳电池器件物理中，我们有准中性区和准费米能级的说法(该定义可参见附录 C 和 D)。由于在 pn 型同质结的这些准中性区域内电场强度很小，所以我们认为光态下少数载流子主要是通过扩散被收集到势垒区。其在准中性区的漂移运动重要性更低，因为其涉及少子浓度和非常弱的静电场的乘积。然而，图 4.1(f)中的 pin 型器件是另一种极端情况。这种器件具有一个 TE 态下横跨整个电池的静电场与势垒区，不存在平带区。在工作时，这类电池被设计成通过漂移来收集内部任何位置的光生载流子。在很多情况下，对于 pn 型和 pin 型势垒区，可以得到 $E_C(x)$, $E_V(x)$, $E_{VL}(x)$ 和电场 $\xi(x)$ 的泊松方程解析解，都是与电压有关的函数。关于该解析法的讨论可参考经典的器件物理教科书[17]。当然，我们也可以通过使用数值方法来求得所有情况下准中性区和势垒区的 $E_C(x)$, $E_V(x)$, $E_{VL}(x)$ 和 $\xi(x)$ 值。

4.3　同质结器件物理：数值方法

　　现在我们将采用数值分析法来精确求解 2.4 节中的方程组，从而确定光、暗态下 pn 和 pin 型同质结电池的静电场、复合率以及电流。这将允许我们推导出它们的光、暗态 J-V 特性关系。计算中将采用一个太阳的光照条件(AM1.5G)来确定光态 J-V 特性。数值法的优势在于其不像解析法那样，为获得 J-V 特性需要作大量的假设，故而可以保留丰富的器件物理信息。数值方法也使我们可以剖析电池，详尽地观察电池内部发生的物理过程。通过进行数值分析，可以彻底弄清采用 HT-EBL 和 ET-HBL 电极材料、或者使用背面高低掺杂结构对器件性能的影响。我们在 4.3 节中探讨的所有器件的吸收过程只产生自由电子-空穴对。4.3.1~4.3.4

节使用的这些范例，都被设计为主要通过电池平带区内的少数载流子扩散来进行收集；例如，通过扩散将光生少数载流子收集到电池的静电场势垒区。4.3.5 节和 4.3.6 节则考察了另一种 pin 型电池所使用的方式，其在任意位置都通过漂移进行收集。尽管 3.4.1.4 节表明二维甚至三维的电池结构会更加优越，但是这里采用的一维结构相对地简化了问题，以更多地关注电池的器件物理。

4.3.1　基本的 pn 型同质结

使用数值分析考虑的首个同质结是图 4.2 中的一个电池结构。其能带结构如图 4.3 中所示，具体参数见表 4.1。该表采用了典型的硅材料参数。我们将以这种简单的电池结构作为基准，开展我们的同质结数值分析研究。这里不涉及该种电池结构的优化。如图 4.3 所示，电极在构建内建电场的过程中不起作用。0.62 eV 的内建电势 V_{Bi} 完全由 p 和 n 区的功函数之差带来。表 4.1 中的吸收层具有约 10^{14} cm^{-3} 量级的带隙缺陷态密度，这些态遍布禁带并充当 S-R-H 复合中心。电极处输运特性的模拟采用了表中所列的表面复合速率。

对表 4.1 和图 4.3 中的结构，使用数值方法，不采用任何假设，通过同时求解 2.4 节中的整个方程体系，得到了图 4.4 中所示的光态和暗态 J-V 特性。此图采用线性和半对数坐标绘制。我们可以看到 J_{sc}=11.8 mA/cm^2，V_{oc}=0.43 V，FF=0.74，AM1.5G 光谱下效率为 3.8%。

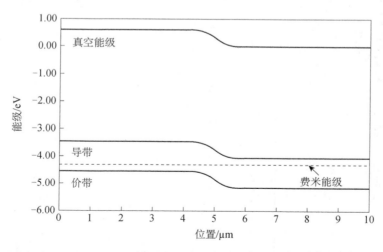

图 4.3　一个非常简单的假想 pn 型同质结电池在热稳态时的能带图

内建势 V_{Bi} 为 0.62 eV。在光照条件下，光从左侧入射

表 4.1　pn 同质结基本参数

总长度 (p 区长度) (n 区长度)	带隙	电子亲和能	吸收性能	P 区(N_A)和 n 区(N_D) 掺杂密度	前电极功函数和 背电极功函数 表面复合速率	表面复合速率	电子和空穴 迁移率	有效态密度	体缺陷性能
10000 nm	$E_g=1.12$ eV	$\chi=4.05$ eV	采用 Si 吸收系数数据(参见图 3.19)	$N_A=1.0\times10^{15}$ cm^{-3}	$\varphi_w=4.93$ eV　$\varphi_w=4.31$ eV	$S_n=1\times10^7$ cm/s	$\mu_n=1350$ cm^2/(V·s)	$N_C=2.8\times10^{19}$ cm^{-3}	从 E_V 到中间带的类施主态 $N_{TD}=1\times10^{14}$ cm^{-3}·eV^{-1} $\sigma_n=1\times10^{-14}$ cm^2 $\sigma_p=1\times10^{-15}$ cm^2
(5000 nm)				$N_D=1.0\times10^{15}$ cm^{-3}		$S_p=1\times10^7$ cm/s　$S_n=1\times10^7$ cm/s	$\mu_p=450$ cm^2/(V·s)	$N_V=1.04\times10^{19}$ cm^{-3}	从中间带到 E_C 的类受主态 $N_{tA}=1\times10^{14}$ cm^{-3}·eV^{-1} $\sigma_n=1\times10^{-15}$ cm^2 $\sigma_p=1\times10^{-14}$ cm^2
(5000 nm)						$S_p=1\times10^7$ cm/s			

从图 4.4 可见，$J_{DK}(V_{oc})=J_{sc}$，这表明叠加原理可以准确地预测电池的开路电压 V_{oc}。通过数值分析计算获得的暗态 J-V 特性表明，其和电压之间具有二极管的 $e^{V/nkT}$ 关系，其中 n 为二极管品质因子或者称为 n 因子。从这幅图标示 $n=1$ 的线中可看到，暗态电流与电压的关系实际上就是 $n=1$ 的理想二极管的电流电压关系。这种关系直到暗态 J-V 曲线进入第一象限由高电压导致的串联电阻限制区时，才发生改变。

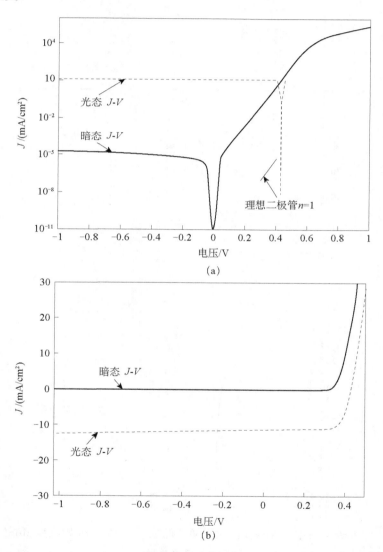

图 4.4　表 4.1 和图 4.3 的电池通过数值法求解得出的(a)半对数和(b)线性光暗态 J-V 特性

根据我们约定的线性图的符号规则，第四象限为功率象限

数值分析可以细致地考察这种电池是如何工作的。首先考虑电池的 TE 态，根据细致平衡原理(参见附录 B 和 C)，处于 TE 态时，$J_n \equiv 0$，$J_p \equiv 0$。然而，由于存在电场以及贯穿势垒区的载流子浓度差，很显然 TE 态时电池存在漂移和扩散电流。图 4.5(a)和(b)分别给出了电子和空穴对应的漂移和扩散电流。正如这些图

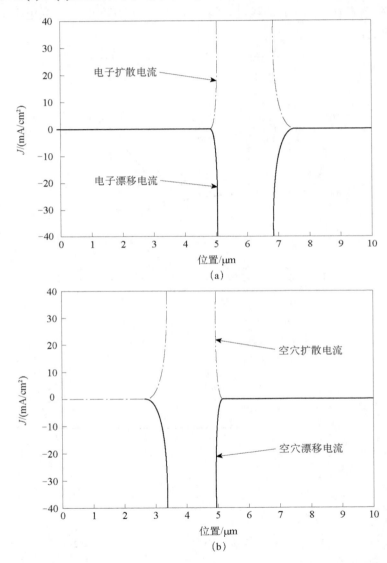

图 4.5　图 4.3 和表 4.1 的器件 TE 态时通过计算获得的(a)电子扩散和漂移以及(b)空穴扩散和漂移电流密度分量

在这里以及整本书中，这些空间图的 x 坐标系统的符号都约定为：从左到右为电流密度的正方向

所示，在 TE 态时，电子漂移和扩散电流密度以及空穴漂移和扩散电流密度在任何位置都必须保持精确的平衡。只有在光态、电压偏置或者两种条件都存在时，这种微妙平衡才会被打破。

　　现在我们来考察一下数值分析如何诠释图 4.3 中的电池在光态下的器件行为，并重点关注短路电流密度 J_{sc} 的起源。从图 4.6 中可看到在~2 μm 和~8 μm 之间的区域内，电子和空穴都对 J_{sc} 有贡献。而在~8 μm 之后的区域，只有电子对光电流有贡献，同时其也补偿了在该部分电池区域内与短路电流反向输运的空穴。在前电极到~1.8 μm 的区域内，空穴对 J_{sc} 有贡献，并补偿了该电池区域内反向输运的电子。

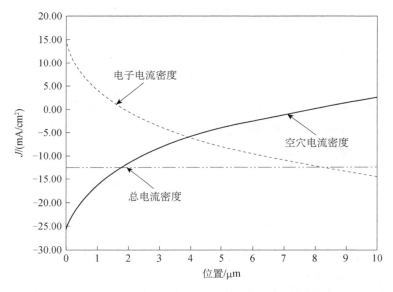

图 4.6　对于图 4.3 和表 4.1 器件，通过数值分析法获得的短路条件下电子和空穴电流密度分量随位置的变化

在这里以及整本书中，这些空间图的 x 坐标系统的符号都约定为：从左到右为电流密度的正方向

　　图 4.7 和图 4.8 中所示的短路条件下电子和空穴的扩散和漂移成分，给出了更多深层次的细节。例如，图 4.7 中电子在前电极至~1.8 μm 区域内的无效运动，是由电子(以粒子形式)扩散到前电极的运动造成的。这是因为(表4.1)前电极的 S_n 值很大，对于电子形成了非常严重的复合区。从~1.8 μm 到静电场所引起的势垒区的左边缘(由于该位置是电子漂移电流开始起主导作用的区域，故很容易辨别)，电子这次会以有助于 J_{sc} 载流的方向再一次进行扩散运动。电子向势垒区方向扩散，因为该区域对于光生电子也是复合区。这就是我们曾数次提到过的过剩少子的扩散收集。

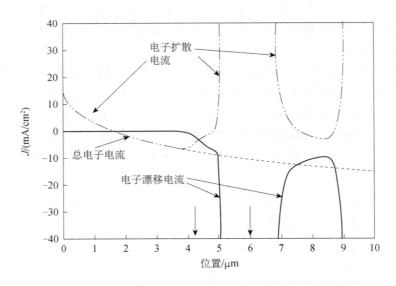

图 4.7　对于图 4.3 和表 4.1 器件，短路条件下电子扩散和漂移电流密度分量随位置的变化

箭头指出了静电场势垒区的边界。符号约定从左到右是电流密度正方向

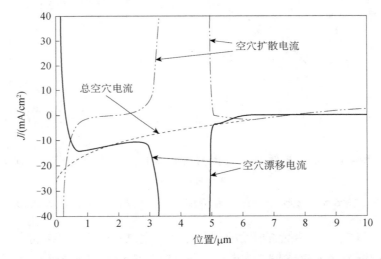

图 4.8　对于图 4.3 和表 4.1 器件，短路条件下的空穴扩散和漂移电流密度分量随位置的变化

箭头指出了静电场势垒区的边界。符号约定从左到右是电流密度正方向

　　该现象发生的原因是势垒区的漂移电场会将电子扫到 n 型材料一侧。从图 4.7 中的电子漂移电流密度图中，可观察到势垒区漂移所起到的这种重要作用。TE 态下势垒区内的微妙平衡已被打破，此时漂移相对于势垒区的反向扩散开始占据

主导，从而产生了有助于 J_{sc} 载流的净电子电流密度。于空间电荷区右边缘的右侧，电子是多数载流子，并主要以漂移主导的方式运动。由于电极在某种程度上制约了电子的离开，该漂移运动不得不在阴极处 1 μm 厚的区域补偿始于背电极的反向扩散。图 4.8 给出了短路电流密度空穴部分的流动细节，其与电子的情况类似。在空穴为少数载流子的 n 型材料区，扩散在毗邻势垒的收集区相对于漂移更占主导，这使得空穴流向势垒区。空穴存在向背电极复合区的扩散运动，但是，当空穴逐渐接近势垒复合区时，往势垒区的扩散运动则开始占主导。在势垒区，漂移和反向扩散运动相互竞争但是漂移更占主导，这使得势垒区成为空穴陷槽并将空穴不断地扫往 p 型材料。到了 p 型材料中，空穴为多数载流子进行漂移运动。然而，到了前电极区附近，图 4.7 中电子运动的对称性不再存在。与背电极区电子运动不同的是，在最靠近前电极的区域，空穴运动为扩散主导。这是缘于前电极右侧的空穴浓度很大，因为当光入射到电池时，在该区域的光产生率很高。这些数量众多的空穴会被前电极高的表面复合速率所吸引。正如我们可以从这些数值模拟结果中看到，该电池的内部行为十分复杂，迄今为止我们也只是对短路条件下的电池状况进行了细致研究。电池在短路条件下呈现的这些复杂电流运动图景，正如我们已经在图 4.6~图 4.8 中观察到的，必须进行优化，尤其是在最大功率点时，以获得最佳的电池性能。这可以通过改变区域尺寸，材料参数以及电极设计来实现。

特别值得注意的是，为了使电子和空穴能在其为多数载流子的区域内进行漂移运动，在 TE 态为平带的区域内必须要形成静电场。如果我们考虑形成多数载流子电流的电场方向，可以看到它会产生一个与功率象限所需电压方向相反的电压。这可以从电极之间电压 V 的一般表达式(方程(4.5)) $V = \int_{structure} \left[\xi(x) - \xi_0(x) \right] \mathrm{d}x$ 来理解，其中 $\xi(x)$ 为某工作点(J, V)所对应的电场，而 $\xi_0(x)$ 则是 TE 态时的内建电场。在 TE 态的无电场平带区形成的这个静电场，对 J-V 特性曲线会表现为串联电阻的影响。

图 4.3 中的电池在 AM1.5G 光照下形成的电压，可以用图 4.9 的开路状态能带图来描述。该电压的形成可从电子和空穴准费米能级的分裂中看出。正如在第 2 章中所指出的那样，开路电压 V_{oc} 具体地可由电极之间的费米能级位置之差给出。有趣的是，这些数值模拟结果表明在开路条件下，整个器件中的电子和空穴准费米能级几乎是持平的。在进行解析分析时我们将用到这一点。从附录 D 中，我们知道 $J_n = e n \mu_n (\mathrm{d}E_{Fn}/\mathrm{d}x)$ 和 $J_p = -e p \mu_p (\mathrm{d}E_{Fp}/\mathrm{d}x)$ 中包含了扩散和漂移电流。因此，前电极处电子准费米能级的显著变化是因为电子扩散到了前电极的电子复合区。这些复合的电子当然与开路条件下到达前电极的空穴相匹配。因为这个区域内 $p \gg n$，所以在靠近电极的位置只看到了电子准费米能级的显著变化。在背电极处，空穴准费米能级的行为与之相似。

正如我们曾提到过的，两个电极位置之间的费米能级分裂大小总是等于横跨电极间的电压，因此 $V_{oc} = \int_{structure} \left[\xi(x) - \xi_0(x) \right] dx$，这里 $\xi(x)$ 是开路条件下电池中的电场。由于本地真空能级的负导数等于电场(参见附录 D)，因此通过对比图 4.3 和图 4.9 可揭示开路电压形成于电池内部的哪些地方。此对比表明 V_{oc} 本质上完全是由于该电池内部的势垒区静电场减小，所以导致势垒高度降低。我们重申，V_{oc} 形成于复合率等于产生率的时候。而另外一种看法则是说，当费米能级分裂引起的复合率足够大并平衡了产生率时，形成了 V_{oc}。

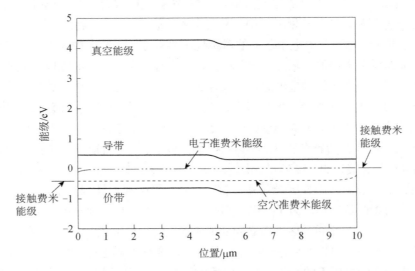

图 4.9　在开路条件下数值计算得出的图 4.3 中器件的能带图

可以看到，电子和空穴准费米能级计算出来是平带状态

4.3.2　前空穴传输-电子阻挡层(HT-EBL)的添加

现在，我们通过数值分析来研究电池电极的改变会如何影响电池的器件行为。下面将要研究的 pn 型同质结仍为图 4.3 中的器件结构，但额外加入了一层 40 nm 厚的空穴传输-电子阻挡层。该电池吸收层材料的所有参数都相同，而且电极的功函数也与图 4.3 中电池相同。添加的 HT-EBL 材料具有和吸收层相同的掺杂浓度和空穴亲和势，不同的是其带隙为 1.90 eV。其导致的 TE 态能带图如图 4.10 所示。

图 4.10 中的插图更清楚地给出了 HT-EBL 区的能带图。正如图 4.11 中计算的线性和半对数 J-V 图所看到的，加入一层前 HT-EBL 对电池性能影响很大。在 AM1.5G 光谱下，该电池的性能参数现在为 J_{sc}=25.9 mA/cm^2, V_{oc}=0.48 V, FF=0.79, η=9.9%。叠加原理看起来预测出了电池的开路电压值($J_{DK}(V_{oc})=J_{sc}$)，而且暗态二

极管的特性看起来非常接近于 $n=1$ 的情形。

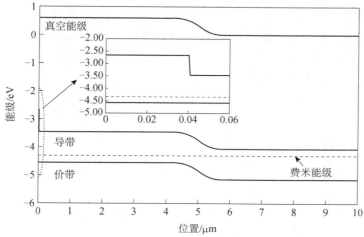

图 4.10　在图 4.3 中器件的前电极插入一层 40 nm 厚的 HT-EBL 之后，计算获得的 TE 态能带图

内建势 V_{Bi} 仍然是 0.62 eV。在光照下，光从左侧入射

图 4.12 和图 4.13 为在短路条件下数值计算获得的电流分析结果，其揭示了添加 HT-EBL 对电池性能造成显著影响的原因。首先，对于简单的 pn 同质结电池，图 4.6 展示过的短路电流密度电子-空穴载流分量的常规特征，重现在图 4.12 中，只是现在 J_{sc} 更高。然而，和图 4.6 中不同的是，在图 4.12 中前电极区的电子电流密度永远不会为正(绝不会沿着和 J_{sc} 相反的方向流动)。事实上，插图也表明在 HT-EBL 中电子电流密度几乎降至为 0。图 4.13 说明了该现象出现的原因：当 HT-EBL 存在时，没有电子扩散到前电极的复合平面。曾经在前电极位置发生复合而损失的电子现在可以向右运动(作为粒子)，从而对 J_{sc} 作出贡献。

换句话说，HT-EBL/吸收层界面的亲和势阶跃形成的势垒，导致了吸收层产生的电子无法输运到前电极复合区。HT-EBL 结构有效地将前电极的电子表面复合速率 S_n 降至为 0。此时该前电极为选择性欧姆接触，可在没有任何电子-空穴对损失的同时允许空穴通过。由于该选择性欧姆接触成功消除了前电极复合损失，电池的开路电压得以提升以使得体材料区和背电极的损失率等于光产生率。

回到图 4.13 中的插图并关注 HT-EBL/吸收层界面的扩散-漂移竞争，是十分有趣的。应意识到很关键的一点：HT-EBL/吸收层界面处的漂移并不是电池内常见的静电场漂移，而是第 2 章提到的有效场漂移。由于界面处一直存在高的电子浓度差和亲和势阶跃，所以在 TE 态时也必然存在这种漂移和扩散运动。根据细致平衡原理，我们知道在 TE 态时两者会精确地彼此抵消。而在短路条件下，这种有效力漂移在界面处占了上风，并把有限的光产生率在宽带隙 HT-EBL 内部形成的非常小的电子电流，带入了吸收层。需再一次强调，在 HT-EBL 边界的电子漂移电流并非是静电场造成，而是由亲和势阶跃，由只作用于电子的电子有效力场造成的。相对于图 4.13 的空穴电流没有在此显示，因为空穴电流的分布和基本 pn 型电池相比，没有太大变化。

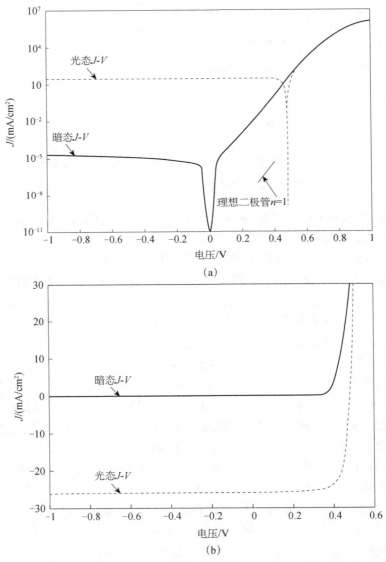

图 4.11 计算得出的图 4.10 电池的光暗态(a)半对数和(b)线性 J-V 行为

根据线性图的符号，第四象限为功率象限

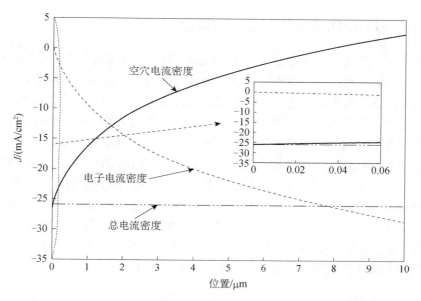

图 4.12　计算得出的图 4.10 器件在短路条件下的电子和空穴电流密度分量随位置的变化

插图给出的是前电极 HT-EBL 区域。符号约定为：从左到右为电流密度的正方向

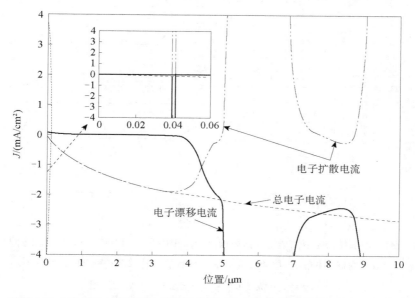

图 4.13　对图 4.10 中的器件，计算得出的短路条件下电子扩散和漂移电流密度分量随位置的变化

插图给出了前电极 HT-EBL 区域。可以看到在 HT-EBL/吸收层界面处，有效场漂移和扩散相互竞争。符号约定为：

从左到右为电流密度的正方向

4.3.3 前 HT-EBL 和背 ET-HBL 的添加

由于前 HT-EBL 结构被证实可有效地增强图 4.3 基本 pn 型同质结结构的性能，现在我们讨论另一种情形：在前电极采用相同的 HT-EBL，同时在背电极采用一层 ET-HBL 对电池性能的影响。这里再次强调，我们并不是尝试对该电池进行充分优化，而是探讨如何影响同质结的器件行为。这层加入电池的背 ET-HBL 具有和本征层相同的电子亲和势，但是其带隙为 1.90eV。图 4.14 中给出了由计算获得的 TE 态能带图。插图给出了前 HT-EBL 和背 ET-HBL 区更详细的能带图。在图 4.15 计算获得的线性和半对数 J-V 图中，可看到同时添加这两种结构对电池性能的影响。此时在 AM1.5G 下电池的性能参数为 J_{sc}=28.4 mA/cm^2，V_{oc}=0.55 V，FF=0.79，η=12.4%。对于这个结构，叠加原理看起来略有偏差，J_{sc} 并不能精确地预测 V_{oc}，暗态二极管特性的二极管因子 n 与电压相关，并且大于 1。2.4 节中方程组的非线性特点都在该器件的光暗态 J-V 行为中体现了出来。

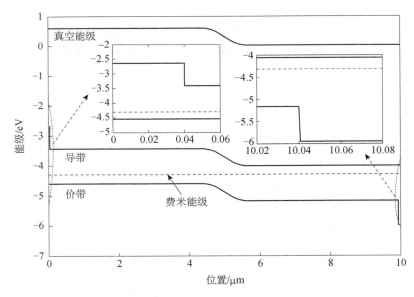

图 4.14　对图 4.3 中的 pn 型同质结在前电极(左内插图)插入一层 40 nm HTL-EBL，同时在后电极(右内嵌图)插入一层 40 nm 的 ET-HBL 后，计算获得的 TE 态能带图

内建势 V_{Bi} 仍然为 0.62 eV。在光照下，光从左侧入射

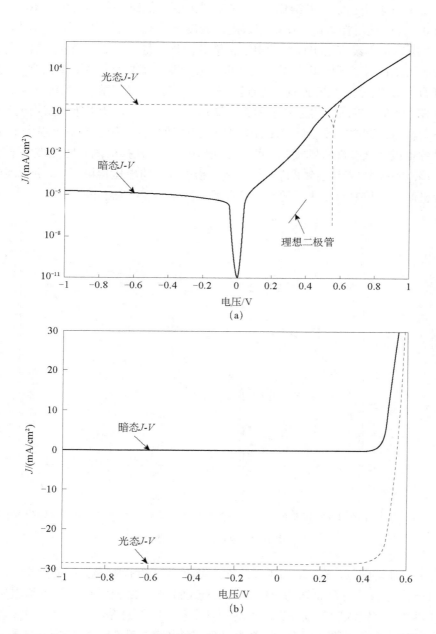

图 4.15　数值法确定的图 4.14 电池的光态和暗态 *J-V* 行为(a)半对数绘图(b)线性绘图

值得注意的是 *n* 因子是电压的函数，并且大于 1

图 4.16 表明当添加 ET-HBL 时，在前电极区，短路条件下的电子电流密度依然为 0，并且此时在背电极区的空穴电流密度也为 0。由于电子行为与图 4.13 中类似，所以这里没有给出详细的电子扩散和漂移分量。详细的空穴扩散和漂移分量可从图 4.17 中看到，其表明空穴不再扩散到背电极复合平面，曾在背电极区发生复合而损失掉的空穴此时可输运到左边对 J_{sc} 产生贡献。换句话说，由于 ET-HBL/吸收层界面处的空穴亲和势阶跃形成的势垒区，所以吸收层内的光生空穴不会输运到背电极复合区。ET-HBL 结构有效地使背电极空穴复合损失率 $S_p=0$。此时背电极为选择性欧姆接触，可在无任何电子-空穴损失的同时允许电子通过。由于该欧姆接触成功消除了背电极的复合损失，开路电压得以提升，所以唯一的复合机制，即体复合损失，等于光产生率。

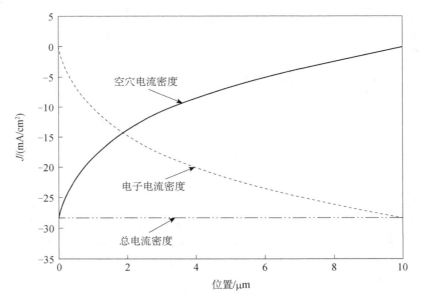

图 4.16　图 4.14 的器件在短路条件下，计算获得的电子和空穴电流密度分量随位置的变化

符号约定为：从左到右为电流的正方向

值得注意的是，在 ET-HBL/吸收层界面处存在着扩散和漂移的竞争。此情况中的漂移运动是由界面处的空穴有效电场造成的。由于引起此扩散和漂移的因素，即大的空穴浓度差以及界面处的空穴亲和势阶跃总是存在，所以 TE 态时也必定存在扩散和漂移两种机制。根据细致平衡原理，我们可知在热力学平衡态时两者会相互精确抵消，正如图 4.17 所示，两者在短路条件下之和几乎为 0。如我们前面所提到的，界面处的空穴漂移电流并非由静电场引起，而是因为空穴亲和

势阶跃，由只作用于那些粒子的空穴有效力场所造成。图 4.17 表明该界面的左侧存在一个静电场引起的空穴漂移电流，但是当靠近静电势垒区时，该电流被向左的空穴扩散淹没。

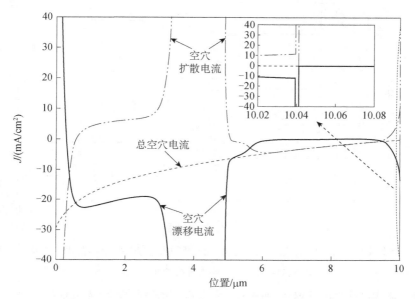

图 4.17　图 4.14 的器件在短路条件下，计算获得的空穴扩散和漂移电流密度分量随位置的变化
内嵌图给出了靠近 ET-HBL 以及其内部的细节。符号约定为：从左到右为电流的正方向

4.3.4　一个前高-低结的添加

现在我们利用高低结来形成一层 HT-EBL，并考虑如图 4.18 所示的器件。在对该器件的模拟中，我们假设在图 4.3 基准电池的前端加入了一层重掺杂(N_A=1.0×10^{19} cm^{-3})、厚度为 40 nm 的 p 型材料。由此得到的高-低结对电池性能的影响如图 4.18 中的插图所示。高掺杂层具有和吸收层相同的材料参数，包括相同的亲和势。前电极的功函数变为 5.15 eV，以实现图 4.18 中的 TE 态能带图。该结构与我们到目前为止所尝试的 HT-EBL 结构明显不同。其采用了一个电场和静电势垒，而不是有效力场和亲和势阶跃势垒。它产生了可以作用于两种载流子的静电力(之前的 HT-EBL 和 ET-HBL 结构各自都只有作用于一种载流子的有效力)。从图 4.19 中的线性和半对数 J-V 图中，可观察到这种形式的 HT-EBL 结构对器件性能的影响。我们可以看到其与通过电子亲和势阶跃形成的前 HT-EBL 很相似。在 AM1.5G 下，图 4.18 中的器件性能参数分别为 J_{sc}=25.6 mA/cm^2，V_{oc}=0.48 V，FF=0.79，η=9.8%。叠加原理看起来可以预测开路电压 V_{oc}，暗态二极管特性为理想二极管

特性，即 $n=1$。

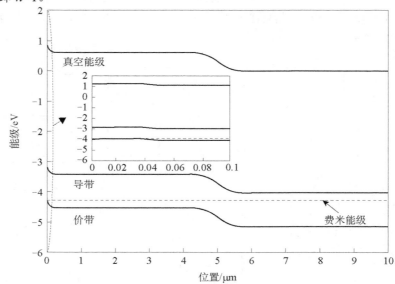

图 4.18　对图 4.3 的 pn 型同质结插入一层 40 nm 厚的重掺杂层，以在前电极形成一个高-低结型的 HT-EBL 后，计算获得的 TE 态能带图

对于该 pn 结，能带弯曲仍然为 0.62 eV，但是 V_{Bi}，即横跨在两电极间的势能差，为 0.84 eV。光照条件下光从左侧入射

现在我们开始通过图 4.20 来考察该高-低结型的前 HT-EBL 是如何起作用的。从图中我们注意到在高-低静电势垒的右侧，非常强的电子扩散和电场漂移电流之间存在着竞争。该竞争起于插图中 40 nm 的位置，结束于高-低静电势垒的右侧(约 800 nm)。这与有效力型 HT-EBL 结构当中的层/吸收层界面存在的竞争相似。图 4.20 中的竞争过程发生在整个高-低结静电场区域。对于有效场的情况，该过程只发生在亲和势阶跃处。正如我们多次看到的，该竞争是势垒区(无论是静电或者是有效力势垒)的典型现象。在热力学平衡态下，该竞争过程必须处于平衡从而使得 $J_n=0$。在短路条件下，漂移在 40~800 nm 的区域占主导，使电子离开前表面。而扩散在约 1000 nm 的位置开始占主导，正如我们对少数载流子预计的那样。图 4.7 和图 4.20 的比较阐明了前 HT-EBL，乃至于高-低结类型，其成功之处在于其阻挡了电子从吸收区向前电极复合面的扩散($S_n=1\times10^7$ cm/s)。

曾在前电极复合而损失掉的吸收层电子现在可以向右运动并对 J_{sc} 作出贡献。换句话说，由于高-低结而呈现的势垒，所以吸收层内的光生电子不能再输运到前电极的复合区。HT-EBL 结构有效地使前电极的电子复合速率 S_n 降至为 0。该电极此时是选择性欧姆接触，可在显著降低电子-空穴对损失的同时输运空穴。由于该选择性欧姆接触成功抑制了前电极复合损失，电池的开路电压必须提升，所以体复合和背电极损失等于光产生率。

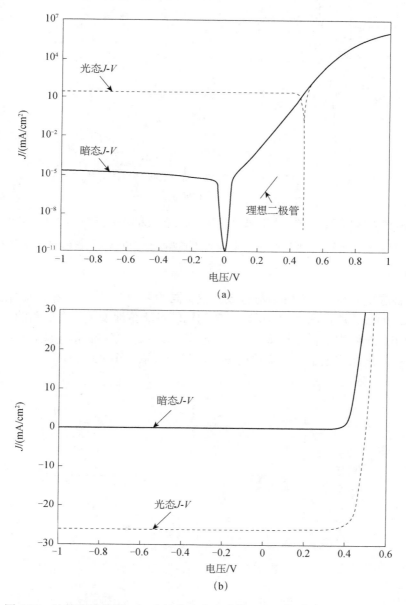

图 4.19　计算获得的图 4.18 电池的光态和暗态(a)半对数和(b)线性 *J-V* 行为

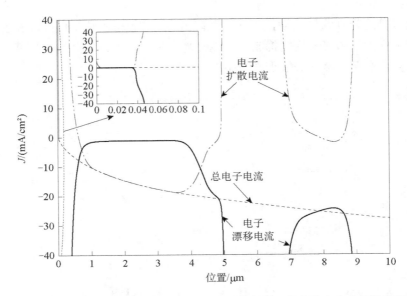

图 4.20　图 4.18 器件在短路条件下,计算获得的电子扩散和漂移电流密度分量随位置的变化

插图给出了前电极 HT-EBL 的高-低结区域。可看到在高-低结处漂移和扩散的竞争。符号约定为：从左到右为电流的正方向

这种静电场型的 HT-EBL 与有效力型不同的方面在于对前表面空穴输运的影响(4.3.2 节),这通过图 4.21 和图 4.17 的比较可清楚地展现。在后图的有效力型前 HT-EBL 的结构中,前电极空穴复合速率 S_p 造成了空穴扩散电流,其在非常接近前电极的区域超过了空穴漂移电流,而将空穴输运至前电极。

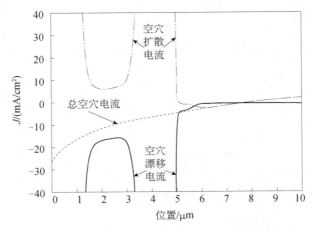

图 4.21　图 4.18 器件短路条件下,计算获得的空穴扩散和漂移电流密度随位置的变化

符号约定为：从左到右为电流的正方向

事实上，这与图 4.8 所展示的行为是相同的，不过图 4.8 针对的是没有采用任何形式 HT-EBL 的情形。对于静电场型的 HT-EBL，图 4.21 表明空穴漂移取代了空穴扩散，承担了将空穴一直输运到前电极的任务。这种改变之所以能发生，是因为静电场型的 HT-EBL 能同时影响电子和空穴的输运，因为静电场与有效场相反，必然会同时作用于两种载流子。

显然，高-低 ET-HBL 也可以添加到图 4.18 中 pn 同质结电池的背面，从而获得性能的额外提升。一般来讲，pn 同质结可以组合使用静电场和有效场选择性电极，包括那些具有梯度亲和势的情况。在数值模拟中，我们引入了这些层，但并没有阐述工艺和材料兼容性等问题。其中的一些问题是，有效场型选择性欧姆接触的加入是否会导致充当额外复合渠道的界面态，静电场型选择性欧姆接触所需的重掺杂是否会导致提供更多复合渠道的缺陷中心，这些接触所带来的好处是否足以补偿额外的工艺复杂性等。我们可以探索这些问题，比如通过额外的工艺处理而人为地引入缺陷，并赋予其不同的能级和空间分布，来研究它们的影响。这些问题都留给有兴趣的读者。

4.3.5　具有一个前 HT-EBL 和后 ET-HBL 的 pin 型电池

现在我们回到图 4.14 中的器件，此 pn 型同质结电池的欧姆接触由具有电子亲和势阶跃的前 HT-EBL 和空穴亲和势阶跃的背 ET-HBL 形成。回顾前文，该电池的性能示于图 4.15，AM1.5G 光谱下，J_{sc}=28.4 mA/cm^2，V_{oc}=0.55 V，FF=0.79，η=12.4%。现在我们取出该电池中的吸收层，来看看如果把它放到一个 pin 型而非 pn 型的同质结中，器件行为会如何变化。我们同样保持图 4.14 中的选择性欧姆接触不变，但对其进行掺杂，如下所述。图 4.22 给出了计算获得的、处于 TE 态的此 pin 电池能带图。除了掺杂和电极功函数以外，所有的材料参数都与图 4.14 电池中相同。如图 4.22 所示，此时吸收层是不掺杂的，而两个选择性欧姆接触区则被简并掺杂，分别具有 5×10^{19} cm^{-3} 的 p$^+$ 和 n$^+$ 掺杂密度。电极功函数已经适当修改，使得电极处为平带结构。图 4.22 表明这些改变已导致在超过 10 μm 的吸收层上形成了约 1 V 的内建电势。

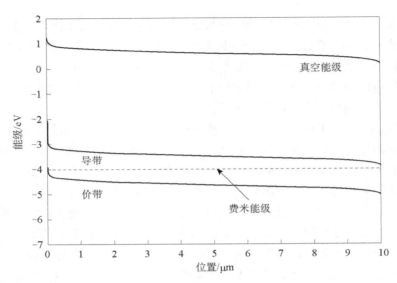

图 4.22　计算获得的与图 4.14 pn 型同质结相对应的 pin 型同质结的 TE 态能带图

在光照条件下光从左侧入射

　　尽管该电池有着约 1 V 的内建电势，吸收层大部分位置的静电场要低于预期的~10^4 V/cm。吸收层上的电场降低是由表 4.1 列出的带隙缺陷态导致的。它们会储存电荷，从而部分屏蔽了重掺杂的选择性电极区所形成的静电场，即这些带隙态形成的电荷阻碍了电力线从重掺杂层进入 i 层。这可以从图 4.22 中毗邻掺杂层的吸收层能带弯曲中看到。屏蔽的结果是在吸收层内部形成了一个场，其场强被抑制到~5×10^3 V/cm。图 4.23 给出了该 pin 型电池的光态和暗态 J-V 性能。由图可见，该 pin 型电池 J_{sc}=28.4 mA/cm^2，V_{oc}=0.55 V，FF=0.72，η=11.3%。对比图 4.15 和图 4.23 以及效率等，可以看到对于此系列特定的材料参数与吸收层厚度，pn 型器件的性能略微优于相应的 pin 型电池。图 4.24 和图 4.25 中更详细地给出了短路条件下该 pin 型电池的空穴和电子电流密度分量。图 4.24 表明，电子电流密度正如预计的那样，通过漂移在整个 pin 电池中进行流动(在电池内任意地方电子漂移相对于电子扩散占主导)。图 4.25 表明，空穴电流密度正如预计的那样，通过漂移在整个 pin 电池中进行流动(在电池内任意地方空穴漂移相对于空穴扩散占主导)。图 4.17 和图 4.25 之间的空穴电流密度分量的比较表明，空穴漂移和扩散分量的角色在 pn 型和 pin 型的器件结构中发生了改变。

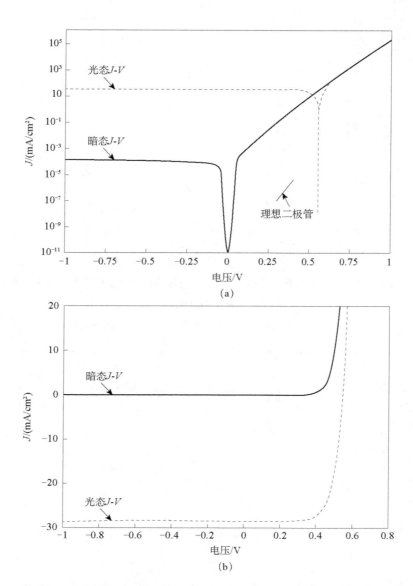

图 4.23 计算获得的图 4.22 电池的光暗 (a)半对数和(b)线性 J-V 曲线。可看到叠加原理非常适用

暗态 J-V 特性的 n 因子大于 1，表明略微偏离理想二极管的暗态 J-V

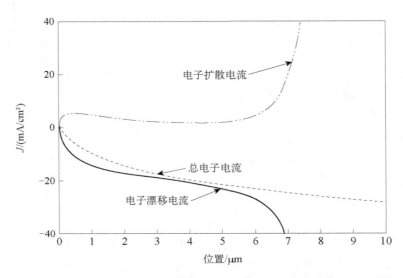

图 4.24　图 4.22 的 pin 型器件在短路条件下，由数值法确定的电子扩散和漂移电流密度分量随位置的变化

电子漂移在任一位置都占主导。符号约定为：从左到右为电流的正方向

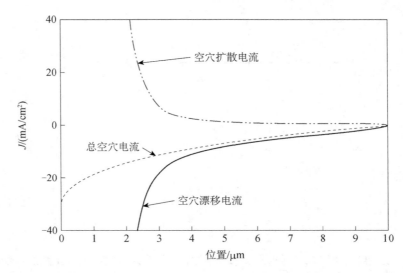

图 4.25　图 4.22 的 pin 型器件在短路条件下，计算获得的空穴扩散和漂移电流密度分量随位置的变化

空穴漂移在任一位置都占主导。符号约定为：从左到右为电流的正方向

4.3.6　采用低 $\mu\tau$ 积吸收层的 pin 型电池

当我们考察收集能力更差的吸收层时，就能更明确地知道何时使用 pin 型器件结构。我们知道，作为扩散收集有效性量度的扩散长度(参看 3.4.1.3 节)与 $\mu\tau^{1/2}$ 成正比，作为漂移收集有效性量度的漂移长度，则与 $\mu\tau\zeta$ 成正比。所以，差的收集能力与小的 $\mu\tau$ 积具有相同的意义。

尽管在该节中没有采用载流子寿命这一概念(因为我们在使用数值分析,无需被迫使用线性复合的图景)，我们仍可以将载流子寿命值作为一种度量吸收层质量标准的方式，即含有很多带隙态缺陷的材料被认为具有低的载流子寿命。根据此($\mu\tau$)图景，在之前所采用的吸收层基础上，通过增加带隙缺陷态并同时降低吸收层迁移率，我们可以构建一种输运能力更差的吸收层。由此而获得的吸收层材料参数列在表 4.2 中。在降低 $\mu\tau$ 积的同时也会影响到扩散长度，我们从 $\mu\tau\zeta$ 中注意到，通过提高电场 ζ 至少可以在一定程度上弥补 $\mu\tau$ 的降低而保持漂移长度。也正是这种实现方法，使得 pin 型受到了广泛关注。

为了克服收集能力差的缺点，我们需要一个较短的器件。更短的器件长度使得 pin 型结构的内建电势能够在更短的距离上存在，这意味着可以获得更强的内建静电场。这个更强的电场可以通过漂移收集，至少部分弥补低 $\mu\tau$ 积的不足。器件长度短则要求收集能力差的吸收层材料必须具有强吸收能力，而表 4.2 中假设的低收集能力吸收层就具有强吸收性质。(采用了 a-Si 的吸收系数——参见表 4.2 和图 3.19)。由于表 4.2 中材料的吸收长度短，故而我们将这种低 $\mu\tau$ 积的吸收层应

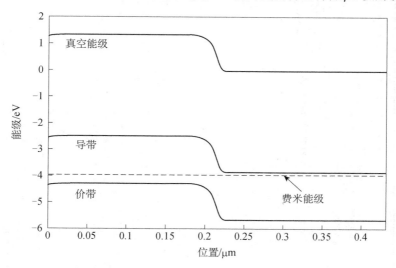

图 4.26　表 4.2 中的 pn 型器件由计算得出的 TE 态能带图

表 4.2　基本参数

器件结构	总长度 (p区长度) (n区长度)	带隙	电子亲和势	吸收性能	p区(N_A)和n区 (N_D)掺杂密度	背电极功函数和 表面复合速率	电子和空穴 迁移率	有效态密度	体缺陷特性
pn结构	430nm (p区215 nm) (n区415 nm)	E_g=1.80 eV	χ=3.85 eV	采用 a-Si 吸收系数 数据(参见图 3.19)	215nm区 N_A=3.0×10^{18} cm^{-3} 215nm区 N_D=8.0×10^{18} cm^{-3}	φ_w=4.95 eV S_n = 1×10^7 cm/s S_p = 1×10^7 cm/s	μ_n=20 cm^2/(V·s) μ_p=2 cm^2/(V·s)	N_C=2.5×10^{20} cm^{-3} N_V=2.5×10^{20} cm^{-3}	从 E_v 到中间带 的类施主态 N_{TD}=1×10^{16} cm^{-3}eV^{-1} σ_n=1×10^{-15} cm^2 σ_p=1×10^{-17} cm^2 从中间带到 E_C 的类受主态 N_{TA}=1×10^{16} cm^{-3}eV^{-1} σ_n=1×10^{-17} cm^2 σ_p=1×10^{-15} cm^2
pin结构	430nm 包括 25nm 的 p 层 和 25nm 的 n 层	同上	同上	同上	25nm区 N_A=3.0×10^{18} cm^{-3} 25nm区 N_D=8.0×10^{18} cm^{-3}	同上	同上	同上	同上

用在厚度降到了 430 nm 的器件中(图 3.20)。

　　基于表 4.2 中的吸收层,我们现在可以采用数值分析来比较 pn 型和 pin 型结构的性能差异。这两种结构类型的材料和器件参数也都列在了表中。所有器件都没有选择性欧姆接触。图 4.26 和图 4.27 给出了 TE 能带图以及 pn 型电池的性能。正如图中所见,该器件的性能参数为 J_{sc}=2.2 mA/cm^2, V_{oc}=0.87 V, FF=0.75, η=1.4%。图 4.28 中给出了 pn 结在短路条件下总电子和空穴电流密度分量随位置的变化。如图所见,在该电池的前段,空穴流必须补偿前电极附近方向相反的电子流。在背面,空穴流是微乎其微的,而电子必须承载整个电流密度。显然这种电池的背面结构不是有效的。

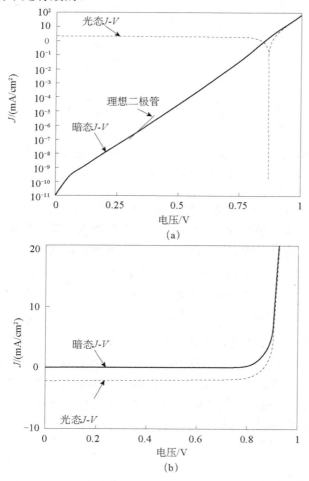

图 4.27　计算获得的图 4.26 pn 型电池的光态和暗态(a)半对数和(b)线性 J-V 行为

值得注意的是暗态 J-V 的 n 因子大于 1,表明其略微偏离理想的暗态电流行为

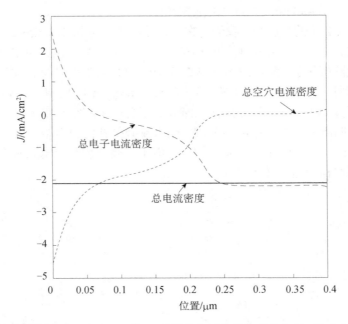

图 4.28　计算获得的图 4.26 和表 4.2 的 pn 型器件在短路条件下的电子、空穴和总电流密度

采用通常的符号约定：电流密度的正方向是从左到右

　　图 4.29 给出了短路和开路条件下该电池的载流子寿命。对于电子，通过采用第 2 章中的线性复合模型 $\mathcal{R}=(n-n_0)/\tau$，并代入由数值分析给出的实际复合项 $\mathcal{R}(x)$ 和载流子浓度 $n(x)$，来确定寿命。空穴寿命的求解也采用相同的方法。由此获得的 p 端 τ_n 值和 n 端 τ_p 值展示于图 4.29 中。从这些图中，可以确定我们的吸收层对于电子的 $\mu\tau$ 积为 $\tau_n\mu_n \sim 10^{-9}\,\mathrm{cm^2/V}$，而对于空穴 $\mu\tau$ 积为 $\tau_p\mu_p \sim 10^{-10}\,\mathrm{cm^2/V}$。尽管图 4.29 绘出了整个电池结构的载流子寿命，但按照 2.2.5 节中的讨论结果，电子寿命，正如我们推导它时所指出的，只有在准中性 p 区才有意义。相应地，空穴寿命也只有在准中性 n 区才有意义。这些图表明，在载流子寿命适用的区域内，这些寿命在不同的位置和偏置条件下几乎是恒定的。一般而言，这对于 pn 型电池是相当准确的，并且我们将在解析分析(4.4 节)时使用这个观察结果。我们将采用线性化复合近似并假定寿命值与位置无关，从而使解析分析易于处理。

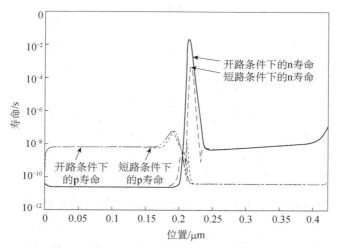

图 4.29　通过数值分析方法获得复合率和载流子浓度，再根据线性化表达式 $\mathscr{R} = (n - n_0)\,/\,\tau$ 计算得出的载流子寿命，其为位置的函数

所给出的寿命为开路(oc)和短路(sc)条件下的寿命。正如在书中所述，这些寿命在各自的少数载流子区域外都没有意义

图 4.30 给出了计算得到的 pin 结构的 TE 态能带图，图 4.31 则给出了其光态和暗态 *J-V* 特性。这种将掺杂区推到电极附近的 pin 型结构设计，要比相应的 pn 型器件好很多，其性能参数为 J_{sc}=11.23 mA/cm^2，V_{oc}=0.91 V，*FF*=0.79，η=8.1%。图 4.32 (a)和(b)给出了这种 pin 型电池在短路条件下的电子和空穴电流密度分量随位置的变化。和预计的相同，除了那些由于前电极平面的光生载流子复合效应所以非常接近前电极区的电子，漂移对于这两种载流子都是主导收集机制。如图所示，甚至在电池的背面区，空穴载流子也对短路电流有贡献。通过采用图 4.29 中获取载流子寿命的相同方法，载流子寿命随位置变化的关系示于图 4.33 中。我们可以认为电子寿命在结构的左侧有意义，而空穴寿命则在结构的右侧有意义，在这些区域它们都是少数载流子。甚至在上述区域内，电子和空穴的寿命现在开始随着位置和偏压条件不同而发生显著改变。尽管吸收层和其中的缺陷都相同，这些值仍比在图 4.29 中看到的更大。当然，正是由于 pin 型结构实现了更多的电流收集，因此损失更少，电子和空穴的寿命也必然更大。这些观察结果说明载流子寿命未必是一个真实的、固定的材料参数，其甚至也能取决于电池的设计。

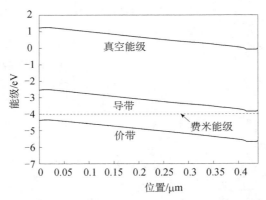

图 4.30　计算获得的表 4.2 中 pin 型器件结构的 TE 态能带图

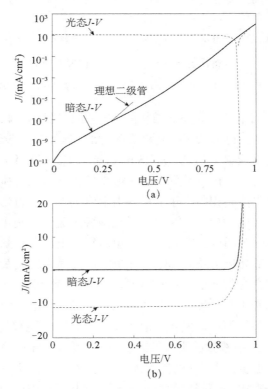

图 4.31　计算获得的图 4.30 pin 型电池的光态和暗态(a)半对数和(b)线性 J-V 行为

值得注意的是暗态 J-V 的 n 因子大于 1

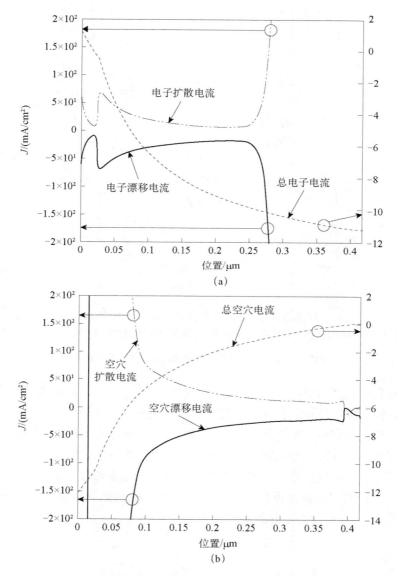

图 4.32　图 4.30 和表 4.2 中的 pin 型器件在短路条件下的(a)电子扩散和漂移电流密度分量以及
(b)空穴扩散和漂移电流密度分量的计算结果

值得注意的是，电流分量和总载流子电流采用了不同的比例。通常符号约定为：从左到右为电流密度的正方向

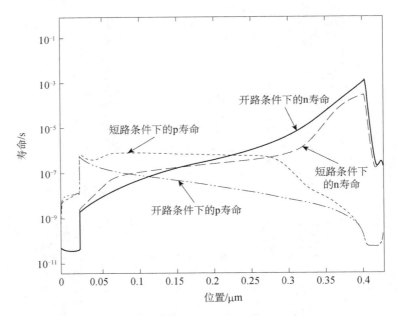

图 4.33　计算获得的随位置变化的载流子寿命

这些寿命是通过使用数值分析方法获得的复合率和载流子浓度,再根据线性化表达式 $\mathscr{R} = (n - n_0) / \tau$ 计算得

出的。所给出的寿命值为开路(oc)和短路(sc)条件下的寿命值

　　正如我们已经看到的,同质结电池可设计为具有一个贯穿整个器件的内建电场,通过漂移来收集电流的 pin 型结构。它们也可以设计为 TE 态时具有平带区域和被平带区域包围的静电场势垒区,主要依赖扩散将光生载流子输运到电荷分离区,即 pn 型结构。当权衡哪种方法更好时,吸收性能、载流子迁移率、复合过程、带隙态在空间和能量上的分布以及掺杂分布都必须要考虑。而对于工艺问题,例如,吸收层掺杂是否会引入缺陷态以及 p^+ 和 n^+ 掺杂是否会在 p^+-吸收层和 n^+-吸收层界面引入缺陷等也必须要考虑。

4.4　同质结器件物理分析:解析法

　　本节采用解析法,而非数值法来表述光态下以及施加偏压时 pn 同质结的器件行为,从而用方程组而非电脑计算的形式来表述 J-V 特性的来源。为了获得同质结电池器件行为的一维解析表达式,我们将不得不线性化 2.4 节当中的方程组以便于处理。在进行线性化的过程中,我们将有机会考察方程(4.4) 背后的近似条件,我们已经发现该方程在同质结电池的多种情况下都适用(参看 4.3 节)。该解析方法并不能囊括我们在数值分析法中所考察的所有细节。例如,它不能处理某区域内漂移和扩散之间的复杂相互作用。对于选择性欧姆接触,解析方法所能做到的也就是简单地将少数载流子复合速率设置为零。我们也需要提一下,对于 pin 型结构我们不作表述,因为这种结构的解析分析很复杂,而且结果也不太准确;例如,从图 4.33 中我们可以看到一个明显的问题:载流子寿命与位置和工作条件都有关系,从而无法应用在线性的寿命复合模型中。

基本的 pn 同质结

图 4.34 给出了我们在解析方法中采用的 pn 同质结能带图以及坐标方向。吸收层的 p 型部分被放置于电池的背部,这意味着背电极此时为阳极。图中所给出的器件工作于光态下,结果产生了一个大小为 V 的电压。该电压的一部分 V_1 形成于 n 侧;剩余部分的电压 $V_2(V=V_1+V_2)$ 则形成于 p 侧。我们的目标是为该结构找到一个解析表达式,用来计算光态下偏压 V 所产生的电流密度 J。图 4.34 假设准费米能级在整个势垒区以及电池的大部分区域持平,除了少数载流子体复合和表面复合(电极部分)占主导的区域。图 4.9 中的数值分析结果表明,至少在开路条件下,这种形式的准费米能级分布实际上是存在的。

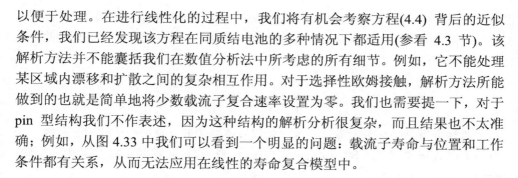

图 4.34　一个 pn 同质结电池结构的示意图,光从 $x=-d$ 的位置入射

我们希望使用式(4.1)来获得 J-V 特性的解析表达式。但为了计算 $\int_{-d}^{L+W} \mathscr{P}(x)\mathrm{d}x$ 项,还需要器件内部任意位置的载流子浓度表达式。因此,我们将改用电流密度表达式来得到 J-V 特性。该方法使得我们可以对解析法中涉及的近似条件作系统的梳理。首先,让我们在图 4.34 中选择一个平面以计算电流密度 J,我们选择 $x=0$ 的平面,其刚好位于吸收层 n 侧的空间电荷区外。正如我们已经提过的,术语“空间电荷”指的就是公式(2.45)等号右侧的那些项。对于图 4.34 所示的电池设计,

由于势垒区存在非常强的电场，所以式(2.45)说明其一定具有高密度的空间电荷。但是，在该势垒区外我们预计空间电荷会非常少，正如我们在前面讨论过的。在 $x=0$ 的基准平面

$$J = J_n(0) + J_p(0) \tag{4.6}$$

其中这些量为电子和空穴电流密度，其符号遵循我们一直以来的约定，在图 4.34 中如果电流从左侧流动到右侧则定义为正。这意味着，根据图 4.34 中的电池朝向，我们在功率象限绘制的所有曲线均将采用$-J$。

选择平面 $x=0$ 的好处在于 $J_p(0)$ 可以通过下式获得，这也是我们选择该平面的原因

$$J_p(0) = -eD_p \frac{dp}{dx}\bigg|_{x=0} \tag{4.7}$$

因为我们对 pn 同质结的解析分析作了标准假设[17]，故$J_p(0)$的表达式会如此简单。这些假设是：

（1）在图 4.32 中的静电场势垒 n 侧，即使在光态下，空穴也为少数载流子。

（2）吸收层为具有恒定载流子寿命的半导体(参见附录 E)，事实上 $x \leqslant 0$ 的区域非常接近中性(准中性)。

这些假设表明载流子迁移率、空穴浓度以及电场强度的乘积在 $x=0$ 位置(以及 $x \leqslant 0$ 区域)，相比 D_p（dp/dx）很小，而且 $x \leqslant 0$ 区域的电场都很小从而对少数载流子的影响可忽略。虽然我们在数值分析中并没有作这些假设，但是表达式(4.7)与我们在上一节数值分析结果中所看到的结果一致，即对于图 4.34 中的同质结器件，吸收层 n 端的少数载流子空穴通过扩散到达了静电场势垒区的边界[①]。

如果我们知道在 $x \leqslant 0$ 区域的空穴密度 $p=p(x)$ 的函数形式，那么就可以获得 $J_p(0)$，从而在求得电池 J-V 特性的路上更进了一步。如果我们采用 2.4 节中的表达式(2.48b)和式(2.48d)，并假设空穴为少数载流子，其只进行扩散输运，再加入新的假设 3 和 4，就可以获得吸收层 n 端 $x<0$ 的准中性区域的 $p(x)$ 函数。假设 3 为吸收层 n 端的空穴复合遵循 2.2.5.1 节中的线性复合寿命模型 $\mathscr{R}(x) = (p - p_{n0}) / \tau_p$，其中$\tau_p$为空穴少数载流子寿命常数。用来计算该区域内单分子和双分子复合过程

---

① n 型吸收层端(或 p 型吸收层端)可以通过精心设计的掺杂变化，从而具有朝向有利的恒定电场。我们在 4.3 节中没有考察这点。它的存在将引起漂移电流，但其在 TE 态时被扩散所平衡。这种情况也很容易用解析分析处理，只需作一点调整。这种情况的完整解析分析首先由 Wolf 给出[18]，他指出在空间电荷中性区引入恒定的电场，可以辅助前往势垒区的扩散收集。很明显，在数值分析方法中可以很直接地添加并考虑这一点。

的复合寿命模型，其适用性已在第 2 章和 4.3 节中进行了讨论。假设 4 为电极可以采用表面复合速率来表征。需指出的是，该假设并不局限于解析法，我们在数值分析中也曾用过，但是，两者存在很大的区别。在数值分析中，如果我们在电极旁边放置一层额外层，电极的复合速率边界条件不会对器件造成影响。这些额外层的存在决定了电极处的状况。但是在解析法中这样做比较难，电极必须采用 S_n 和 S_p 来表征，以获得一个相对较简单的解析表达式。

在上述的假设下，$p(x)$ 满足

$$\frac{\mathrm{d}^2 p}{\mathrm{d}x^2} - \frac{p - p_{n_0}}{L_p^2} + \int_\lambda \frac{\Phi_0(\lambda)}{D_p} \alpha(\lambda) \mathrm{e}^{-\alpha(x+d)} \mathrm{d}\lambda = 0 \tag{4.8}$$

边界条件

$$\left. \frac{\mathrm{d}p}{\mathrm{d}x} \right|_{x=-d} = \frac{S_p}{D_p} \left[p(-d) - p_{no} \right] \tag{4.9a}$$

$$p(0) = p_{no} \mathrm{e}^{E_{Fp}(0)/kT} \tag{4.9b}$$

这里空穴准费米能级 E_{Fp} 从空穴为少数载流子的金属电极处的费米能级位置开始计量，往下为正，也就是说，在图 4.34 结构中，其从 $x=-d$ 的金属电极功函数位置开始，往下计量。表达式(4.8)假设该吸收层材料在感兴趣的波段范围(太阳光谱)内，只产生自由电子-空穴对，其遵循 Beer-Lambert 模型，并且自由电子空穴对的产生基于 2.2.4.1 节中所讨论的方程

$$\int_\lambda G_{ph}(\lambda, x) \mathrm{d}\lambda = \int_\lambda G(\lambda, x) \mathrm{d}\lambda = \int_\lambda \Phi_0(\lambda) \alpha(\lambda) \mathrm{e}^{-\alpha(\lambda)(x+d)} \mathrm{d}\lambda$$

在该方程中，波长 λ、对应光谱强度 $\Phi_0(\lambda)$ 的光子在图 4.34 的左侧进入电池。

对方程(4.8)，方程(4.9a)以及方程(4.9b)的求解过程见附录 F，它们的解用于方程(4.7)中可得

$$\begin{aligned}
J_p(0) = e \int_\lambda \Phi_0(\lambda) &\left\{ \left[\frac{\beta_2^2}{\beta_2^2 - \beta_1^2} \right] \left[\frac{\left(\dfrac{\beta_3 \beta_1}{\beta_2}\right) + 1}{\beta_3 \sinh \beta_1 + \cosh \beta_1} \right] \right. \\
&\left. - \left[\frac{\beta_2^2 \mathrm{e}^{-\beta_2}}{\beta_2^2 - \beta_1^2} \right] \left[\left(\frac{\beta_3 \cosh \beta_1 + \sinh \beta_1}{\beta_3 \sinh \beta_1 + \cosh \beta_1} \right) \left(\frac{\beta_1}{\beta_2} \right) + 1 \right] \right\} \mathrm{d}\lambda \\
&- \left\{ \frac{e D_p p_{n0}}{L_p} \left(\mathrm{e}^{\frac{V}{kT}} - 1 \right) \right\} \left\{ \frac{\beta_3 \cosh \beta_1 + \sinh \beta_1}{\beta_3 \sinh \beta_1 + \cosh \beta_1} \right\}
\end{aligned} \tag{4.10}$$

正如我们曾强调过的，图 4.34 假设空穴准费米能级在空穴为多子的区域内以及整个静电场势垒区域持平。在我们的解析分析中，我们认为此空穴准费米能级持平的图景在整个电池的工作范围内都有效，即方程(4.10)采用了 $E_{Fp}(0)=V$。这是我们在研究空穴对方程(4.6)的贡献时，所作的第 5 个主要假设。可以看到公式(4.10)中给出的 $J_p(0)$ 表达式不仅依赖入射光强度，而且与贯穿整个电池的电压 V 相关。如预见到的，该 J-V 特性充分展现了叠加特性，因为其来源于线性化的方程组(方程(4.8)，方程(4.9a)以及方程(4.9b))。

表 4.3 中列出了在方程(4.10)中出现的β量的定义，这些量的使用显然大大简化了书写，但更重要的是，它们很好地展现了吸收层 n 端各种材料参数之间的相互作用。我们在上一节中讨论过的，数值分析提供了一种研究复杂 pn 同质结电池器件结构的有力工具，可以研究各种电极、缺陷、掺杂分布以及带隙梯度的电池结构。而现在所采用的解析法虽然没有这种灵活性，但是它确实捕捉到了 pn 同质结电池行为的本质。它也为我们给出了这些简洁、深刻而无量纲的β值。

表 4.3 β 参数

β 量	定义	物理意义
β_1	d/L_p	n 端准中性区长度与空穴扩散长度之比，其包含了 n 型材料中空穴的收集经由扩散，同时又受制于复合的物理图像。需 $d \leqslant L_p$
$\beta_2(\lambda)$	$d\alpha(\lambda)$	n 端准中性区长度与波长λ光对应的吸收长度之比，其包含了 n 型准中性区吸收的物理图像。需 $d + W + L \cong 1/\alpha(\lambda)$
β_3	$L_p S_p / D_p$	正面空穴载流子复合速率S_p与 n 端空穴扩散-复合速率D_p/L_p之比，其包含了空穴电极复合与空穴扩散时复合的物理关系。需 $\dfrac{D_p}{L_p} > S_p$

我们之所以首先处理 $J_p(0)$，是因为通过之前我们讨论过的那些假设，可以很方便地获得该项的解析表达式，而 $J_p(0)$ 的计算则没有这么直接。$J_p(0)$ 的解析计算要求我们同时了解 $x=0$ 处的电子的扩散和漂移分量。尽管在 n 型材料准中性区的电荷密度以及其导致的电场强度可能很小，但是电子为多数载流子，电子浓度与电场的乘积却未必小，所以漂移分量不可忽略。我们曾利用数值分析的优势，仔细考察过图 4.7 中作为多子的电子是如何在这种简单 pn 同质结电池的 n 型材料准中性区输运的。电子的漂移运动的确在图 4.34 中 $x=0$ 处占主导，因此我们的最终结论是，在确定 $J_n(0)$ 时漂移量非常重要，我们必须知道在 $x \leqslant 0$ 区的电场 ξ 以确定该电流量。而该量的获得必须用数值分析法，我们在上一节中已充分探讨过。由于此节中我们采用的是解析法，所以将采用连续性概念的积分形式来避开对 $x=0$ 处电子电流密度 J_n 的求解。根据连续性概念，我们可以将求解 $x=0$ 处 J_n 转变

到求解 $x=W$ 处的 J_n。

根据连续性概念，$J_n(0)$ 可以表达为

$$J_n\left(0\right) = e\int_0^W \int_\lambda G_{ph}\left(\lambda, x\right)d\lambda dx - e\int_0^W \mathscr{R}\left(x\right)dx + J_n\left(W\right) \tag{4.11}$$

方程(4.11)的优势在于，对于我们所分析的 pn 同质结结构，在 $x \geqslant W$ 的 p 端准中性区中电子为少数载流子，这使得在求解 $J_n(W)$ 时可采用求解 $J_p(0)$ 相同的方法，换言之，扩散运动在该区域内占主导，正如 4.3 节的数值分析与图 4.7 所证实的那样。由此

$$J_n\left(W\right) = eD_n \frac{dn}{dx}\bigg|_{x=W} \tag{4.12}$$

方程(4.12)中的符号已被调整以确保 J 沿着 $+x$ 方向流动时为正。此时我们也需要确定在宽度为 W 的静电势垒区内的产生项 $\int_0^W \int_\lambda G_{ph}(\lambda, x)d\lambda dx$ 和复合项 $\int_0^W \mathscr{R}(x)dx$。以后我们将回到这些项的计算上来，但先让我们求解 $J_n(W)$。

从方程(4.12)中获得 $J_n(W)$，需要先确定 $x \geqslant W$ 区域内 $n=n(x)$ 的函数形式。所求的 $n(x)$ 满足

$$\frac{d^2 n}{dx^2} - \frac{n-n_{p0}}{L_n^2} + \int_\lambda \frac{\Phi_0\left(\lambda\right)}{D_n} e^{-\alpha(d+W)}\alpha\left(\lambda\right)e^{-\alpha(x+d)}d\lambda = 0 \tag{4.13}$$

该方程采用了之前在讨论空穴时所作的前四个假设，由方程(2.48a)和方程(2.48c)推导而来。方程(4.13)的边界条件与方程(4.9a)和方程(4.9b)相似，即

$$n\left(W\right) = n_{p0}e^{E_{Fn}\left(W\right)/kT} \tag{4.14a}$$

和

$$\frac{dn}{dx}\bigg|_{x=W+L} = -\frac{S_n}{D_n}\Big[n\left(W+L\right)-n_{p0}\Big] \tag{4.14b}$$

方程(4.14a)中的 $E_{Fn}(W)$ 量为 $x=W$ 处的电子准费米能级位置。该准费米能级从 $x=W+L$ 处的金属电极费米能级位置开始计量，向上为正。

对 $x \geqslant W$ 区求解方程(4.13)，方程(4.14a)以及方程(4.14b)方程组获得的 $n(x)$ 表达式，可参考附录 F。采用该函数，可从方程(4.12)中求得

$$J_{\mathrm{n}}(W) = e \int_{\lambda} \varPhi_0(\lambda) \left\{ \left[\frac{\beta_6^2 \mathrm{e}^{-\beta_4}}{\beta_5^2 - \beta_6^2} \right] \left[\frac{\left[\left(\dfrac{\beta_7 \beta_5}{\beta_6} \right) - 1 \right] \mathrm{e}^{-\beta_6}}{\beta_7 \sinh \beta_5 + \cosh \beta_5} \right] \right.$$

$$\left. + \left[\frac{\beta_6^2 \mathrm{e}^{-\beta_4}}{\beta_5^2 - \beta_6^2} \right] \left[1 - \left(\frac{\beta_5}{\beta_6} \right) \left(\frac{\beta_7 \cosh \beta_5 + \sinh \beta_5}{\beta_6 \sinh \beta_5 + \cosh \beta_5} \right) \right] \right\} \mathrm{d}\lambda$$

$$- \left\{ \frac{e D_{\mathrm{n}} n_{\mathrm{p0}}}{L_{\mathrm{n}}} \left(\mathrm{e}^{\frac{V}{kT}} - 1 \right) \right\} \left\{ \frac{\beta_7 \cosh \beta_5 + \sinh \beta_5}{\beta_6 \sinh \beta_5 + \cosh \beta_5} \right\} \qquad (4.15)$$

该方程采用了电池准中性 p 端以及静电势垒区电子费米能级持平的假设，即 $E_{\mathrm{Fn}}(W)=V$。该假设与对空穴采用的第 5 假设相似(如前所讨论)。方程(4.15)中的无量纲量 β 与方程(4.10)中 p 端的 β 量等价。表 4.4 中给出了这些量的定义，其给出了吸收层 p 区的各种参数之间的相互作用。从方程（4.15）可见 $J_{\mathrm{p}}(W)$ 取决于光吸收以及横穿整个电池的电压 V。方程(4.15)给出的 J-V 特性为线性方程组[方程(4.13)，方程(4.14a)以及方程(4.14b)]的计算结果，因此，其看起来遵循叠加原理。

表 4.4 β 参数

β 量	定义	物理意义
$\beta_4(\lambda)$	$(d+W)\alpha(\lambda)$	p 端准中性区长度和吸收层厚度之和与波长 λ 光对应的吸收长度之比(该量与 λ 相关)，其表达了光在进入 p 型准中性区之前进行吸收的物理图像。该比值取决于 p 端用于吸收光的区域大小
β_5	L/L_{n}	p 端准中性区长度与电子扩散长度之比，其表达了从 p 型准中性区中电子收集经由扩散，同时又受制于复合的物理图像。需 $L \leqslant L_{\mathrm{n}}$
$\beta_6(\lambda)$	$d\alpha(\lambda)$	p 端准中性区长度与波长 λ 光对应的吸收长度之比(该量与 λ 相关)，其表达了 p 型准中性区吸收的物理图像。需 $d + W + L \cong 1/\alpha(\lambda)$
β_7	$L_{\mathrm{n}} S_{\mathrm{n}}/D_{\mathrm{n}}$	背面电子载流子复合速率 S_{n} 与 p 端电子扩散–复合速率 $D_{\mathrm{n}}/L_{\mathrm{n}}$ 之比，其表达了电子背电极复合与电子扩散时复合的物理关系。需 $D_{\mathrm{n}}/L_{\mathrm{n}} > S_{\mathrm{n}}$

至此我们可以对简单 pn 同质结太阳电池结构组合得出探寻已久的 J-V 解析表达式。通过将方程(4.15)代入方程(4.11)，并将结果与方程(4.10)代入方程(4.6)中，可以获得此简单 pn 型太阳电池的完整 J-V 解析特性，即

$$
\begin{aligned}
J_{\mathrm{p}}(0) = e\int_{\lambda} \Phi_0(\lambda) & \left\{ \left[\frac{\beta_2^2}{\beta_2^2-\beta_1^2}\right]\left[\frac{\left(\dfrac{\beta_3\beta_1}{\beta_2}\right)+1}{\beta_3\sinh\beta_1+\cosh\beta_1}\right]\right. \\
& \left. -\left[\frac{\beta_2^2 \mathrm{e}^{-\beta_2}}{\beta_2^2-\beta_1^2}\right]\left[\left(\frac{\beta_3\cosh\beta_1+\sinh\beta_1}{\beta_3\sinh\beta_1+\cosh\beta_1}\right)\left(\frac{\beta_1}{\beta_2}\right)+1\right]\right\}\mathrm{d}\lambda \\
& -\left\{\frac{eD_{\mathrm{p}}p_{\mathrm{n0}}}{L_{\mathrm{p}}}\left(\mathrm{e}^{\frac{V}{kT}}-1\right)\right\}\left\{\frac{\beta_3\cosh\beta_1+\sinh\beta_1}{\beta_3\sinh\beta_1+\cosh\beta_1}\right\} \\
& +e\int_{\lambda}\Phi_0(\lambda)\left\{\left[\frac{\beta_6^2 \mathrm{e}^{-\beta_4}}{\beta_5^2-\beta_6^2}\right]\left[\frac{\left[\left(\dfrac{\beta_7\beta_5}{\beta_6}\right)-1\right]\mathrm{e}^{-\beta_6}}{\beta_7\sinh\beta_5+\cosh\beta_5}\right]\right. \\
& \left. +\left[\frac{\beta_6^2 \mathrm{e}^{-\beta_4}}{\beta_5^2-\beta_6^2}\right]\left[1-\left(\frac{\beta_5}{\beta_6}\right)\left(\frac{\beta_7\cosh\beta_5+\sinh\beta_5}{\beta_6\sinh\beta_5+\cosh\beta_5}\right)\right]\right\}\mathrm{d}\lambda \\
& -\frac{eD_{\mathrm{n}}n_{\mathrm{p0}}}{L_{\mathrm{n}}}\left[\mathrm{e}^{\frac{V}{kT}}-1\right]\left[\frac{\beta_7\cosh\beta_5+\sinh\beta_5}{\beta_6\sinh\beta_5+\cosh\beta_5}\right] \\
& +\int_{\lambda}\Phi_0(\lambda)\left(\mathrm{e}^{-\beta_2}-\mathrm{e}^{-\beta_4}\right)\mathrm{d}\lambda - e\int_0^W \mathscr{R}(x)\mathrm{d}x
\end{aligned} \tag{4.16}
$$

其中采用了

$$
\begin{aligned}
\int_0^W \int_{\lambda} G_{\mathrm{ph}}(\lambda,x)\mathrm{d}\lambda\mathrm{d}x &= \int_{\lambda}\Phi_0(\lambda)\mathrm{e}^{-\alpha d}\left(1-\mathrm{e}^{-\alpha W}\right)\mathrm{d}\lambda \\
&= \int_{\lambda}\Phi_0(\lambda)\left(\mathrm{e}^{-\beta_2}-\mathrm{e}^{-\beta_4}\right)\mathrm{d}\lambda
\end{aligned}
$$

该解析表达式相当复杂。通过考察该方程的不同项，我们可以确定地说：除了最后一项，所有项都与光强和电压呈线性关系，只要它们基于的假设条件是适用的，将不会导致叠加原理的失效。由于我们还未获得方程（4.16）最后一项的解析表达式，因此对其还无法作此结论。

由于不能在静电势垒区对复合模型进行线性化，而且必须考虑每种载流子的连续性方程以得出在该区存在的强电场，所以获得方程(4.16)中静电势垒区的复

合项 $e\int_0^W \mathscr{R}(x)\mathrm{d}x$ 的解析表达式很难。但是，该复合项从实验观测上通常表现出如下形式：

$$e\int_0^W R(x)\mathrm{d}x = \left\{ J_{\mathrm{SCR}}\left(\mathrm{e}^{\left(\frac{V}{n_{\mathrm{SCR}}}\right)kT} - 1 \right) \right\} \tag{4.17}$$

实际情况中，其中的前因子 J_{SCR} 以及 n 因子 n_{SCR} 可能与电压和光强相关。n_{SCR} 和 J_{SCR} 取决于电池损失路径、载流子浓度、光照强度以及势垒区电场之间的动力学。将方程(4.17)代入方程(4.16)中，可以对简单的 pn 型太阳电池给出探寻已久的光态 $J\text{-}V$ 解析表达式

$$
\begin{aligned}
J = e\int_\lambda \Phi_0(\lambda) &\left\{ \left[\frac{\beta_2^2}{\beta_2^2 - \beta_1^2} \right] \frac{\left(\dfrac{\beta_3\beta_1}{\beta_2}\right)+1}{\beta_3\sinh\beta_1 + \cosh\beta_1} \right. \\
&\left. - \left[\frac{\beta_2^2 \mathrm{e}^{-\beta_2}}{\beta_2^2 - \beta_1^2} \right]\left[\left(\frac{\beta_3\cosh\beta_1 + \sinh\beta_1}{\beta_3\sinh\beta_1 + \cosh\beta_1} \right)\left(\frac{\beta_1}{\beta_2} \right)+1 \right] \right\}\mathrm{d}\lambda \\
+ e\int_\lambda \Phi_0(\lambda) &\left\{ \left[\frac{\beta_6^2 \mathrm{e}^{-\beta_4}}{\beta_5^2 - \beta_6^2} \right]\frac{\left[\left(\dfrac{\beta_7\beta_5}{\beta_6}\right)-1\right]\mathrm{e}^{-\beta_6}}{\beta_7\sinh\beta_5 + \cosh\beta_5} \right. \\
&\left. + \left[\frac{\beta_6^2 \mathrm{e}^{-\beta_4}}{\beta_5^2 - \beta_6^2} \right]\left[1 - \left(\frac{\beta_5}{\beta_6} \right)\left(\frac{\beta_7\cosh\beta_5 + \sinh\beta_5}{\beta_6\sinh\beta_5 + \cosh\beta_5} \right) \right] \right\}\mathrm{d}\lambda \\
+ e\int_\lambda \Phi_0(\lambda) &\left(\mathrm{e}^{-\beta_2} - \mathrm{e}^{-\beta_4} \right)\mathrm{d}\lambda \\
- &\left[\frac{eD_\mathrm{p} p_{\mathrm{n}0}}{L_\mathrm{p}}\left(\mathrm{e}^{\frac{V}{kT}} - 1 \right) \right]\left[\frac{\beta_3\cosh\beta_1 + \sinh\beta_1}{\beta_3\sinh\beta_1 + \cosh\beta_1} \right] \\
- &\frac{eD_\mathrm{n} n_{\mathrm{p}0}}{L_\mathrm{n}}\left[\mathrm{e}^{\frac{V}{kT}} - 1 \right]\left[\frac{\beta_7\cosh\beta_5 + \sinh\beta_5}{\beta_6\sinh\beta_5 + \cosh\beta_5} \right] - J_{\mathrm{SCR}}\left(\mathrm{e}^{\left(\frac{V}{n_{\mathrm{SCR}}}\right)kT} - 1 \right)
\end{aligned}
\tag{4.18}
$$

该方程已经被整理过，首先出现的是光电流项，然后是反向的、与电压相关的电流项。如果静电势垒区的复合可以忽略，或者前因子 J_{SCR} 或 n 因子 n_{SCR} 与光强无关，那么方程(4.18)显然与方程(4.4)具有相同的形式。该解析方法已成功获得了遵循叠加定理的 J-V 特性，并成功建立了这个特性背后所有的近似和假设。有趣的是，如果我们对短路条件的方程(4.18)进行求解，并与方程(4.5)的结果相比较，可以很清楚地了解 J_{sc} 为什么不等于 $e \int_{-d}^{L+W} \int_{\lambda} G_{ph}(\lambda, x) \mathrm{d}\lambda \mathrm{d}x$ 的原因。通过使用方程(4.18)而获得的 J_{sc} 表达式包含表征损失的 β 因子($\beta_1, \beta_3, \beta_5$ 和 β_7)。该解析分析法强调了我们之前在 4.2.1 节中讨论过的一点：在线性化的数学系统中，J_{sc} 包含损失项，但是所有与电压相关的损失项都包含在 $J_{DK}(V)$ 中。

pn 同质结电池行为的线性化模型是成立的，只要其所采用的假设条件适用。对于线性化模型适用性的一个必要但不充分的判断条件是叠加特性的存在。如果方程(4.4)不能正确涵盖器件工作时的物理机制，那么我们刚刚完成的分析表明，pn 结叠加特性的失效一定是基于以下原因：

（1）静电势垒区的复合损失机制；

（2）在准中性区所采用的线性化方程；

（3）在解析模型中没有出现的物理机制，如陷阱和电场调制；

（4）准费米能级持平的假设不适用；

（5）前四个原因的组合。

方程(4.18)虽然很复杂，但是从中我们可以充分理解方程(4.4)背后的假设。通过无量纲的因子，我们也可以获知很多决定 pn 同质结电池性能的材料性质之间的相互作用。

如果方程(4.18)中的势垒区复合项与光照无关，那么方程(4.18)可等效表示为一个电流源(所有的光依赖项)与一个电压依赖源(所有的电压依赖项)相并联。如果我们把所有的项乘以电池面积，那么所得到的方程和等效电路则反映了电池输出端口电流 I 和其端口电压 V 之间的关系。这个方程还可用于便捷地引入串联电阻与并联电阻的影响，其中串联电阻来源于电极、栅线或者两者皆有，并联电阻来源于缺陷，针孔等。例如，如果存在串联电阻 R_S，那么把电阻器 R_S 与并联的两个基本元件相串联即可。这意味着，把 I-V 方程中的每一项 V 在数学上替换成 $V+IR$，即可考虑它的影响。如果存在并联电阻 R_{SH}，那么就将 R_{SH} 与两个基本元件相并联。数学上，这只需从 I-V 关系中减去 $(V+IR_S)/R_{SH}$ 项。串联电阻的影响体现在其可以降低 I_{sc}，填充因子以及 I-V 曲线在 V_{oc} 处的斜率。并联电阻的影响则体现在其可以降低填充因子和 V_{oc}。当然，正如我们在 4.3 节中所看到的，除了串并联电阻，短路电流、填充因子和开路电压也会被更根本的机制所影响。

4.5　一些同质结器件结构

事实上，同质结器件结构可以存在很多不同的类型。为解释这一点，图 4.35~图 4.37 给出了一些例子。图 4.35 中给出的 pin 型同质结电池示例绝对不是一维结构。如图 4.35 所示，所有的结和电极区都在本征吸收层的背部，光通过无电极的"表面区"进入该结构。其前端通过钝化(一种降低带隙态密度的工艺，带隙态会引起复合、存储电荷或两者皆有)以抑制载流子损失。降低该前表面的带隙态密度非常有好处，因为这里是光进入而且光子密度最高的地方。在背结之间的区域也类似地进行了钝化。这些电池的优点在于没有电极阻挡光进入电池，而且没有电极和连线的前表面也更具美感。对于单光和聚光应用的各类型背电极电池在文献[18]中进行了综述。

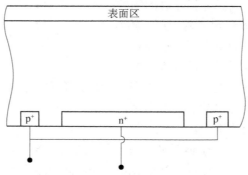

图 4.35　交指式背接触电池

图 4.36 给出了多种同质结电池，用于解决能量大于带隙的光子在单带隙结构中的能量浪费问题。在第 2 章中我们采用载流子倍增讨论过这个问题；这里我们考察一些更为直接的方法，如采用分光谱处理和电池叠层结构。由于这些结构相对复杂，它们通常只应用于聚光场合中。分光谱处理法是使用物理方法将低能量的光子导入窄带隙电池，而高能量光子则导入到宽带隙电池。叠层方法则是让电池光学串联在一起，光首先进入宽带隙电池，高能量光子被吸收，随后再进入窄带隙电池。电池叠层结构也将电池电学串联在一起，如图 4.36 所示，之间的连接必须使用透明的欧姆接触。在这样的串联配置中，电池显然必须设计成在整个器件的最大功率点时产生相同的电流。虽然图 4.36(a)和(b)只展示了两个电池，但原理上是可以使用更多电池的。然而，成本是一个问题，如前所述，这些电池通常只适用于聚光场合[19]。

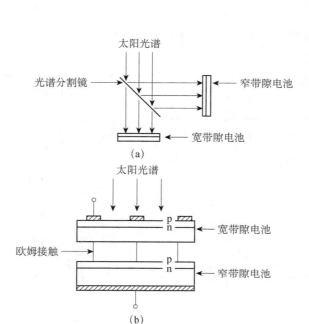

图 4.36　获得高效光伏聚光系统的两种方法：(a)分光谱处理和(b)电池叠层

图 4.37 中给出了一种方法，以解决我们在 3.4.1 节中讨论过的收集长度与吸收长度的匹配问题。在图 4.37(a)中，使用了三个 pin 型结构；因此，每个电池中的收集都设计成通过漂移来进行。三个电池具有相同的带隙，并排成叠层结构(物理上合并为一体式结构)。这里的设计思路是，不要浪费入射光谱的能量，而要在整个吸收长度内收集载流子，在本例中，吸收长度必须大约为三个器件的厚度，即正在使用的漂移收集长度的三倍。图 4.37(b)的能带图表明顶电池的光生电子必须与中间电池的光生空穴相遇，并填充这些空穴以保证电流连续性。相应地，在中间电池的光生电子必须与底电池的光生空穴相遇，并填充以保证电流连续性。图 4.37(c)中的能带图表明该电流匹配在此特定的例子中是通过复合机制来完成的。这意味着能量被浪费了，故而这并非是一个好的方案。在两个内部界面处的内部能量损失可通过图 4.37(d)中的串联电阻来表示。在叠层结构中通过损失能量来获得连续性电流的这个问题，可以通过在 np 界面处使用隧穿结来克服，如图 4.37(a)所示，但是它必须在不造成有害光学影响的前提下实现。这个目标能够达到，比如可以在 np 界面区域处采用重掺杂的高低结。对于该方法和结果的探讨可参见文献[20]。类似于图 4.37 的叠层结构也可由三个不同带隙的同质结构成。顶电池(具有宽带隙)可以吸收高能量光子,中间电池(适中带隙)可吸收中等能量的光子，而底电池(具有窄带隙)则可吸收低能量光子，这些低能量光子的能量等于

或者大于底电池带隙，但却要低于中间电池的带隙。

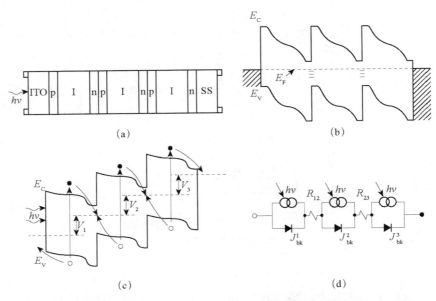

图 4.37 (a)在一个同质结叠层电池中采用三个 pin 型结构，所有的单元具有相同的带隙；

(b)暗态能带图；(c)光态能带图；(d)等效电路

这里 ITO=氧化铟锡透明前电极，SS=不锈钢背电极和反射器

参 考 文 献

[1] R.S. Ohl, U.S. Patent 2,402,662 (1941).

[2] D.M. Chapin, C.S. Fuller, G.L. Pearson, A new silicon p-n junction photocell for converting solar radiation into electrical power, J. Appl. Phys. 25 (1954) 676.

[3] D.A. Jenny, J.J. Loferski, P. Rappaport, Photovoltaic effect in GaAs p-n junctions and solar energy conversion, Phys. Rev. 101 (1956) 1208.

[4] J.C.C. Fan, C.o. Bozler, R.C. Chapman, Applied Phys. Lett. 32 (1978) 390.

[5] J. Woodall, H. Hovel, Applied Phys. Lett.30 (1977) 492.

[6] L.L. Kazmerski, G.A. Sanborn, J. Appl. Phys. 48 (1977) 3178.

[7] L.L. Kazmerski, Ternary Compounds 1977, Conf. Ser. Inst. Phys. 35 (1977) 217.

[8] W.E. Spear, P.G. LeComber, S. Kinmond, M.H. Brodsky, Applied Phys. Lett. 28 (1976) 105.

[9]　B.A. Gregg, Excitonic solar cells, J. Phys. Chem. B. 107 (2003) 4688.

[10] B.A. Gregg, R.A. Cormier, Doping molecular semiconductors: n-type doping of a liquid crystal perylene diimide, J. Am. Chem. Soc. 123 (2001) 7959.

[11] M.C. Lonergan, C.H. Cheng, B.L. Langsdorf, X. Zhou, Electrochemical characterization of polyacetylene ionomers and polyelectrolyte-mediated electrochemistry toward interfaces between dissimilarly doped conjugated polymers, J. Am. Chem. Soc. 124 (2002) 690.

[12] M. Pfeiffer, A. Beyer, B. Plonnigs, A. Nollau, T. Fritz, K. Leo, D. Schlettwein,S. Hiller, D. Worhle, Controlled p-doping of pigment layers by cosublimation: basic mechanisms and implications for their use in organic photovoltaic cells, Sol. Energy Mater. Sol. Cells 63 (2000) 83.

[13] B.A. Gregg, M.C. Hanna, Comparing organic to inorganic photovoltaic cells: theory, experiment, and simulation, J. Appl. Phys. 93 (2003) 3605.

[14] M. Pope, C.E. Swenberg, Electronic Processes in organic Crystals and Polymers, second ed., oxford University press, New York, NY, 1999.

[15] Z.D. Popovic, A.-M. Hor, R.o. Loutfy, A study of carrier generation mechanism in benzimidazole perylene/tetraphenyldiamine thin film structures, Chem. Phys. 127 (1988) 451.

[16] I.H. Campbell, T.W. Hagler, D.L. Smith, J.P. Ferraris, Direct measurement of conjugated polymer electronic excitation energies using metal/polymer/metal structures, Phys. Rev. Lett. 76 (1996) 1900.

[17] S. Sze, K.K. Ng, Physics of Semiconductor Devices, third ed., John Wiley&Sons, Hoboken, NJ, 2007.

[18] E. Van Kerschaver, G. Beaucarne, Back-contact solar cells: a review, Progress in photovoltaics: research and applications, 14 (2005) 107.

[19] A. Barnett, C. Honsberg, D. Kirkpatrick, S. Kurtz, D. Moore, D. Salzman, R. Schwartz, J. Grey, S. Bowden, K. Goossen, M. Haney, D. Aiken, M. Wanlass, K. Emery, 50% Efficient Solar Cell Architectures and Designs, IEEE 4th World Conference on Photovoltaic Energy Conversion, New York. (2006) p. 2560.

[20] M. Yamaguchi, Physics and technologies of superhigh-efficiency tandem solar cells, Semiconductors 33 (1999) 961.

第 5 章
半导体−半导体异质结太阳电池

5.1 引　言

本章主要介绍如图 5.1 和图 5.2 所示的由两种半导体材料 1 和 2 组成的半导体异质结太阳电池，其中一种材料必须是电池的吸收层，而另一种材料既可是吸收层材料，也可是窗口层材料。窗口层材料应该具有宽的带隙，几乎不吸收光，其功能是用来建立异质结并支持载流子输运的。窗口层材料收集空穴或电子，作为多数载流子输运的功能层，同时还应具有将吸收层与不利的电极复合分离的作用。在光吸收产生激子的电池中，窗口层与吸收层形成的界面也起到使电池吸收层内产生的激子发生分离的作用。吸收层和窗口层材料可以是无机半导体材料、有机半导体材料或者它们的混合物。异质结的物理结构可分为两种类型：平面型和体型。图 5.1 给出平面异质结（PHJ）物理结构侧视图的截面（垂直于接触层），它由两种半导体材料构成有源层（吸收层−吸收层或吸收层−窗口层的组合结构）。特定的 PHJ 也具有理想的空穴输运（HT）−电子阻挡层(EBL)和电子输运(ET)−空穴阻挡层(HBL)，它们分别位于阳极和阴极一侧，具体细节已在第 4 章中有所介绍①。

体异质结（BHJ）的结构如图 5.2 所示，其中垂直于接触层的侧视截面图如图 5.2（a）所示，而平行于接触层的横截面图如图 5.2（b）所示。从图 5.2（a）[1]中可以看出，BHJ 从阳极到阴极也是由两种半导体有源层材料混合组成的，有机太阳电池通常是这种结构[1-4]。在图 5.2 中，有源层最开始为材料 1 和 2 的混合材料，之后由于相分离的作用，该混合材料会形成材料 1 和材料 2 各自的连续网络。与

---

① 窗口层不同于 HT-EBL 和 ET-HBL，它们是器件的最重要组成部分之一。

平面异质结不同，在体异质结中材料 1 和 2 的异质结界面并不与器件电极方向平行，而是有多重组成方式并与器件形成多种角度，但在电学方面是并行的。这些数量众多的材料 1-材料 2 异质结界面，在如图 5.2（b）所示的平行于接触层的侧视截面图可以看到。在有机异质结太阳电池中，材料 1 和 2 的横截面尺寸皆为纳米级别[1]，这种尺寸结构非常适合收集有机材料受光照后产生的扩散长度较短的激子（参见 3.4.1.2 节）。图 5.2（a）中阳极处的 HT-EBL 对体异质结器件非常重要，因为图中的结构表明它在器件中可以阻止电子导电链中的电子传送到阳极。ET-HBL 层在阴极也具有类似的作用。

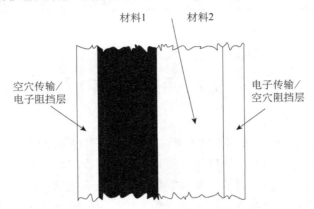

图 5.1　典型平面异质结电池的侧视图

这个垂直于接触层的截面图给出了材料 1 和 2。阳极为左接触层，阴极为右接触层

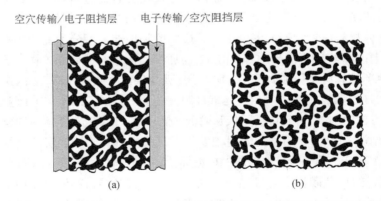

(a)　　　　　　　　　　　　　　(b)

图 5.2　体异质结：(a)包含材料 1 和 2 的垂直到阳极(左)接触层和阴极(右)接触层的侧视截面图；

(b) 平行于接触层的包含材料 1 和 2 的侧视截面图

一维能带图给出了 PHJ 结构的物理图景，幸运的是，这种简单的能带图图景也经常满足 BHJ 结构的分析。后者是因为载流子在 BHJ 结构中沿着这种类似"意大利面"的链线结构的输运，经常可以从概念上被"拉直"，从而用一维能带结构来描述[1-4]。图 5.3 的一维结构示意图（省略了接触层）给出了通常的异质结特性：①利用两种不同的半导体材料接触并形成界面（可以是缓变的或是突变的），从而②产生了有效力场（由于改变了电子亲和势、空穴亲和势、态密度或是这几方面共同改变）或是伴随着静电场的共同作用来实现载流子的分离。正如在 3.2 节所讨论的：有效的光生伏特效应需要结构打破输运上的对称性。异质结中的亲和势的改变、态密度的改变和内建电势产生的静电场都能够满足打破对称性的需要。而对异质面（heteroface）的太阳电池，无论是缓变的还是突变的都不在本章的讨论范围，而是在第 4 章中同质结中讨论了，因为它们具有离异质结构较远的同质结作为光伏效应的主要来源。

在图 5.3 中，Δ_C 和 Δ_V 表示亲和势的变化。区别在于，Δ_C 是一种材料到另一种材料导带边的变化（或者用有机材料中的术语称为 LUMO 的变化）；而 Δ_V 则是价带边的变化（或者用有机材料中的术语称为 HOMO 的变化）。在图 5.3 所示的能带结构中，内建静电场的朝向有利于辅助由亲和势变化引起的有效电场打破电学结构上的对称性。这些电场的形成可以通过选择具有不同功函数的材料或是利用 pin 结构实现。正如大家所预期的那样，当主要通过扩散作用来收集光生载流子时采用 pn 结构，而主要通过漂移作用来收集载流子时则采用 pin 结构（参见 3.4 节）。

引入两种不同的材料（吸收层-吸收层或者窗口层-吸收层）作为电池的有源层是异质结的主要特征，但是这种方式也会带来一些同质结太阳电池不会出现的问题：如化学上的兼容性和稳定性、化学和物理界面的可重复性以及在晶体材料和多晶材料中的晶格匹配等问题。所有这些都会使缺陷增加进而形成隙态，这样导致异质结太阳电池出现一个新的损失机制：异质结界面的复合。以上异质结太阳电池所固有的一些问题使得人们会怀疑其是否有价值，然而以下4 个方面的独特之处使得其价值体现的非常明显：①异质结所用材料，只能是 n型或 p 型半导体材料，并且其吸收长度、成本、对环境影响等方面均具有一定优势；②异质结可以利用有效力；③窗口-吸收型的异质结可以避免前表面和背表面的复合；并且④异质结界面的亲和势台阶有助于将激子分离为自由电子和空穴。最后的这个特性对于光吸收产生激子的异质结非常重要。另外，正如后面即将详细讨论的，异质结更有意义之处还在于：可以提供比内建电势更高的开路电压。

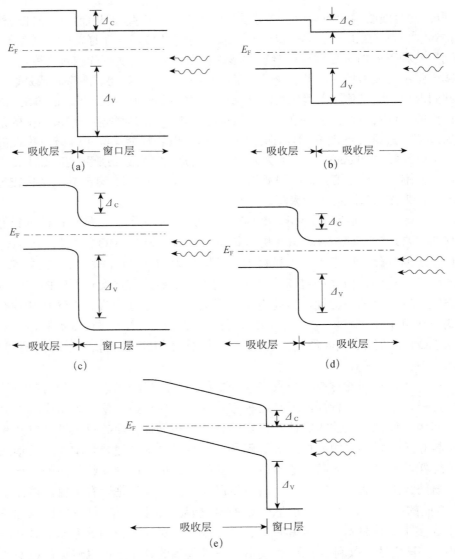

图 5.3　几种异质结太阳电池结构，光从右侧入射

(a)不带内建电场的 pn 吸收层-窗口层结构；(b) 不带内建电场的 pn 吸收层-吸收层结构；(c) 功函数不同的半导体之间形成的具有协同取向的内建电场的 pn 吸收层-窗口层结构；(d) 功函数不同的半导体之间形成的具有协同取向的内建电场的 pn 吸收层-吸收层结构；(e) 由窗口功函数(掺杂)、吸收层接触区掺杂和接触功函数形成的具有协同取向内建电场的 pin 吸收层-窗口层结构。这里 Δ_C 是一种材料到另一种材料的导带边能级 (或者在 LUMO 内的改变)的差值。Δ_V 是一种材料到另一种材料的价带边能级(或者在 HOMO 内的改变)的差值

正是由于异质结具有如上所述的独特优势，自 1954 年由 Reynolds 等研制的 (n)CdS/(p)Cu$_2$S 电池[5]算起，其研发历史已经超过了半个世纪。当时 Reynolds 研究组发现某种类型的铜与单晶 CdS 相接触时可在日光直射下获得 0.45 V 的开路电压和 15 mA/cm^2 的短路电流密度。研究者最先以为是 Cu/CdS 产生的金属-半导体接触势垒（参见第 6 章）导致了电池中的光伏效应[6]，但是后期证明这主要来自于 CdS/Cu$_2$S 产生的异质结[7]。1956 年 Carlson 等[8]制备出第一块多晶薄膜 CdS/Cu$_2$S 异质结太阳电池。随后几年，这种基本的异质结结构逐步演变出了许多无机薄膜器件，具体的结构如图 5.4 所示。效率最高的是基于 CdS/CuInGaSe$_2$($\eta_{AM1.5}$~19.5%)和 CdS/CdTe($\eta_{AM1.5}$~16.5%)的平面异质结[9]，这主要是因为 CuInGaSe$_2$ 和 CdTe（参见第 3 章）这两种材料是直接带隙材料，具有强吸收的特性，并采用 n 型 CdS 作为窗口层材料形成异质结。采用聚合物吸收层-空穴传输层和基于富勒烯的电子传输层制备的有机薄膜体异质结和平面异质结电池也可以实现~6%的转换效率[10]。至今，最简单有效的异质结结构是基于晶体硅的，已实现了大于 22%的转换效率[11]。

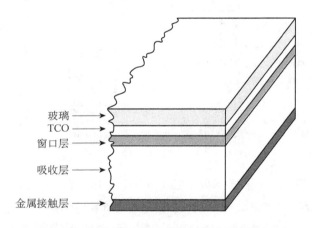

图 5.4　窗口层-吸收层型的薄膜异质结结构

光从玻璃面入射，进入透明导电膜(TCO)接触层、顶部的窗口层半导体以及底部的吸收层半导体背面的金属电极还起着光反射的作用

5.2 异质结太阳电池器件物理概述

5.2.1 输运

图 5.5 可以用来描述当光入射并被吸收后异质结内部发生的变化，器件内部将直接或间接地将该激子分离并产生自由电子和空穴。为了作全面的讨论，我们假设器件的顶层和底层均产生光生自由电子和空穴。这些自由电子的损失机制主要由：①体复合（图中的损失机制 1 和 5）；②势垒区的体复合（机制 4）；③顶部接触电极处的复合（机制 2 和 3）；④背部接触电极处的复合（机制 6 和 7）以及⑤异质结界面的定域态复合（机制 8）。机制 2、3 以及 6 和 7 的区别已经在 2.3.2.9 节中深入讨论过。

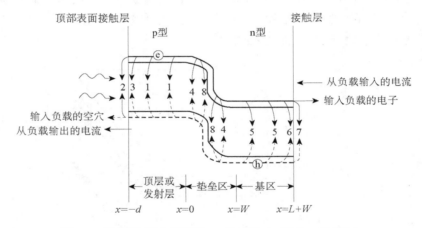

图 5.5 吸收层-吸收层型的 pn 异质结（p 层在 n 层之上）

顶层是材料 1，底层是材料 2。光从 $x=-d$ 处入射，途径 1~8 是所有光损失的复合机制。途径 1、4 和 5 是体复合，途径 2、3、6 和 7 是顶部表面接触电极和底部接触电极处的损失，途径 8 是异质结结构独有的特征，即界面态复合。在电池内部显示了载流子的流动情况。带边处给出的箭头表示光生载流子的热化过程

从第 4 章我们知道，在电池内部产生光生电压 V 时，图 5.5 中所有在光照情况下发生的行为可以用数学式表达成流过某一平面的常规电流密度 J。参见第 4 章所述，以 $x=L+W$（即在 2.3.2.9 节过程 6 和 7 的右侧面）为参考面，进行电子的"豆子计数"和连续性概念分析，可以看出 $x=L+W$ 处单位时间通过单位面积离开器件的净电子数量产生在 $x=L+W$ 处流进器件的常规电流密度 J，J 可表示为

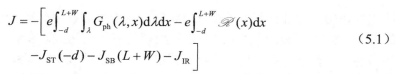

$$J = -\left[e\int_{-d}^{L+W}\int_{\lambda} G_{ph}(\lambda, x)\mathrm{d}\lambda\mathrm{d}x - e\int_{-d}^{L+W} \mathscr{R}(x)\mathrm{d}x \right.$$
$$\left. - J_{ST}(-d) - J_{SB}(L+W) - J_{IR} \right] \tag{5.1}$$

这里 $G_{ph}(\lambda, x)$ 是在 2.2.6 节介绍过的自由光生载流子函数，其中 λ 的积分范围为整个入射光的光谱。$\int_{-d}^{L+W} \mathscr{R}(x)\mathrm{d}x$ 源于损失机制 1、4 和 5，$J_{ST}(-d)$ 为电子和空穴在前表面(光入射处)通过机制 2 和 3 的损失，$J_{SB}(L+W)$ 为电子和空穴在背表面通过机制 6 和 7 的损失。在第 4 章同质结电池的讨论中并不涉及 J_{IR} 这一项，此处明确地提出主要是用以强调异质结中可能存在的界面复合损失（机制 8）。在方程的右侧中，所有项前面的负号是必要的，以符合我们 x 方向和功率象限符号约定，即当电池产生功率时，电流是负的，$J\text{-}V$ 曲线位于功率象限（第四象限），电流沿着图 5.5 中 x 方向的反方向流动。当自由电子和空穴是由光吸收直接产生时，$G_{ph}(\lambda, x)$ 则代表其光生载流子的分布。若该光生自由电子和空穴是在异质结界面由激子分离产生的，则可使用 $G_{ph}(\lambda, x)$ 的类 δ 函数形式来确定局限在界面区域的载流子产生情况[12]。这个依赖于 x 轴的类 δ 函数表征了由界面处电子和空穴亲和势的台阶引起的激子分离[10]。除了引入明确的界面复合项，方程（5.1）和同质结的电流方程完全一样。如果知道方程（5.1）右侧的所有异质结材料和吸收特性以及这些特性和电压、光照强度的依赖关系等参数，我们就可以确定电池的光态 $J\text{-}V$ 特性。

图 5.5 中的损失机制 1~7，连同机制 8 共同决定了电池光态 $J\text{-}V$ 曲线的形状。它们决定了电池的量子效率和短路电流密度 J_{sc}（参见第 4 章）。它们也决定了电池的开路电压 V_{oc}，在此电压下接触费米能级需足够分开以确保所有的光生自由电子或空穴通过 1~8 的复合途径、在结内部"淬灭"。机制 1~8 的作用越强，输出特性就越差，电池的开路电压越小。无论产生与复合之间的竞争结果如何，图 5.5 结构的开路电压都是以右侧的电极为负，也就是说，在开路的情况下，右侧接触电极的费米能级相对于左侧的将被提升 V_{oc}。

正如同质结中的情况，方程（5.1）包含了大量的物理现象。这些物理现象可以使异质结半导体区中自由电子和空穴的输运过程受到如少子扩散、双极扩散、漂移和空间电荷限制电流等情况的控制。当然，在体区载流子的输运和异质结界面的输运是串联在一起的，可能受到漂移-扩散或者热发射控制（2.3.2 节）。此外，正如我们所提到的，光生载流子可归因于激子的解离或者光生载流子的直接产生。所有这些使得异质结器件可能产生各种各样的物理行为。

当探寻适用于异质结的方程（5.1）的详解时，我们将要采用数值计算方法，从而了解异质结中的静电场力、有效力、漂移、扩散、俘获和复合等因素的相互作用，这部分将在 5.3 节中完成。我们也会在 5.4 节采用解析的方法求解方程（5.1），获得尽管复杂但是易处理的解析表达式。在解析方法中，为得到易调用的数学模型，我们不得不提出一系列的假设，如同我们在第 4 章对同质结电池所作的。采用这种假设后可以产生完整的线性方程组（微分方程加边界条件）。正如第 4 章中所讨论的，这种线性化使得"叠加模型"（superposition）成立；例如：

$$J = -[J_{sc} - J_{DK}(V)] \tag{5.2}$$

方程（5.2）是严格成立的。对异质结，我们考虑了所有将方程（5.1）转变为方程（5.2）过程中所需的近似，具体细节可参见 5.3 节和 5.4 节。在 5.3 节中，我们讨论方程（5.2）明显不能成立的情况和惊奇地发现其有效的情况。图 5.6 描述了一种叠加效应不成立的实验例子：图中给出了实验上获得的 CdS/Cu_2S 电池的暗态和光态 J-V 特性，从图中可以看出这两条曲线出现了交叉的现象，这显然与方程（5.2）不一致。数值分析可以解释异质结电池的叠加效应能否成立，因为它求解了和输运、俘获、复合以及泊松方程相互关联的、完整的非线性方程组。我们考虑"叠加模型"，因为它是一个有效的检测手段。"叠加模型"存在与否，使我们更加深入地了解出现在描述太阳电池行为的完整数学表达式（参见 2.4 节）中的非线性行为的作用。

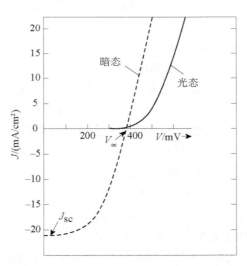

图 5.6　实验测得的 Cu_2S/CdS 异质结太阳电池结构的光态和暗态 J-V 曲线

很显然在这个结构中叠加效应不成立（参考文献[13]）

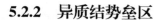

5.2.2　异质结势垒区

异质结中至少有电子或空穴的一种有效场出现，因为至少有一种载流子的亲和势在界面会发生改变。此外，在界面处或者界面附近通常也设计有一个静电场。在图 5.5 的例子中，以上两者的共同作用打破了对称性。图中各种力的主要作用在于：①促使光生电子离开顶层的损耗机制，并促使光生空穴离开底层的损失机制②驱使光生载流子快速通过从异质结和空间电荷区的损耗机制。从 3.2 节我们可知，作用于电子的静电力和有效力之和 F_e 可表示为

$$F_e = -e\left[\xi - \frac{d\chi}{dx} - kT\frac{d\ln N_C}{dx}\right] \tag{5.3}$$

其中 ξ 是静电场，剩余项 $\xi'_n = -[d\chi/dx - kT(d\ln N_C/dx)]$ 为作用于电子的有效力场。电子的有效力场在同质结中不需要处理，除非选择特殊的接触结构。

从 2.3 节我们可知，对于图 5.5 中的异质结，作用于空穴的静电力和有效力之和 F_h 可以表示为

$$F_h = -e\left[\xi - \frac{d}{dx}(\chi + E_G) + kT\frac{d\ln N_V}{dx}\right] \tag{5.4}$$

这里 ξ 是静电场，式中剩余项 $\xi'_p = [-(d/dx)(\chi + E_G) + kT(d\ln N_V/dx)]$ 为作用于空穴的有效力场。空穴的有效力场不在同质结中出现，除非采用特殊的接触结构。

考察等式（5.3）可以重新写为

$$F_e = -e\left[\frac{dE_C}{dx} - kT\frac{d\ln N_C}{dx}\right] \tag{5.5}$$

这个方程强调了电场 ξ 和从一种材料到另一种材料电子亲和势的变化 $\dfrac{d\chi}{dx}$ 共同作用，引起从一种材料向另一种材料导带边 E_C 随位置的变化。这些共同作用在异质结导带边产生一种有效的"总电子势垒" $V_{TEB} \equiv \left|\int_{\substack{Barrier\\Region}} (dE_C/dx)dx\right|$，可由下面的方程确定：

$$\left|\int_{\substack{Barrier\\Region}} \frac{dE_C}{dx}\,dx\right| = \left|\int_{\substack{Barrier\\Region}} \left(\xi - \frac{d\chi}{dx}\right)dx\right| \tag{5.6}$$

经过积分为

$$V_{THB} = V_{Bi1} + V_{Bi2} + \Delta_C \tag{5.7}$$

其中 V_{Bi1} 是材料 1 提供的内建静电势，V_{Bi2} 是材料 2 提供的内建静电力势，Δ_C 是从材料 1 到材料 2 的电子亲和势变化。V_{Bi1} 和 V_{Bi2} 的值包括通过两种材料从左接触层到右接触层的电子势能。

考察等式（5.4），可以重新写为

$$F_h = -e\left[\frac{dE_V}{dx} - kT\frac{d\ln N_V}{dx}\right] \tag{5.8}$$

这个方程强调了电场 ξ 和空穴亲和势 $\dfrac{d(\chi + E_G)}{dx}$ 的变化导致的价带边 E_V 随位置的变化。等式（5.8）和式（5.4）表明由静电力和空穴亲和势变化产生的有效驱动力共同导致价带边随位置改变，这可看成在异质结价带边产生一种有效的"总空穴势垒" $V_{TEB} \equiv \left|\int_{\substack{Barrier \\ Region}} (dE_V / dx)dx\right|$，由下面的方程确定：

$$\left|\int_{\substack{Barrier \\ Region}} \frac{dE_V}{dx}dx\right| = \left|\int_{\substack{Barrier \\ Region}} \left[\xi - \frac{d(\chi + E_g)}{dx}\right]dx\right| \tag{5.9}$$

经过积分为

$$V_{THB} = V_{Bi1} + V_{Bi2} + \Delta_V \tag{5.10}$$

这里 Δ_V 是材料 1 到材料 2 的空穴亲和势变化。在等式（5.7）和式（5.10）中，总的内建静电势能 $V_{Bi} = V_{Bi1} + V_{Bi2}$ 一定是一样的，它来源于为了满足整个材料系统（包括接触电极）在热平衡情况下具有统一费米能级而发生的电荷转移。在接触电极（金属或 TCO）是一种可以无限提供电子的材料（它们的费米能级相对于空能级不发生移动）的情况下，总内建电势必须遵循

$$V_{Bi} = V_{Bi1} + V_{Bi2} = \phi_1 - \phi_2 \tag{5.11}$$

其中 ϕ_1 是接触材料 1 的功函数，ϕ_2 是接触材料 2 的功函数(并假设 $\phi_1 > \phi_2$)，这适用于任何电池。值得注意的是，比较等式（5.7）和式（5.10）可以发现总的电子和空穴的有效势垒可能不相同。再次比较等式（5.5）和式（5.8）我们可以发现，打破对称性的并不只是总势垒，态密度的改变也会对其产生影响。

以上讨论表明有效力通常出现在异质结中，并且原则上存在这样的异质结，它的势垒区电场仅有从等式（5.3）和式（5.4）的相关项中得出的有效力场。图 5.7 给出一个例子，它描述了两种半导体材料形成异质结之后，势垒区内部仅存在有效力场的情况。如图 5.7(a)所示，在接触前，材料 1 和材料 2 相对于参考能级(真空能级)具有相同的电化学势，即两种半导体材料具有相同的功函数，也假设他们的接触电极有相同的功函数。因此如图 5.7（b）所示当两种材料形成结并达到热力学平衡状态时，不存在电荷交换。由于没有电荷交换过程，也就没有静电力以及 V_{Bi1} 和 V_{Bi2}，但是在界面存在有效场。该有效力驱动电子向图中的

右侧漂移，空穴向图中的左侧漂移。在热力学平衡状态下，前者由异质结界面电子向左侧扩散，后者通过空穴向界面的右侧扩散以达到平衡。

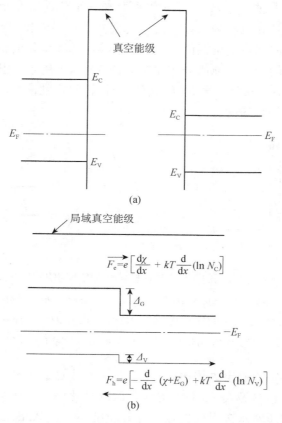

$$\overrightarrow{F_e}=e\left[\frac{\mathrm{d}\chi}{\mathrm{d}x}+kT\frac{\mathrm{d}}{\mathrm{d}x}(\ln N_\mathrm{C})\right]$$

$$F_\mathrm{h}=e\left[-\frac{\mathrm{d}}{\mathrm{d}x}(\chi+E_\mathrm{G})+kT\frac{\mathrm{d}}{\mathrm{d}x}(\ln N_\mathrm{V})\right]$$

(b)

图 5.7　（a）组成异质结的两种半导体材料接触前的能带结构；（b）两种材料组成了异质结，此时电子和空穴势垒没有静电场部分

在这种情况下，只存在有效力场来打破载流子输运的对称性，收集光生载流子，进而产生光伏效应

由于 ξ 与 $(\mathrm{d}\chi/\mathrm{d}x)$ 以及 ξ 与 $\mathrm{d}(\chi+E_g)/\mathrm{d}x$ 之间的内在作用，对于相同的静电势垒 $V_\mathrm{Bi}=V_\mathrm{Bi1}+V_\mathrm{Bi2}$ 和相同的亲和势梯度 $\varDelta_\mathrm{C}$ 和 $\varDelta_\mathrm{V}$，异质结中的有效电子和空穴势垒可以有各种不同的位置依赖关系（不同的形状）。这种对于掺杂和引起 $\varDelta_\mathrm{C}$ 和 $\varDelta_\mathrm{V}$ 的带边变化的空间依赖性决定了异质处能带的形状（pn 结是突变的还是缓变的）。图 5.8 给出这些内在作用的一些结果。形成不同梯度异质结的两种半导体材料接触前能带的示意图如图 5.8（a）所示。为使问题简化，假设接触电极与其临近的半导体具有相同的功函数。接触前这些半导体材料各自的费

米能级位置告诉我们在接触之后负电荷必须存在左侧的材料，而正电荷必须存在右侧的材料，而后出现相同的费米能级，并建立其热力学平衡状态。由功函数差异建立起的内建电势 V_{Bi} 对于由这两种材料形成的所有结都是相同的。如图 5.8（b）所示是导致两种半导体间出现突变结（当未使用梯度变化材料时）和产生有效势垒的能带随位置的变化。如果采用梯度变化的材料，能带和有效势垒随位置变化的一种可能的分布情况如图 5.8（c）所示。很明显，此类缓变梯度有无限多种，其具体的分布情况取决于材料的梯度情况。在上述这些情况中，掺杂也可以是缓变的。

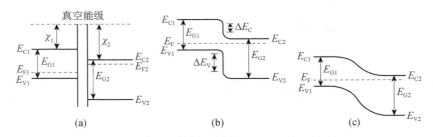

图 5.8　用相同的两种半导体材料组成的不同的异质结势垒

这里(a)是两种半导体材料接触前的能带图（相对于真空能级），而(b)和(c)是两种半导体接触后可能出现的无数种异质结中的两例能带图；(b)是一个突变结；(c)是一个特定的材料渐变（从材料 1 到材料 2）结。这个图表明：在同一个异质结中，有效势垒[$E_C=E_C(x)$ 和 $E_V=E_V(x)$]形状有无尽的变化

　　实际异质结中的静电力比等式（5.11）中的描述更为复杂，我们需要考虑这些情况。其中利用等式（5.11）的最大问题是忽略了异质结中存在的永久界面偶极子。这种忽略永久界面偶极子的异质结模型是 Anderson 模型[14]。既然我们意识到异质结界面存在永久偶极子，则会考虑：它们是什么、由什么引起的，以及它们的出现怎样影响等式（5.7）、式（5.10）和式（5.11）。首先，界面永久偶极子在数量上等于横跨异质结界面的固定（不随外加偏压和光照情况所改变的）正负电荷数量。界面永久偶极子可以由以下因素引起，如界面化学反应或者相互扩散，而对于晶体材料，材料的晶格失配也会引起该现象，如图 5.9 所示。

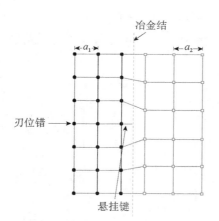

图 5.9　晶格常数为 a_1 和 a_2 两种简立方晶体之间垂直于理想突变结平面的截面图

借助于图 5.10 讨论界面永久偶极子及其对异质结静电力带来的影响。图 5.10（a）表示两种半导体材料在形成异质结之前的情况，图 5.10（b）则表示不存在界面永久偶极子时形成的异质结。为简化，我们选择了具有相同空穴亲和势的半导体材料来讨论。而从太阳电池的角度来说，它们也不是形成电池的理想材料，因为如图 5.10（b）中所示，它们的导带处出现了"尖峰"，即静电力和电子有效力场是相反的。但是这种尖峰的出现可以使对偶极子的研究更为形象化。在电池工作时，光生电子会从左向右运动，而该尖峰会阻碍电子的输运。尖峰的出现虽然很有研究价值，但是本图的主要目的是用来描述一个电子势能量级为 Δ 的偶极子出现会产生什么影响。图 5.10（c）清楚地显示了电子势能量级为 Δ、方向与尖峰方向相反的偶极子，可以看出这种影响非常明显。

图 5.10（c）中极化的出现并没有影响到跨过势垒区的总静电势 V_{Bi}，因为它始终等于 $\phi_1 - \phi_2$，但是偶极子的出现对静电势能的空间分布具有重要的影响，这可以从局域真空能级剖面以及它的导数恒等于静电场得出。材料 1 中的静电势能 V_{Bi1} 和材料 2 中的势能 V_{Bi2} 必须调整以满足如下公式

$$V_{\mathrm{Bi}} = V_{\mathrm{Bi1}} + V_{\mathrm{Bi2}} + \Delta = \phi_1 - \phi_2 \qquad (5.12)$$

来取代等式（5.11）。对于图 5.10（c）中我们选择的偶极子方向，在等式（5.12）中 Δ 是正数。偶极子的这个正方向（看局域真空能级变化）使得尖峰对能带的影响变得不那么严重。界面偶极子的作用可以总结为：当存在永久界面偶极子时，总的有效电子或空穴势垒必须遵循等式（5.7）和式（5.10）的修正形式。修正的形式分别如下所示：

$$V_{\mathrm{TEB}} = V_{\mathrm{Bi1}} + V_{\mathrm{Bi2}} + \Delta_{\mathrm{C}} + \Delta \qquad (5.13)$$

$$V_{\text{THB}} = V_{\text{Bi1}} + V_{\text{Bi2}} + \Delta_{\text{V}} + \Delta \tag{5.14}$$

这里假设了内建电势、亲和势带阶以及偶极子电子势能的贡献具有相同的物理意义。

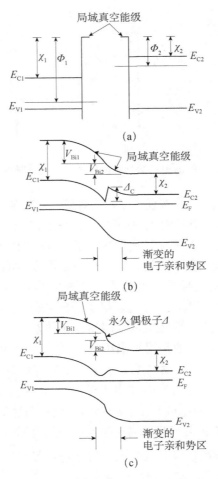

图 5.10　(a)假设的两种半导体在形成异质结之前的能带图。为简单起见,两种材料有着相同的空穴亲和势能。这两种半导体材料用来形成在热力学平衡下的梯度结。(b)中没有永久的偶极子（Anderson 模型）而 (c) 中永久的偶极子存在(已在局域真空能级的变化中体现)。在(c)中,永久偶极子 Δ 和导带边电子亲和势偏移 Δ_{C} 是对立相反的

为了确定 Anderson 或非 Anderson 情况下的 V_{Bi1} 和 V_{Bi2}，必须在知道材料 1 和材料 2 边界条件的前提下求解泊松方程，它们的总和分别需要满足方程（5.11）和方程（5.12）。其中泊松方程中的电荷密度具有常见的组成部分（参见第 2 章），即自由电子、自由空穴、陷阱以及掺杂贡献。此外，异质结中还有一个新的组成部分：界面隙态。界面态对应着图 5.5 中的机制 8，可以存储电荷，它们的占据态随光照和外加电压而改变。引起界面隙态的原因与界面偶极子非常相似，可以为化学反应、内部扩散以及在晶体材料中的晶格失配（图 5.9）。但是界面偶极子和界面态又有关键的不同点：界面偶极子中的电荷态并不发生变化。当提及界面态或者界面隙态时，意味着缺陷被占据的数量可以随着光照和电压而变化。这些变化的被占据的定域态在界面的出现意味着它们的荷电状态对异质结的电场分布和相应的电子势能分布的影响以及它们在复合中的角色都随着器件工作过程中这些定域态空置或是被填充的程度而发生变化。当支持复合的界面态可能快速改变占据状态时，那些影响电场和电势的界面态实际上可能以不同的时间常数改变其占据状态。当电池从一个 *J-V* 工作点向另外一个 *J-V* 工作点转换时，界面态会随之释放或者填充，这取决于允许转换的时间是否充裕。

5.3　异质结器件物理的分析：数值方法

正如在同质结研究中的方法一样，我们也对异质结进行了深入的研究。首先采用最常用的数值分析方法。采用这种方法，我们可以在不求解很多方程的前提下定量地判断器件的工作情况（解析方法在 5.4 节将要讲到）。在本章的计算模型中，在一维空间求解第 2 章中整套非线性器件物理方程。尽管我们可以进行如在 3.4.1.4 节中所涉及的二维甚至三维电池结构的分析，但是这里我们依旧采用一维结构，目的是想把重点放在更多地关注分析器件性能方面。采用数值方法求解一系列的方程来分析异质结的特性避免了解析分析过程中的各种假设；换句话说，采用数值方法可以避免忽略许多器件物理方面的因素。数值分析方法对于异质结特别有效，因为它能够准确反映这一器件结构的独特特性：电子和空穴亲和势随位置的改变、界面复合和电荷存储等效应。在讨论异质结的过程中，我们着重考虑 pn 型的结构。采用漂移收集的 pin 结构已在 4.3.5 节的同质结部分讨论。

5.3.1 激发自由电子–空穴对的吸收

在这一节中，吸收过程直接产生自由电子和自由空穴，并且采用 Beer-Lambert 模型描述，如第 2 章所讨论。复合则为肖克莱–里德–霍尔缺陷辅助复合的双分子机制。

5.3.1.1 仅存有效力场势垒的情况

首先考虑最简单的异质结结构：界面处只有电子和空穴的亲和势带阶，如图 5.11 所示。其中半导体及其接触电极均具有相同的功函数。因此，在热力学平衡条件下没有内建电势 V_{Bi}，因而在异质结内任何地方都没有内建静电场。如之前在第 2 章和附录 D 中讨论过的，内建电势和静电势的这些特征都可以从真空能级得出。我们称这个仅有有效力出现的样品为基本器件，并基于此基本器件开始对异质结的数值分析研究。正如上面所提到的，这个器件没有内建电势，所以 V_{Bi} 不能限制 V_{oc}。而在图 4.3 中的简单 pn 同质结中，V_{Bi} 限制了 V_{oc}。另外，在图 3.9 中已见到的是一种 V_{Bi} 和 V_{oc} 没有关系的情况。考虑到这些发现，我们注意到了有无有效力场势垒情况的区别。我们将在 5.3 节的几个部分中对此进行进一步的分析。

图 5.11 所示的器件假设由具有表 5.1 中特性的半导体材料组成。亲和势带阶导致在异质结界面的材料 2 的导带能级减去材料 1 的价带能级差值为 0.87 eV。如果材料是有机的，那么这个差值则被叫做 HOMO1–LUMO2（从真空能级正向向下度量）。这个量有时叫做有效带宽（effective band gap）（该名称的起源将在 5.3.1.4 节讨论）。图 5.11 中的异质结是没有界面缺陷的理想情况，因而不存在界面复合和电荷陷阱。选用的前电极的表面复合速率参见表 5.1，用以降低电子在前表面复合同时也为空穴提供了良好的欧姆接触。选用的背电极的表面复合速率参见表 5.1，用以降低空穴在背表面复合同时也为电子提供了良好的欧姆接触。第 4 章详细给出了怎样在实际器件中在前表面使用 HT-EBL 结构以及在背表面使用 ET-HBL 结构来实现这种接触。由于我们知道如何获得并改变（通过使用具有不同效用的选择性欧姆接触层）这些有效速率，所以在 5.3

节中我们使这些数值保持不变。为了简化计算过程，我们并未额外引入选择性欧姆接触层结构。图 5.11 中的 S-R-H 体复合由表 5.1 中的体缺陷参数来描述。通过数值模型来探索和理解这些基本器件后，我们再修改这些参数，并且研究修改参数后器件物理和器件性能的变化。这里并不追求效率最大化的优化过程，按我们的惯例，这些留给读者来做。而我们则是通过改变几例器件的数值分析的参数，让读者尽可能多地了解异质结。基于这个目的，我们可以看到表 5.1 中任何从左侧接触层入射的 AM1.5 光谱，其反射和吸收都是被忽略掉的。但是背接触的反射有计入其中，而内部界面的反射和干涉效应则没有考虑。

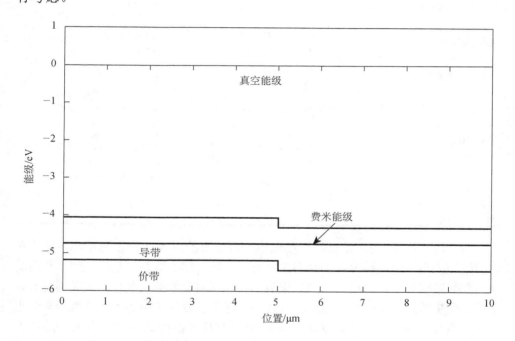

图 5.11　热力学平衡状态下一个简单的异质结结构的能带图

假定材料 1 和 2 都是吸收层，恰巧具有相同的禁带宽度但是电子和空穴的亲和势不同。从真空能级中可以看出器件中没有任何静电场，所以在界面仅存在有效力。缺乏内建电场区域和内建静电势能 V_{Bi} 是由①缺少接触层自身的功函数差以及②缺少接触层与材料 1 和 2 的功函数之差造成的

表 5.1　基准异质结器件结构和性能参数

参数	材料 1	材料 2
长度	5000 nm	5000 nm
带宽	$E_G = 1.12$ eV	$E_G = 1.12$ eV
电子亲和势	$x = 4.05$ eV	$x = 4.30$ eV
吸收特性	采用 Si 的吸收数据	采用 Si 的吸收数据
掺杂浓度	$N_A = 8.0 \times 10^{12}$ cm^{-3}	$N_D = 8.0 \times 10^{12}$ cm^{-3}
前电极功函数，热平衡态费米能级位置，以及表面复合速率	$\varphi_w = 4.75$ eV $E_F - E_V = 0.42$ eV $S_n = 1 \times 10^3$ cm/s $S_p = 1 \times 10^7$ cm/s	无
背电极功函数，TE 态费米能级位置，以及表面复合速率	无	$\varphi_w = 4.75$ eV $E_C - E_F = 0.45$ eV $S_n = 1 \times 10^7$ cm/s $S_p = 1 \times 10^3$ cm/s
电子和空穴迁移率	$\mu_n = 1350$ cm^2/（V·s） $\mu_p = 450$ cm^2/（V·s）	$\mu_n = 1350$ cm^2/（V·s） $\mu_p = 450$ cm^2/（V·s）
带内有效态密度	$N_C = 2.8 \times 10^{19}$ cm^{-3} $N_V = 1.04 \times 10^{19}$ cm^{-3}	$N_C = 2.8 \times 10^{19}$ cm^{-3} $N_V = 1.04 \times 10^{19}$ cm^{-3}
体缺陷特性	从 E_V 到能带中部的类施主态 $N_{TD} = 5 \times 10^{13}$ cm^{-3}eV^{-1} $\sigma_n = 5 \times 10^{-13}$ cm^{-2} $\sigma_p = 5 \times 10^{-15}$ cm^{-2} 从能带中部到 E_C 的类受主态 $N_{TA} = 5 \times 10^{13}$ cm^{-3}·eV^{-1} $\sigma_n = 5 \times 10^{-15}$ cm^{-2} $\sigma_p = 5 \times 10^{-13}$ cm^{-2}	从 E_V 到能带中部的类施主态 $N_{TD} = 5 \times 10^{13}$ cm^{-3}·eV^{-1} $\sigma_n = 5 \times 10^{-13}$ cm^{-2} $\sigma_p = 5 \times 10^{-15}$ cm^{-2} 从能带中部到 E_C 的类受主态 $N_{TA} = 5 \times 10^{13}$ cm^{-3}·eV^{-1} $\sigma_n = 5 \times 10^{-15}$ cm^{-2} $\sigma_p = 5 \times 10^{-13}$ cm^{-2}
异质结界面光反射	忽略	全反射
背电极光反射		

　　图 5.12（a）和（b）给出了采用数值分析获得的图 5.11 所示基准电池的半对数和线性关系下的电池暗态和光态 J-V 曲线。按习惯将线性 J-V 特性画了作为功率象限的第四象限的曲线。模拟结果表明，即使对于没有内建电场的简单结构，由于亲和势的阶跃（电子和空穴的有效力）打破了器件内电势的对称性平衡，也足以产生显著的光伏行为，进而使这种简单的基本结构成为太阳电池。这并不奇怪，这个现象已经在 3.2.4 节中讨论过。从图 5.11 器件的仿真结果给出的暗态 J-V 特性曲线可以看出其形式为 $J \sim \mathrm{e}^{V/nKT}$，并且二极管的品质因子稍大于 1，如图 5.12（a）所示。而光态的结果则为 $FF = 0.58$，$V_{oc} = 0.37$ V，$J_{sc} = 28.4$ mA/cm^2，$\eta = 6.1\%$。这些结果比 3.2.4 节中提到的不具备内建电势的结构好很多，因为具有了电子和空穴的有效力场，如图 5.11 所示。我们再次强调应用在同质结中的"开路电压受限于有效内建电场"的理论并不适用于异质结，因为在这个例子中没有内建电势 V_{Bi}（3.2.4 节中同样不具有内建电势）。由式（5.2）所表达的"叠加"理论，即光电流仅取决于光照，暗电流仅取决于电压，似乎并不适合图 5.11 所示的电池，且 V_{oc} 比"叠加"理论所预测的小~0.05 V。值得注意的是这与图 5.6 中的实验结果一

致。此种结构太阳电池的短路电流密度 J_{sc} 是非常不错的，由图 3.20 可知，厚度为 20 μm（入射光程为 10 μm，再加上由背电极全反射造成的 10 μm 反射光程 ）的单晶硅材料，当其吸收谱采用表 5.1 中的数据时，在量子效率为 100% 的情况下仅能获得 30 mA/cm^2 的极限短路电流密度。

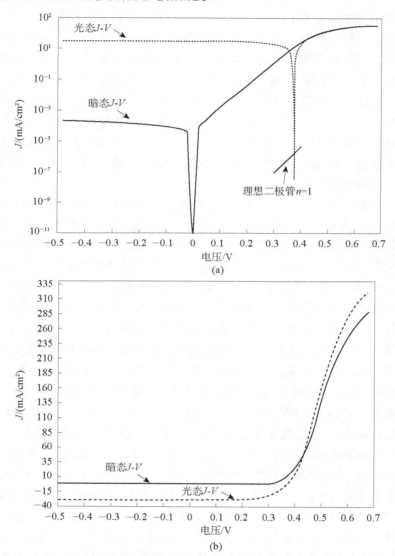

图 5.12　表 5.1 和图 5.11 电池的光态和暗态 J-V 特性曲线的计算模拟结果 (a)半对数曲线(b)线性曲线

符号约定第四象限为功率象限。在这个电池中叠加效应轻微失效，即 V_{oc} 比公式（5.2）的预期值约低 0.05 V。(a)中也显示了理想二极管的品质因子 n

数值分析使我们容易全面了解太阳电池及其内部的工作过程，让我们来分析如图 5.11 所示的器件。在开始深入分析器件的详细工作过程时，注意到：由于存在电子的数量分布差，热平衡电子可以从图 5.11 中异质结界面的右侧向左侧扩散，这可根据导带边与费米能级的相对位置关系来确定。与此同时，由于图 5.11 中异质结界面的电子有效力场（电子亲和势梯度）的存在，电子也会发生从左侧向右侧的漂移。根据细致平衡原理，在热力学平衡状态下这两种流动是相等的，因为必须保证 $J_n=0$。同样对于空穴的扩散和漂移两种流动也需要平衡，在热力学平衡状态下也必须保证 $J_p=0$。在光照情况下，材料系统不再处于热力学平衡状态，细致平衡原理不再适用于任何一种载流子，图 5.11 所示的平衡被打破了，从而产生一个反向的（从右向左）光生电流。短路电流仿真结果将这些概括到图 5.13（a）和（b）之中。从图中可以很容易看出电子和空穴的扩散和漂移行为的相互混合构成短路电流的过程。图 5.13（a）和（b）中可以看到一个更有趣的对称性。

进一步研究可发现，图 5.13（a）中的负的电子流项决定着电子对 J_{sc} 的贡献。因为在图 5.11 所定义的正向 x 坐标方向下，对短路电流密度产生贡献的总电流密度必须是负的。基于此，顶部吸收层中的电子在最初的靠近右侧 2 μm 区域内扩散起到主导作用，电子像粒子一样靠扩散方式移向异质结界面。扩散现象在此产生，是光从前接触层入射进而在此产生高密度的光生电子所致。扩散不会将电子带入前表面。由于设定的前表面复合速率数值（S_n）较小不足以陷落电子，所以这种结构的电池避免了对器件性能有害的载流子反向流。而在大于 2 μm 之后，电场漂移作用会协助电子扩散，将光生电子带到有效力场的势垒区。在热力学平衡状态下，该场并不存在，而是在光照条件下由自由光生载流子自身产生的。这是 2.4 节中一系列方程的非线性现象，即载流子产生的电场有助于少子的收集。热力学平衡状态下，在异质结界面存在剩余扩散电流和有效场漂移电流，但不再是严格的平衡。实际上，在驱使电子通过异质结界面向底部吸收层输运的过程中，有效场漂移起到主要的作用。而电子一旦到达底部吸收层，电场漂移将在直到~6.8 μm 的范围占据主导。这种静电场在热力学平衡时也是不存在的。从该点一直到背接触，受到背接触作为吸引源（$S_n = 10^7$ cm/s，如表 5.1 所示）的驱使，电子输运以扩散为主导方式。该图说明该结构的扩散和漂移具有很多的内在相互作用。图 5.13（b）显示负的空穴电流部分决定着空穴对 J_{sc} 的贡献，因为总的空穴电流对短路电流密度 J_{sc} 的贡献是负的。考察发现短路条件下空穴的输运行为是电子输运的镜像。在电池的背接触层处，主要由扩散主导空穴电流，但此时总空穴电流很小。然后电场漂移和空穴的扩散作用一起，但在异质结界面处有效力漂移替代扩展变为主导作用，驱使空穴输运到顶部的吸收层。进入顶部吸收层之后，刚开始电场漂移作用仍是主导，但最终扩散成为空穴输运至前电极的主导，因为前电极发挥着复合空穴的作用。当然，在整个器件中，图 5.13（a）中总的电子流密度加上图 5.13（b）中总的空穴流密度是一个常数（28.4 mA/cm²），这一点很容易在图 5.13 中得到验证。

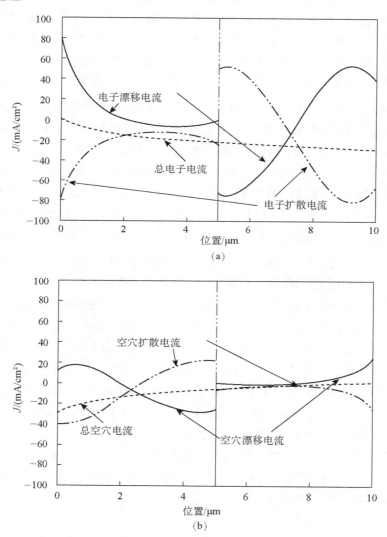

(a)

(b)

图 5.13　短路状态下图 5.11 的器件中计算得到的电流密度构成

图中的符号约定依照惯例以电流密度和电场由左到右的方向为正方向。(a)电子扩散和漂移电流密度部分以及总电子电流密度，其正负号依照惯例。(b) 空穴扩散和漂移电流密度部分以及总空穴电流密度，其正负号依照惯例

　　开路情况下的能带弯曲和复合情况如图 5.14 所示。从图中能带的两个明显的弯曲部分可以看出（或许从真空能级曲线可以更清楚地看出（图 5.14（a））：开路时负电荷主要分布在结的右侧，正电荷主要分布在左侧。因为亲和势阶跃的作用，异质结中这种电荷的堆积是一个特定的特性，这种现象在同质结中从来不会出现。从真空能级的空间变化可以看出，这种堆积作用使得在异质结界面及界面附近产生了沿 x 轴正向的电场 ξ。由等式（2.47）可知，开路情况下整个器件内的电场（包括异质结处、异质结附近和器件中其他剩余部分）积分 $\int \xi \mathrm{d}x$ 必须等于开路电压 V_{oc}（由于本例中不存在内建电场，所以式（2.47）中的 ξ_0 项在此处为 0）。换句话说，电场的积分必须等于电极费米能级的分裂大小，右侧电极处费米能级较左侧电极处的费米能级高 V_{oc}。前述 2.4 节方程组中的反馈项确保由 V_{oc} 导致的费米能级分裂能使产生和复合达到平衡。

　　这种复合归因于前电极的电子损失、背电极的空穴损失以及体复合。前电极的电子损失(机制 1 和 2)，我们采用等式（2.40）（在本例中 $S_n(n-n_0)$）来描述；背电极的空穴损失（机制 6 和 7）也可以用等式（2.40）来描述（在本例中 $S_p(p-p_0)$）；体复合由图 5.5 中机制 1、4 和 5 决定，为 $\int_{-d}^{L+W} \mathscr{R}(x)\mathrm{d}x$。此例中并不涉及异质结的界面复合（图 5.5 中的机制 8），因为这个例子里我们假设为一个理想的界面。图 5.14（b）给出了开路情况下的被积函数复合速率 $\mathscr{R}(x)$。有趣的是，开路情况下出现在异质结界面右侧边的所有电子、在异质结界面的左侧边的所有空穴引起了图 5.14（b）中的两个尖峰。从等式（2.9）中可以看到，在 np 乘积最大的地方出现了尖峰。这种情况在线性（寿命）复合模型中根本不会出现，因为只有电子浓度（n）可以控制顶部材料的复合，仅有空穴浓度（p）可以控制底部材料的复合。当然，如果全线性方程组应用到这种结构，那么很多物理特点会消失，包括载流子产生的电场（用于载流子收集）、异质结堆积的电荷以及在异质结界面内和周围产生的静电场。如果想通过数值计算结果（没有给出）来决定本例中具有哪种损失机制或者哪几种损失机制在本例中起了主导作用，那么答案将是机制 1、2、6 和 7（材料参数采用表 5.1 中的数值）。通过调整表 5.1 中的隙态密度可以很容易地将其改变为体复合方式为主导。

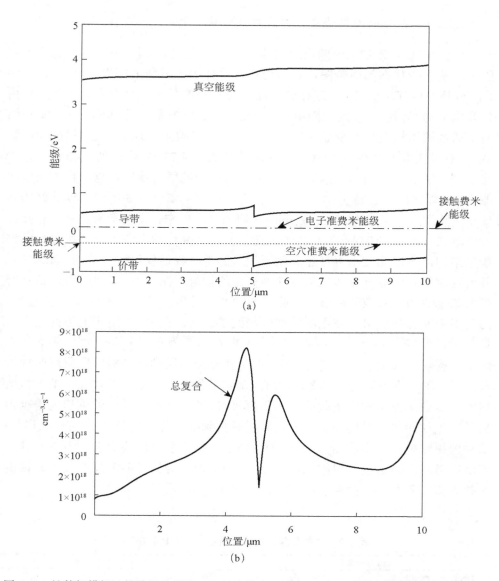

图 5.14 计算机模拟计算结果获得的：(a)开路状态下图 5.11 器件的能带弯曲图；(b)开路状态下体复合的积分值 $\mathscr{R}(x)$。电场是真空能级对位置的导数，可以从(a)中推导出来

5.3.1.2　在有效力场势垒中引入内建电势势垒

对图 5.11 和表 5.1 中的基准电池进行的第一次修正列在表 5.2 中。如图 5.15 所示的热平衡状态的能带图，这些变化在器件的异质结区产生了具有 V_{Bi1} 和 V_{Bi2} 分量的内建电势 V_{Bi}。现在这个结构看起来像是一个具有亲和势阶跃和内建静电势的"常规"异质结太阳电池。正如表 5.2 和图 5.15 中所示，这个常规结构是通过增加掺杂来改变吸收层接触之前的功函数来实现的，顶材料的功函数从 4.75 eV 变化到 5.09 eV，底部材料的功函数从 4.74 eV 变化到 4.40 eV。这些修正产生了 0.69 eV 的内建电势。由于我们对接触层的功函数也进行了相应的改变，所以接触处保持为平带状态。我们通过第 4 章已经知道如何设计好的高低结（倪莘注：原文的 advantageous 一词未体现出来，我也不确定是否有什么特殊意义，就是"能提高池性能"的意思）或者其他的在电极处的选择性欧姆接触结构，所以此处不再赘述。取而代之的是，我们仅保持简单的基础结构，并通过改变表面复合速率来描述这种简单的接触。图 5.16 是通过数值仿真得到的该电池的半对数和线性 J-V 曲线图。可以看到相对于图 5.11 所示的结构，内建静电场势垒的引入使电池的性能得到了改善。图 5.15 所示电池的输出特性为 V_{oc}=0.65 V，J_{sc}=26.4 mA/cm^2，FF=0.84，效率为 η =14.3%。图中也表明本例中二极管品质因子 n 与电压有关，但是在外加电压到达开路电压附近时接近理想值。图中也可以看出"叠加原理"基本适用。这是因为漂移在帮助扩散效应收集少数载流子方面所起的作用不再重要，并且基准器件中的堆积现象也消失了，正如即将在对器件进行深入分析时见到的那样。有趣的是，图 5.15 中器件的短路电流密度比图 5.11 中的要稍小。这主要是因为掺杂的改变和其引起的担当复合通道的材料隙态的变化。掺杂的改变导致各吸收层中具有较高的少数载流子复合截面的隙态的漂移，这增加了复合。

表 5.2　对基准异质结器件增加一个内建静电势

改变的参数	图 5.15 中的电池
前接触层功函数改变为	5.09 eV
背接触层功函数改变为	4.40 eV
顶层掺杂浓度改变为	5×10^{17} cm^{-3}
顶层电子亲和势改变为	—
顶层带宽改变为	—
顶层厚度改变为	—
底层掺杂浓度改变为	5×10^{17} cm^{-3}
底层厚度改变为	—
异质结界面特性改变为	—

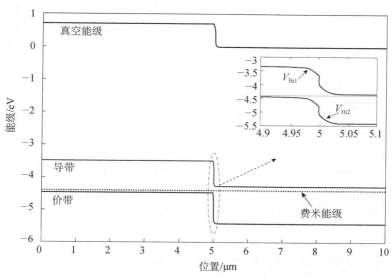

图 5.15　在图 5.11 基础上改变表 5.2 相关参数后计算得到的异质结能带图

在异质结区域存在一个静电内建电势 $V_{Bi} = V_{Bi1} + V_{Bi2} = 0.69$ eV，除了 0.25 eV 的亲和势带阶。插图中，我们可以更好地看到总电子和空穴有效势垒的贡献。整个结构处在热力学平衡态中

　　下面我们来研究这个"常规"异质结的仿真输出以便更深入地洞察该器件涉及的物理机制，我们选择从短路情况入手，并将一些结果绘于图 5.17。能带图中显示顶材料的电子(原本的少子)准费米能级和底材料的空穴（原本的少子）准费米能级均出现了相应的"上升现象"（bubbling up）。这表明光吸收引起了少子数量的改

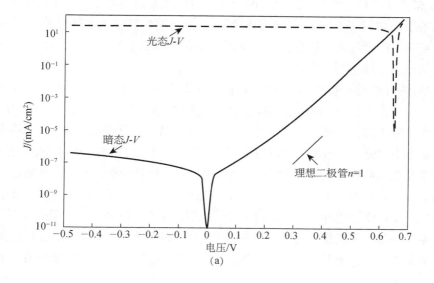

（a）

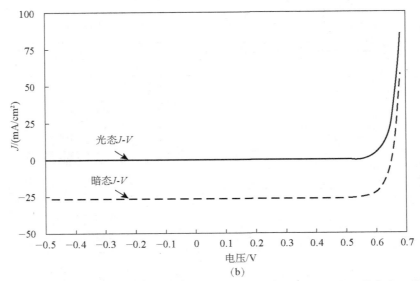

图 5.16　图 5.15 所示电池的光态和暗态的 *J-V* 特性模拟计算结果(a)半对数曲线(b)线性曲线

内建静电场的引入改善了开路电压和填充因子，从而提高了效率，叠加原理适用于该电池

变。根据表达式：$J_n = en(\mathrm{d}E_{Fn} / \mathrm{d}x)$ 和 $J_p = -ep(\mathrm{d}E_{Fp} / \mathrm{d}x)$，少数载流子准费米能级斜率分别表明了电子和空穴流密度在顶材料和底材料中的流动方向。这些仍采用常用的约定，即 E_{Fn} 是相对 p 材料接触层的费米能级向上的位置为正，E_{Fp} 是相对 n 材料接触层的费米能级向下的位置为正。由于电流是载流子数量和准费米能级梯度的乘积，一旦电子准费米能级进入 n 型材料，电子数量就会增加，并且 E_{Fn} 变得基本平坦。当然，当空穴准费米能级进入 p 材料时也有相似的情况发生。有趣的是，如图 5.17（a）中的插图所示，通过整个势垒区（静电势垒和亲和势阶跃势垒）的准费米能级在短路情况下并不是平坦的。相反，它们在异质结界面处开始出现上述的"上升现象"。

　　E_{Fn} 的斜率表明电子从顶层材料流向异质结界面，而 E_{Fp} 的斜率表明空穴从底层材料流向异质结界面，电流的详细情况如图 5.17（b）和（c）所示。这些曲线清晰地解释了图 5.15 所示电池的少子收集区域中，扩散比漂移作用大得多。漂移作用对于异质结中载流子为多子的区域更为重要，这种行为我们在第 4 章同质结中见到过。我们将要在 5.4 节利用该部分内容对这种电池进行解析分析。非常有趣的是我们发现漂移和扩散作用在图 5.13 所示的情况中是相互交织在一起的。对于少子来说，在这类电池结构中这两种电流在数值上非常相似，如图 5.13 所示。有趣的还有，在热平衡条件下每一种载流子的扩散和漂移在空间上的趋于平衡的迹象，在短路条件下仍然非常明显。先来看电子部分，我们可以从图 5.17（b）中看出在热力学平衡状态下电子扩散和静电场漂移电流之间趋于平衡的迹象在静电场区域非常明显。在短路条件下，静电场漂移起到主导作用。图 5.17（b）也表明，在异质结界面处，存在一个较大电子扩散电流和较大电子漂移电流之间的亚平衡。后者在该例中的出现主要归因于电子有效力场的存在（电子亲和势的改变）。在短路情况下，漂移在此处也是主导。对空穴进行相似的分析，从图 5.17（c）中可以看出在静电场区域，仍有热力学平衡状态下空穴扩散和静电场漂移电流之间出现了趋于平衡的迹象，但在短路条件下，漂移作用占主导地位。图 5.17（c）同样也表明，在异质结界面处，存在较大空穴扩散电流和较大空穴漂移电流之间的亚平衡。后者的出现主要是因为空穴有效力场的存在（空穴亲和势的改变），短路条件下漂移在此处也是占主导地位。

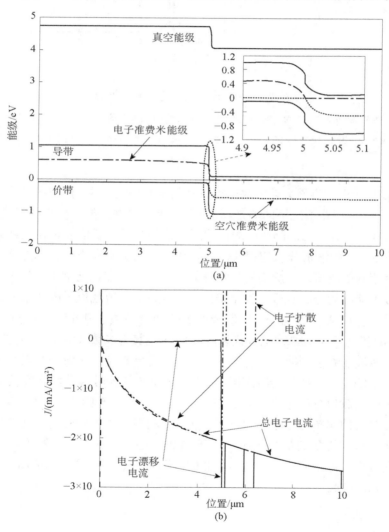

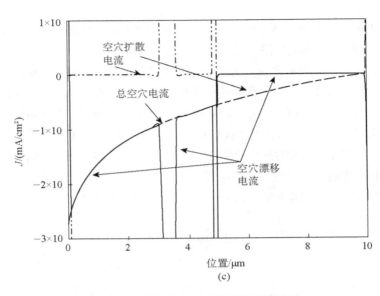

图 5.17　一些短路情况下模拟计算的结果

(a) 图 5.15 电池在短路状态的能带弯曲图。在这个能带图中电场是真空能级的导数,插图是在异质结处的细节图。

(b) 短路条件下电子电流的两个常规组成部分以及总电子电流。(c) 短路条件下空穴电流的两个常规组成部分以
及总空穴电流

　　图 5.18 给出对应最大功率输出点条件的一些仿真结果。首先观察处于此工作
点的能带图,与短路情况不同的是,通过器件整个势垒区的准费米能级是平直的,
如图 5.17（a）和图 5.18（a）中的插图所对比的那样。我们要记住此结果,并用
它来讨论 5.4 节中解析分析的相关内容。从短路的定义来说,费米能级在接触处
必须具有相同的能量。众所周知,在任何其他的工作点,这个条件就不成立,接
触电极费米能级的分离导致器件电极间产生电压。多数载流子准费米能级遵守这
个分离准则,因为多数载流子准费米能级的梯度必须非常小。这一点来自 $J_n =$
$en(dE_{Fn}/dx)$ 和 $J_p = -ep(dE_{Fp}/dx)$ 等式以及 n 和 p 在其为多数载流子的地方非常大这
一事实。多数载流子的准费米能级分离,由于受到掺杂的影响会相对固定在它们
各自能带中的位置,所以会减缓图 5.15 所示电池的能带弯曲。这可以从图 5.18
（a）插图中的数值分析结果中看出来。事实上,从图 5.18（a）中观察发现,材
料 1 的能带弯曲比热力学平衡状态的 V_{Bi1} 低,材料 2 中的能带弯曲比热力学平衡
状态的 V_{Bi2} 低。用我们从图 5.16（a）已知的、适用于这类电池的等式（5.2）和
叠加原理分析,可认为静电势垒的降低的原因是暗态二极管电流增加,其与光生
电流 J_{sc} 刚好反向。

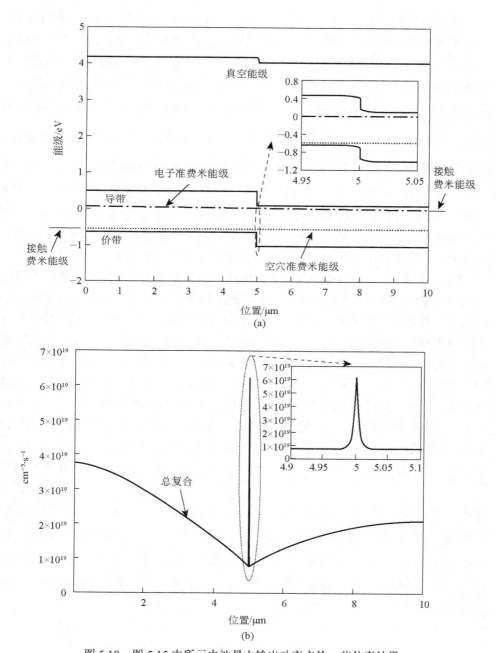

图 5.18　图 5.15 中所示电池最大输出功率点的一些仿真结果

(a) 能带图：插图为异质结界面处的能带弯曲，电场是真空能级的导数。(b) 最大功率输出点的体复合数量 $\mathscr{R}(x)$

现在我们换个角度，把电池光态电流 $J=J(V)$ 看成是等式（5.1）中所描述的、产生率减去复合率的净结果，在这种背景下来具体考察 $J = J(V)$。与叠加方法不同，这种概念总是正确的，并且对于电池 J-V 曲线上的任何一点都适用，包括最大功率点。我们在最大功率点处采用这种产生率减去复合率的思想来考虑图 5.18（b），其给出了表达式 $\int_{-d}^{L+W} \mathscr{R}(x)\mathrm{d}x$ 的被积函数(包含图 5.5 中所示的损失机制 1、4 和 5)。图 5.18（b）中曲线下方的面积 $\int_{-d\lambda}^{L+W} \mathscr{R}(x)\mathrm{d}x$ 就是最大功率点处总的体复合。本例中的数值仿真给出了最大输出功率点的电极复合损失，为 $|J_{\mathrm{ST}}(-d)/e|$ $= S_n n(-d) \approx 10^{15}$ cm^{-2}•s^{-1} （损失机制 2 和 3）和 $|J_{\mathrm{SB}}(L+W)/e| = S_p p(L+W)$ $\approx 10^{15}$ / cm^{-2}•s^{-1} (损失机制 5 和 6)。从这些表面复合机制的数值和图 5.18（b）可知，在最大功率点主导的复合机制是体复合。对于采用了上述参数的太阳电池，在最大输出功率点的 J 和 V 可以根据产生率减去总的体复合率来建立。

图 5.19 为图 5.15 中的电池在开路情况下的仿真结果。该工作点的能带图如图 5.19（a）所示，多数载流子准费米能级的持平状态从多子区一直延伸到整个静电力和有效力场势垒区。相比最大功率点处的情况，开路状态下多数载流子费米能级需要额外的分离以进一步降低静电能带的弯曲，如图 5.19（a）中插图所示。事实上，本地真空能级图表明，对于这种特定的电池，开路情况下几乎所有的内建电场都会消失。很明显，这种电池离形成 5.3.1.1 节所提到的电荷堆积的情况不远。从叠加原理的角度来说，暗态二极管的正向偏置电流在该工作点已经增大到与光电流精确相等。从一定正确的产生与复合的角度来说，开路情况下的复合量总是恒等于产生量。这意味着等式（5.1）在开路情况下必须满足 $\int_{-d\lambda}^{L+W} \int G_L(\lambda, x)\mathrm{d}\lambda\mathrm{d}x = \int_{-d}^{L+W} \mathscr{R}(x)\mathrm{d}x + J_{\mathrm{ST}}(-d)/e + J_{\mathrm{SB}}(L+W)/e$（我们这里忽略复合路径8）。图 5.19（b）给出了表达式 $\int_{-d}^{L+W} \mathscr{R}(x)\mathrm{d}x$ 以 x 为变量的被积函数，此处数值计算的数据表明（没有给出）$|J_{\mathrm{ST}}(-d)/e| = S_n n(-d) \approx 10^{16}$ cm^{-2}•s^{-1} 和 $|J_{\mathrm{SB}}(L+W)/e| = S_p p(L+W) \approx 10^{16}$ cm^{-2}•s^{-1}。对图 5.19（b）的体复合作粗略的积分，并与开路情况下的电极复合损失相比较，可以看出对此特定的电池结构，体复合率是决定 V_{oc} 大小的主要因素。

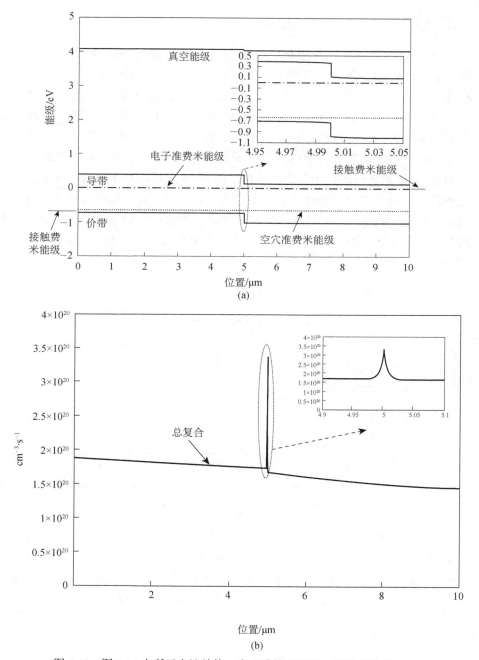

图 5.19　图 5.15 中所示电池结构，在开路情况下的一些仿真结果

（a）插图详细给出了异质结能带的弯曲情况。电场为真空能级随位置的导数。（b）开路情况下体复合率 $\mathscr{R}(x)$ 在器件内部各点的变化情况

5.3.1.3 窗口层–吸收层结构

接下来我们将要考察的是窗口层–吸收层电池的结构，其能带图如图 5.20 所示。再次强调这里我们并不涉及如何优化工艺，而是通过分析多种不同的结构来更多地了解异质结内部的具体工作过程。表 5.3 的第一行列出了首个窗口层–吸收层结构的修正参数，其他参数仍基于表 5.1。可以看到这个结构看起来具有 0.54 eV 的内建电势，由于窗口层的重掺杂，这个内建电势全部落在吸收层（材料 2）中。如图 5.20 和表 5.3 所示，电池的亲和势阶跃导致了 0.87 eV 的"有效带隙"。根据之前的讨论，像这种窗口层–吸收层结构对于只有一种掺杂类型的吸收层而言在创建内建静电场时是非常有用的。当前表面电极具有非常高的复合时，这种结构也非常有利。通过数值仿真得到的这种电池 J-V 特性，以半对数和线性坐标绘于图 5.21 中。电池的开路电压为 0.5 V，J_{sc}=27.9 mA/cm^2，FF=0.76，转换效率 η =10.6%。

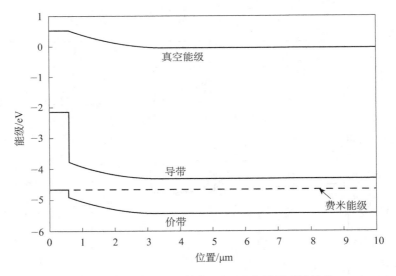

图 5.20 热平衡状态下的窗口层–吸收层异质结结构

该结构的具体特性列于表 5.3 和表 5.1 中。窗口层材料是 p 型重掺杂层。除了亲和势阶跃，0.54 eV 的内建电势和其相应的内建电场出现在异质结结区中。光态时，光从左边入射

表 5.3　窗口层-吸收层示例中相对于基准电池所作的修改

电池	前电极功函数改变为/eV	背电极功函数改变为/eV	顶层掺杂改变为/cm^{-3}	顶层电子亲和势改为/eV	顶层带宽变为	顶层厚度改变为/nm	底层掺杂改变为/cm^{-3}	底层厚度改变为/cm^{-3}	异质结界面特性
图 5.20	5.17	4.63	1×10^{19}	2.67	2.50 eV (采用相同的吸收数据但是现在截止到 2.50 eV)	600	5×10^{14}	1×10^{14}	—
图 5.24	5.17	4.63	1×10^{19}	2.67	2.50 eV (采用相同的吸收数据但是现在截止到 2.50 eV)	600	5×10^{14}	1×10^{14}	起初 10 nm 吸收层在 $E_V+0.56$ eV 处类受主界面态 $N_{TA}=1\times10^{19}$ cm^{-3}; $\sigma_n=1\times10^{-14}$ cm^{-2}; $\sigma_p=1\times10^{-13}$ cm^{-2}
图 5.27	5.17	4.63	1×10^{19}	2.67	2.50 eV (采用相同的吸收数据但是现在截止到 2.50 eV)	600	5×10^{14}	1×10^{14}	起初 10 nm 吸收层在 $E_V+0.27$ eV 处类施主界面态 $N_{TD}=1\times10^{19}$ cm^{-3}; $\sigma_n=1\times10^{-12}$ cm^{-2}; $\sigma_p=1\times10^{-18}$ cm^{-2}
图 5.30	5.17	4.63	1×10^{19}	2.67	2.50 eV (采用相同的吸收数据但是现在截止到 2.50 eV)	600	5×10^{14}	1×10^{14}	起初 10 nm 异质结界面在 $E_V+0.45$eV 处类施主界面态 $N_{TD}=1\times10^{19}$ cm^{-3}; $\sigma_n=1\times10^{-8}$ cm^{-2}; $\sigma_p=1\times10^{-30}$ cm^{-2} 以及起初 10 nm 吸收层在 $E_V+0.56$ eV 处类受主界面态 $N_{TA}=1\times10^{19}$ cm^{-3}; $\sigma_n=1\times10^{-14}$ cm^{-2}; $\sigma_p=1\times10^{-13}$ cm^{-2}

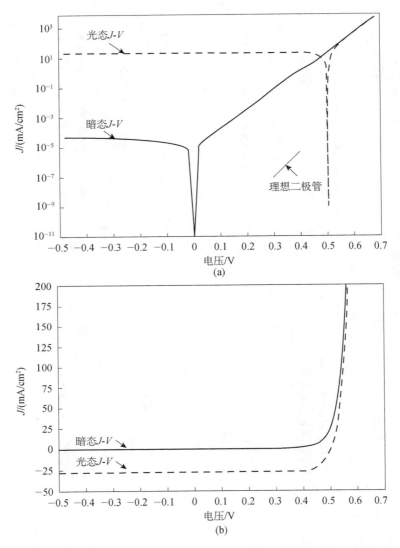

图 5.21　图 5.20 所示结构太阳电池的 *J-V* 特性计算结果，分别为（a）半对数曲线和
（b）线性曲线

数值分析表明叠加原理适用于该电池，而且给出的暗态二极管品质因子接近 1

　　该电池吸收层的厚度为 10 μm（表 5.3），以保证器件的光生电流与图 5.11 和
图 5.15 中的器件处于同一范围。图 5.21 表明该电池的暗态二极管品质因子接近 1、
只是稍微高一点点，说明叠加原理适合于此。

　　图 5.22 可以使我们进一步探究这个电流，并观察其在短路情况下的工作情
况。图 5.22（a）和（b）展现了我们在之前异质结示例里看到的相同情况，这些

异质结结构也都具有静电场区与有效场势垒区。例如，从图 5.22（a）和（b）中我们看到电子进入吸收层主要依靠漂移输运（除了在背电极区域附近，这一区域的背电极复合改变了输运模式），空穴进入吸收层主要依靠扩散输运（除了当空穴进入静电场势垒区时）。

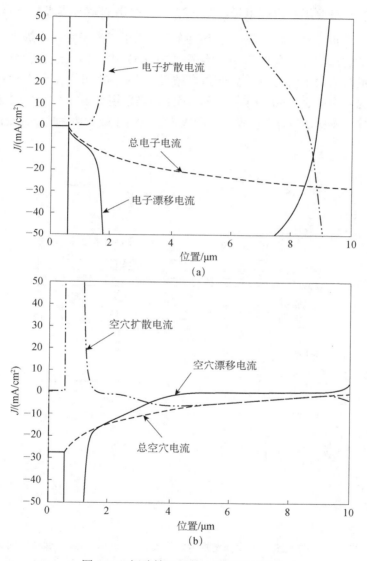

图 5.22　短路情况下的一些仿真结果

（a）电子电流密度分量和总的电流密度以及（b）空穴电流密度分量和总的电流密度

图 5.23 给出了最大输出功率点处更详细的仿真结果。此能带图展示了一些我们已经预料到的结果，包括整个势垒区内电子与空穴准费米能级的持平。局域真空能级表明，在最大功率点内建静电势和它相应的静电场已经几乎消失。但是，没有像基准异质结器件那样，在异质结界面处出现载流子堆积的情况，这可归结为在该区域并没有出现反向电场。图 5.23（b）给出的是表达式 $\int \mathscr{R}(x)\mathrm{d}x$ 的被积函数，它在异质结界面处出现了一个尖峰，其缘于载流子数量在最大功率点处由于静电势垒的崩塌而出现的激增。将图 5.23（b）中的曲线进行积分可知总的体复合速率量级为 $\sim 10^{16}~\mathrm{cm}^{-2}\cdot\mathrm{s}^{-1}$，而仿真结果（此处未给出）显示背电极处的空穴复合速率也具有 $\sim 10^{16}~\mathrm{cm}^{-2}\cdot\mathrm{s}^{-1}$ 量级。因此，当采用如表 5.1，表 5.2 和表 5.3 所示的参数时，体复合和背电极复合共同决定了电池在最大功率输出点处的载流子损失。

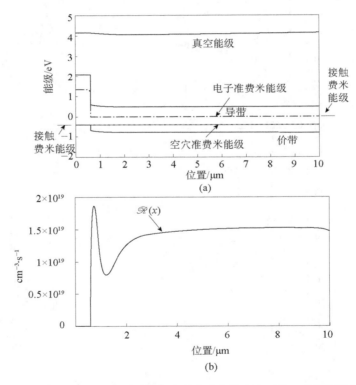

图 5.23　图 5.20 所示电池结构中在最大功率输出点时的一些仿真结果

（a）最大功率输出点的能带弯曲，具有由局域真空能级的导数引起的电场；（b）最大功率输出点处体复合率 $\mathscr{R}(x)$ 随位置的变化

5.3.1.4　具有吸收层界面复合的窗口层-吸收层结构

在本章先前的部分中，我们提及过异质冶金界面及其附近的定域态可能会对器件性能产生影响（图 5.5 中的机制 8）。我们已经在没有这些缺陷态的情况下，对异质结特性有了一定了解，现在我们可以加入它们并通过数值分析考察它们的影响。我们采用热平衡能带如图 5.24 的电池结构。它与图 5.20 所示的器件相同，只是现在在异质界面处加入了缺陷态。缺陷的添加是通过在异质界面处的吸收层一侧加入一层 10 nm 的界面层，其具体参数见表 5.3 中的第二行。考虑到吸收层中的原子密度大约是 10^{21} cm^{-3}，通过表 5.3 可以看出，此异质结范例中所使用的缺陷态密度，是假设 10 nm 界面层内的每 100 个原子中就具有一个缺陷（杂质、互扩散原子、空位等）。

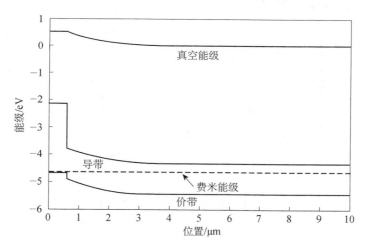

图 5.24　窗口层-吸收层异质结的 TE 态能带图

其中在吸收层材料初始的 10 nm 中存在中带隙类受主界面缺陷态。缺陷参数如表 5.3 中的第二行所述。由于这些特殊的界面态在 TE 态下是电中性的，所以能带的弯曲情况与图 5.20 所示相同

从损失的角度来说，这些缺陷态被选取为有效的 S-R-H 界面复合中心。这可以从表 5.3 中所列的各项属性中看出，它们展示出了有效 S-R-H 复合路径的标志性特征：对于两种载流子都具有相对较大的、量级接近的复合截面（对两种载流子都有吸引作用），而且这些缺陷态的能级位置远离带边。由于缺陷被设为类受主态，所以由于库仑作用力其对空穴的俘获截面更大，正如第 2 章所讨论过的。在本例的数值分析中，同样假设界面复合路径是吸收层中导带边（吸收层 E_C 或者 LUMO）的电子和价带边（吸收层 E_V 或者 HOMO）的空穴产生复合，因此，此处涉及的是吸收层的带隙。但是，在窗口层的价带边（窗口层 E_V 或者 HOMO）具

有更多的空穴。最终,由于界面处材料的相互混合、隧穿效应等,复合路径很可能是从吸收层的 LUMO 到窗口层的 HOMO。这会导致一个前文提过的有效带隙的概念,对于此复合过程,此带隙值为窗口层的 HOMO 与吸收层 LUMO 之间的差值。

图 5.24 所示电池的 *J-V* 特性的数值分析结果示于图 5.25 中。图中表明,界面缺陷的存在确实影响了器件的输出特性,相比图 5.20 的结构开路电压下降了0.11 V。总体来说,电池的开路电压现在变为 0.39V,J_{sc}=27.6 mA/cm^2,*FF*=0.74,最终转换效率为 8.1%。有趣的是,相对于图 5.20 所示的器件,J_{sc} 和 *FF* 减少得非常小。甚至在界面复合存在的时候,暗态二极管品质因子 *n* 看起来仍然接近于1,并且叠加原理在图 5.25(a)中满足得非常好。这个例子表明了来自于界面缺陷态的复合会对异质结产生哪些影响。显然,异质结界面复合的影响可通过改变界面缺陷性质、数量和空间分布来增加或减小。

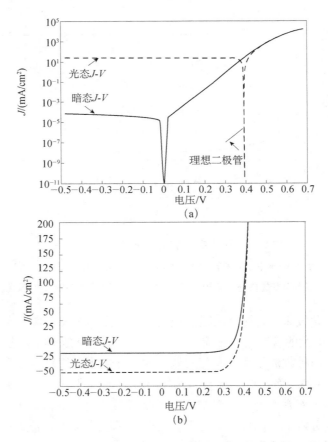

图 5.25　计算生成的图 5.24 所示电池的光态和暗态 *J-V* 特性曲线

分别采用(a)半对数坐标和(b)线性坐标。对于该电池叠加原理非常适用

图 5.24 所示电池的热平衡态能带图与图 5.20 所示完全相同。如此设计是为了将问题简化，具体实现是通过将异质结界面复合态设为类受主态，其能级位于 TE 态的费米能级之上。该器件在短路情况下的电流密度分量也与图 5.20 所示的器件类似，这里没有给出。在图 5.24 所示电池的行为当中，关键的区别在于短路和开路状态下的复合特性曲线，见图 5.26。它们根据式（5.1）给出了内部（来自体缺陷态与界面缺陷态）复合分量的贡献情况。这些曲线表明界面复合中心的存在导致了极大的异质结界面复合。特别观察图 5.26 所示的开路情况，从图中可以看出体复合 $\mathscr{R}(x)$ 和异质结界面态导致的复合对整体复合率的贡献分别为 ~10^{16} cm^{-2}·s^{-1} 和 ~10^{17} cm^{-2}·s^{-1}。仿真还给出了此例在开路情况下背电极的复合速率 J_{SB}/e 为 ~10^{16} cm^{-2}·s^{-1}。而在电池窗口层的电极处，并没有严重的复合损失。通过以上的分析可知，该电池异质结缺陷态所产生的界面复合是电池开路电压恶化的主要原因。

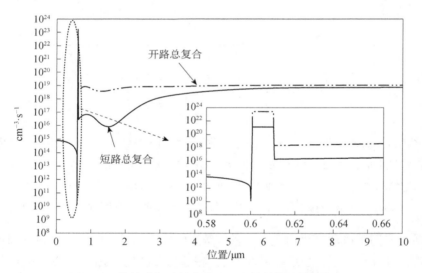

图 5.26　整体内部总复合随位置变化的数值模拟结果

包括异质结界面复合分量(x=0.6 μm)和 $\mathscr{R}(x)$。所示为短路和开路时的情形

5.3.1.5　具有吸收层界面陷阱的窗口层-吸收层结构

本例中的电池，其热力学平衡状态如图 5.27 所示，除了其吸收层中 10nm 厚的界面层存在缺陷，其余部分也均和图 5.20 中的电池相同。然而，和图 5.24 中的示例不同的是，这些缺陷具有不同的类型。这些界面态的性质如表 5.3 第三行所示，它们被设为充当陷阱的功能，而不是复合中心。陷阱功能的标志性特征是：

其对一种载流子有相对较大的捕获截面，而对另一种载流子的捕获截面则非常小。在本例中所选的类施主态由于库仑力的吸引作用，对电子的捕获截面更大。大的电子捕获截面与非常小的空穴捕获截面意味着，在电池工作时这些界面态中的电子数将随着电子准费米能级位置的变化而变化。考虑到这些界面态的空间位置和能隙位置，在热平衡态时它们将带正电，从而在界面层产生一个强的静电场。这个电场可以在图 5.27 中从真空能级阶跃处贯穿吸收层 10 nm 的界面层中观察到。

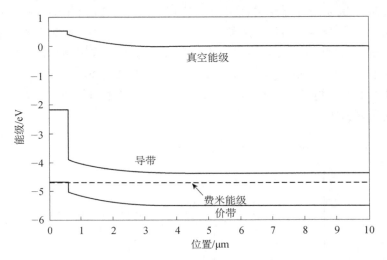

图 5.27　在热力学平衡状态下，具有吸收层界面陷阱的窗口层-吸收层异质结结构

此结构和先前结构的不同之处列在表 5.3 的第三行中。热力学平衡状态下，异质结界面态电荷的存在可以从界面真空能级的"阶跃式"行为看出来。这表明相对于图 5.20 的电池，此结构内建势的空间分布发生了变化。由于窗口层(及其电极)和吸收层(及其电极)的功函数没有改变，总内建势依然同图 5.20 中的一样

随着光照下电池产生电压，电子准费米能级升高，这些缺陷态将逐渐地变为电中性，并捕获电子。当这些界面态的被占据数量随着偏压改变时，它会使得吸收层中的势垒发生一定的改变，即图 5.27 中由热稳态缺陷态电荷而导致的真空能级阶跃，在暗态偏压或光照条件下会降低。我们将对此例中出现的界面陷阱进行更为详细的讨论，并且会很快发现它们在实际的异质结电池中会带来很多问题。像这样的异质结界面态可以由之前讨论过的所有原因而产生。

这种电池的电流-电压特性，如图 5.28 所示，表明异质结陷阱态对电池性能有非常大的影响。器件的开路电压（0.48 V）比图 5.20 中电池的开路电压稍低，但不像具有异质结界面复合路径的电池（图 5.24）那么低。可以观察到短路电流密度比图 5.20 和图 5.24 中电池的值略低（J_{sc}=26.9 mA/cm^2）。然而，和图 5.20 和图 5.24 的电池相比，填充因子明显恶化。最终，该电池的转换效率降低到 η=6.6%。

在暗态和光照条件下，线性 J-V 曲线均表现出"扭曲"现象，半对数图中的品质因子 n 偏离 1，并且随着电压的改变而改变。两个特性都表明界面陷阱态的占据概率会随电压的变化而变化，如图 5.29 所示。叠加原理对于该电池并不是很奏效。显然，异质结界面陷阱的影响可以通过改变陷阱缺陷的性质、数量、能量分布及空间范围来改变。

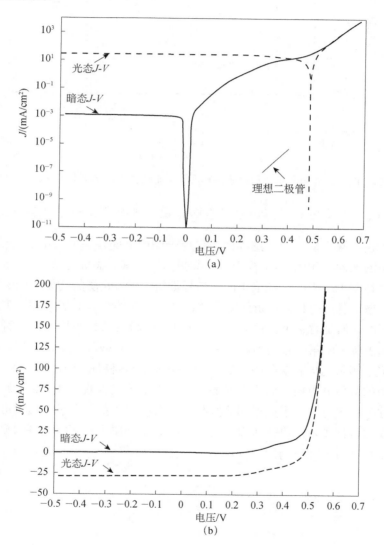

图 5.28　图 5.27 中异质结电池计算得出的光态和暗态 J-V 特性

(a)半对数曲线(b)线性曲线。光态和暗态特性曲线呈现出"扭曲"现象，而且暗态二极管的品质因子随电压变化

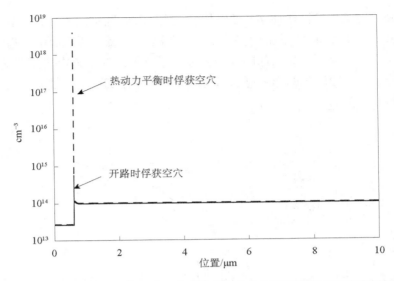

图 5.29　图 5.27 中器件的界面缺陷在热力学平衡状态和开路状态下俘获的空穴数目

5.3.1.6　具有窗口层界面陷阱态和吸收层界面复合的窗口层–吸收层结构

现在我们探究位于异质结界面窗口层一侧的界面缺陷的影响。　此异质结电池结构和图 5.24 中电池的结构相同，其热力学平衡状态如图 5.30 所示，不同的是窗口层具有 10 nm 的存在陷阱的窗口界面层，在吸收层的初始 10 nm 中也存在复合缺陷态。器件的数值分析结果表明：这些缺陷的综合对于叠加原理的适用性有重大影响，但是对整个器件的性能影响不大。该异质结界面区中两种类型的缺陷特性如表 5.3 中第四行所示。从表 5.3 选择的俘获截面可以注意到，在窗口材料界面层中陷入到陷阱缺陷态中的电子，基本上与材料的价带没有必然的关系。这里采用的数值分析模型假定在光照下由窗口层的光吸收（表 5.3 所示的窗口层吸收特性）而产生的电子先遇到这些缺陷，而后被俘获。当然它们也可以通过次带隙吸收而直接填入陷阱。可以预见，在暗态下陷阱中的电子会通过隧穿效应，在一段恰当的时间之后清空。

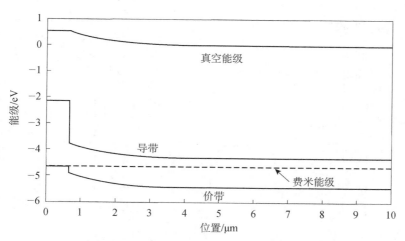

图 5.30　窗口层-吸收层的异质结在热力学平衡状态下的能带结构

这个结构包含窗口界面陷阱态和吸收层界面复合态。表 5.3 中第四行列出了这个结构和先前的例子的不同之处。

因为窗口层和吸收层界面态在 TE 态下为电中性，能带图和图 5.20 是一样的

　　根据从之前的数值分析中所学到的，我们预测在光照条件下窗口界面层中受主缺陷态会带负电（由于窗口层材料电子准费米能级的"上升现象"），但是在暗态偏压（dark biasing）时不带电。后者是由于无光照时，窗口层的电子准费米能级不会出现"上升现象"。光照和暗态条件下荷电情况的不同，并没有在图 5.27 器件的陷阱俘获中出现。因为在某个电压 V 下缺陷的荷电情况在有光照与无光照时是不同的，它会导致叠加原理的失效。观察此电池工作情况的实际模拟分析结果可知：电子电流和空穴电流的分量（没有给出）和图 5.24 中电池的行为特点没有明显的区别。明确地说，图 5.31 中光态和暗态的总电流密度-电压的模拟结果显示电池的性能为 V_{oc}=0.41V，J_{sc}=27.16mA/cm^2，FF=0.75，η=8.3%。有趣的是，和图 5.20 中电池的数据相比，V_{oc} 和 η 有所升高，FF 没有变化而 J_{sc} 略有降低。即便存在窗口界面区的陷阱效应和吸收层界面区的复合效应，对于这种特殊的电池，暗态二极管品质因子 n 基本上仍保持为 1。但是由于光照和暗态条件下的陷阱效应不同，叠加效应完全失效，其结果是器件性能在光照条件下比从暗态电流-电压特性中预测的结果更好。当叠加原理不再适用于异质结时，可能是已经在同质结部分讨论过的原因，另外，也可能是由我们刚刚见到的异质结界面的陷阱效应。更早一些，我们知道还可能是由漂移在少子收集中的重要作用，与亲和势阶跃所带来的电荷堆积，导致叠加原理对于异质结失效。

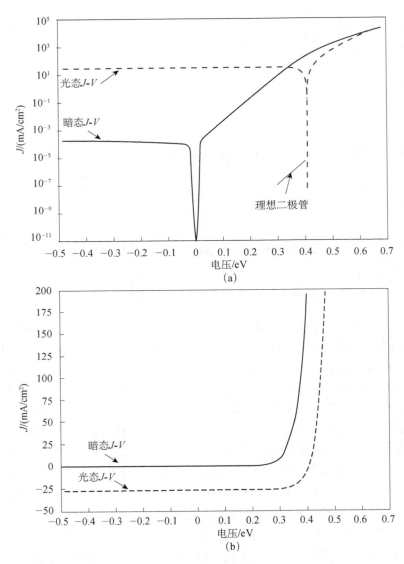

图 5.31　数值模拟的图 5.30 中电池的光态和暗态 *J-V* 特性曲线（a）半对数曲线（b）线性曲线

尽管这个电池的暗态二极管品质因子为 1，但是叠加原理并不适用

　　显然，异质结界面陷阱与复合效应的影响可以通过改变陷阱缺陷的特性、数量、能级位置、空间位置及空间范围来改变。举一个例子，我们刚刚讨论过的器件通过某种非常小的改变就可以表现出非常不同的行为。例如，如果吸收层中的缺陷属性保持不变，但是假如窗口层中的缺陷是类施主型，并且荷电量由于次带

吸收而减少，则这种电池将表现出和图 5.6 中实验数据类似的特性。

二极管品质因子的行为和叠加效应的有无，都可用来评估电池的光态和暗态行为特征，因为它们能够洞察电池运行背后的内在信息。对光态和暗态的实验 *J-V* 特性进行数值模拟是很有用的，可以用来分析导致品质因子变化的原因或叠加原理在某种电池结构中失效的原因。所以，它在改进器件设计和优化器件性能方面会是非常有用的工具。

5.3.2　产生激子的光吸收

这一节将考查激子异质结太阳电池的结构：光吸收过程产生可移动激子的异质结。对于这种产生激子的吸收材料，异质结界面还额外扮演着解离激子的角色，为光伏作用提供所需的自由空穴和自由电子。为解离那些穿过吸收层而到达异质结界面的中性激子，异质结界面提供了所需的能量来完成这一过程，如前文中就图 3.29 所做的相关讨论。正如图 3.29 中所见，当电子由吸收层材料进入了处于异质结另一侧，具有更大电子亲和势的材料时，势能的降低驱动了解离过程。这一迁移过程中释放的能量驱动了生成电子的解离过程。这些电子占据异质结处具有更大电子亲和势材料的 LUMO（A）能级（导带底）。接受这些电子的材料被称为受主，提供电子的吸收材料称为施主。对应的，经由光吸收、扩散、异质结激子解离而产生的自由空穴占据异质结施主一侧的 HOMO（D）能级（价带顶）。随后，新产生的自由电子远离界面，穿过受主材料被太阳电池的阴极收集。同时，新产生的自由空穴穿过施主材料被阳极所收集。该物理图像适用于平面异质结和体异质结，它们的工作机制都是基于产生激子的吸收与异质结解离。我们强调一下，因为需要在异质结处解离激子，吸收层必须是施主材料。正如之前的数值分析章节所提及的，我们将要开展的计算模拟研究不涉及对性能的优化，而是为了探索器件物理所允许的各种可能性。

在这一节的数值分析中，由于激子解离，电子在异质结界面的受主材料中产生，相应地空穴在施主材料中产生，这个过程通过图 5.32 中的结构进行模拟。其中采用了一个有争议观点的、1nm 宽的"产生层"[12]。这个界面层中的产生率等于激子的解离率，并假定其等于激子通过扩散到达界面的速率。激子到达异质结的速率由吸收材料中的吸收以及激子的扩散长度决定。使用这一产生层的结果是，LUMO（A）能级上自由电子与 HOMO（D）能级上自由空穴在界面处的产生率呈现出 1nm 宽、类似 δ 函数的模式。因为大多数产生激子的吸收材料是有机的，因而我们在术语上采用 HOMO 和 LUMO 的名称来代替相应的价带边和导带边。另外，由于同样的原因，有机物以及采用有机物的许多电池不容易被极化，这一节的计算模拟采用的相对介电常数为 3。

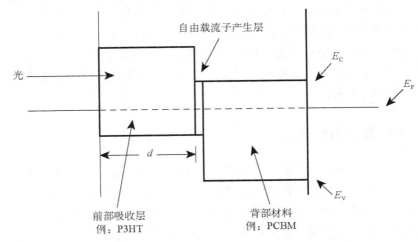

图 5.32　这部分数值分析中使用的产生层用来模拟异质结界面激子解离和自由载流子产生

激子扩散到达异质结界面并解离，在 1 nm 界面层的受主导带产生了电子，在施主价带中则产生了空穴

现在我们将用数值分析来研究三种基于激子产生吸收层的异质结。将着重于浅析这种异质结的一些独特之处。

5.3.2.1　仅具有有效场的结构

首个基于激子产生吸收层的异质结太阳电池的数值分析，将给出一个基准电池，其具体属性参见表 5.4。这些参数来自 P3HT（施主）/PCBM(受主)材料体系[15]，其参数已知，或是有机太阳电池的典型数值[12]。如图 5.33 中的器件能带图所示，掺杂和电极势垒高度已被设计成不会形成内建电势，因此在热力学平衡态时，此基准电池中没有内建静电场。从图中还可看出，经常在 P3HT-PCBM 电池结构中与 p 型 P_3HT 毗邻的 PEDOT HT-EBL[15]，没有包括在这个简单的模型中。排除任何内建电场与这种简化处理允许我们从只关注激子和异质结有效场开始。在 5.3.2.1 节使用的数值分析中，产生层（generation layer）的电子迁移率为 1×10^{-3} cm²/（V·s），有效能带密度为 1×10^{22} cm³。在基准电池中，这厚度为 1 nm 的产生层中没有缺陷态，即没有异质结界面态存在。从这个意义上来说，我们也假定了在这个界面上没有任何损失机制，无论是单分子过程还是双分子过程。

表 5.4　基准激子电池

参数	材料 1（施主）	材料 2（受主）
长度	100 nm	100 nm
禁带宽度	E_G=1.85 eV	E_G=2.10 eV
电子亲和势	χ=3.10 eV	χ=3.70 eV
吸收特性	P₃HT 吸收数据	PCBM 吸收数据
掺杂密度	$N_A = 3.17 \times 10^{11}$ cm^{-3}	N_D=3.17×10^{11} cm^{-3}
前电极功函数，费米能级位置（热平衡条件下），表面复合速率	ϕ_W=4.33 eV E_F–E_V=0.63 eV S_n=1×10^7 cm/s S_p=1×10^7 cm/s	N.A.
背电极功函数，费米能级位置（热平衡条件下），表面复合速率	N.A.	ϕ_W=4.33 eV E_F–E_V=1.47 eV S_n=1×10^7 cm/s S_p=1×10^7 cm/s
电子和空穴的迁移率	μ_n=1×10^{-4} cm^2/（V·s） μ_p=1×10^{-3} cm^2/（V·s）	μ_n=1×10^{-4} cm^2/（V·s） μ_p=1×10^{-4} cm^2/（V·s）
带有效状态密度	N_C=1×10^{22} cm^{-3} N_V=1×10^{22} cm^{-3}	N_C=1×10^{22} cm^{-3} N_V=1×10^{22} cm^{-3}
体缺陷特性	在 E_V+0.93 eV 时施主型带隙态 N_{TD}=1×10^{10} cm^{-3} δ_n=1×10^{-9} cm^2 δ_p=1×10^{-10} cm^2 在 E_V+0.93 eV 时受主型带隙态 N$_{TD}$=1×10^{10} cm^{-3} δ_n=1×10^{-10} cm^2 δ_p=1×10^{-9} cm^2	在 E_V+1.05 eV 时施主型带隙态 N_{TD}=1×10^{10} cm^{-3} δ_n=1×10^{-9} cm^2 δ_p=1×10^{-15} cm^2 在 E_V+1.05 eV 时受主型带隙态 N_{TD}=1×10^{10} cm^{-3} δ_n=1×10^{-10} cm^2 δ_p=1×10^{-9} cm^2
HJ 界面光反射	忽略不计	
背面光反射		忽略不计

　　图 5.34 给出了图 5.33 中基准电池通过使用数值分析方法得到的半对数坐标光态和暗态 J-V 曲线。这种由亲和势阶跃引起的不对称性足以引起光伏效

应：因此这种具有激子产生吸收的简单基准结构可以像太阳电池那样工作。图 5.34 所示的模拟结果表明：暗态 J-V 满足 $J \sim \exp(V/nKT)$，其具有大于 1 的可变二极管 n 因子。光照的 J-V 的模拟结果为：FF=0.46，V_{oc}=1.33 V，J_{sc}=8.13 mA/cm^2，η=4.96%。正如我们之前多次看到的那样，同质结中 V_{oc} 由内建电场大小决定的经验规律，很明显对于包含有效力场势垒的异质结不具有普适性。叠加效应预测的 V_{oc}（通过将串联电阻控制的区域外延）更高。如果观察图 5.35 中开路状态下的能带图，对这个结果就不会感到奇怪。我们在 5.3.1.1 节中看到过的由于亲和势阶跃处载流子累积而产生的电荷效应再次出现，从而扭曲了光态下的器件性能。数值分析说明（数据没在这里给出）开路电压是由吸收层（施主）中的体复合与电极复合共同决定的。图 5.35 中所示的能带弯曲对于注入这种复合所需的电子是十分必要的。简单来说，在施主中并没有大量的电子。而受主材料中有光生电子。为了维持在施主中的复合，器件必须自我偏置，从而把受主材料的一些电子注入施主材料中。类似的原理也适用于空穴。当然，如果存在显著的界面复合，这种反注入将不再必要。该行为对于利用异质结解离从而在 n 型导体中产生光生自由电子和 p 型导体中产生光生自由空穴的激子电池，是一种非常有趣的独特特性。

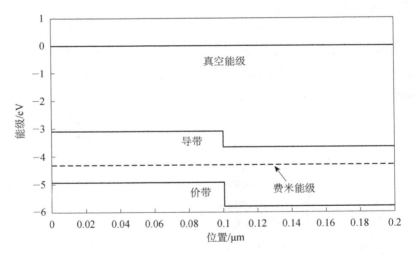

图 5.33　表 5.4 中基准激子电池在热力学平衡条件下的能带图

这里不存在静电场势垒，但存在电子和空穴的有效力场势垒

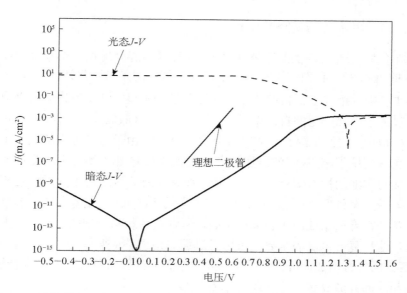

图 5.34 计算模拟结果——用半对数曲线描述的图 5.33 电池光态和暗态 *J-V* 曲线

就算考虑了明显的串联电阻与填充因子问题，叠加原理也不适用于这种电池。品质 *n* 因子随着电压变化，并且大于 1

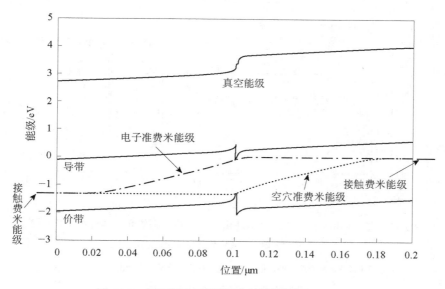

图 5.35 在光照和开路情况下的计算模拟能带图

可以看到亲和势阶跃处的电荷堆积和它造成的异质结界面区域的静电场。少数载流子准费米能级与位置强烈的依赖性表明了反注入的电子（回到施主）和空穴（回到受主）是如何被此处设定的复合（表 5.4）有效地消除的

5.3.2.2　具有界面复合的结构

现在我们在图 5.33 的基准器件之上，在异质结界面增加一个双分子损失过程（图 5.5 的机制 8）。我们假设其为一个带间过程（附录 B）并具有 $\mathscr{R} = \gamma np$ 的形式，其中参数 γ 用来表征自由载流子损失路径的强度[12]。n 为异质结界面处受主一侧通过激子解离产生的自由电子数，p 则为施主（吸收层）一侧的自由空穴数。在数值模拟中，它们是图 5.32 产生层中的粒子数。由于这种特殊的双分子损失机制并不包含定域带隙态，它的添加不会改变图 5.33 中热平衡态下的能带图。然而，它的添加对电池的性能却有重要的影响，如图 5.36 所示。由于异质结处相对较小的"有效带隙宽度"（施主的 HOMO 和受主的 LUMO 之差）和所有的自由电子和空穴都是在异质结处激子解离产生的，所以这种影响非常强烈。得益于数值模拟分析，这种复合机制的重要性可以通过简单地调整 γ 来体现[12]。图 5.36 表明：V_{oc} 随着界面复合增加而降低。如果在异质结界面处引入单分子孪生复合机制[12]，也会有相同的界面复合效应（此处未显示）。

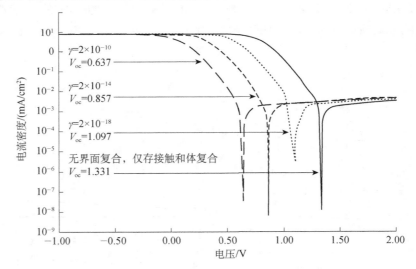

图 5.36　表 5.4 和图 5.33 中基准电池由计算模拟得到的光态半对数 $J\text{-}V$ 曲线，其加入了带-带界面复合

显示了不同界面复合强度的结果。为了便于对比，这里再次给出了图 5.34 中 $\gamma=0$

（没有带-带界面复合）时的光态 $J\text{-}V$ 数据

图 5.37 给出了图 5.36 中示例的光态和暗态 $J\text{-}V$ 特性，其中界面复合是主要的损失机制，并因此决定着器件的开路电压。这种情况下，载流子堆积（与图 5.35

中相类似）确实存在（没有给出），但是受到界面复合的控制和限制。如果计算当中考虑到了明显的填充因子和串联电阻问题，那么叠加原理并未失效，图 5.37 的模拟结果可以证实。这些结果清晰地表明，在此特定的电池结构中，存在填充因子问题和串联电阻问题。

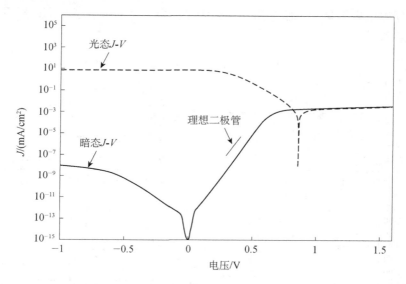

图 5.37　当 $\gamma=2\times10^{-14}$ 时，电池的光态和暗态 J-V 特性的半对数计算模拟曲线

叠加原理不适用于此电池，除非计算时考虑到了串联电阻的问题

5.3.2.3　具有界面复合和内建电场的结构

这一节的数值分析主要用来探索 5.3.2.2 节中的结构，但是添加了不同的内建静电场。这是通过改变表 5.4 中背电极的势垒高度 φ_{BR}，同时保持前电极势垒高度和所有电极复合速率值不变来实现的。图 5.38 系统性地给出了背势垒高度（热平衡态下，从费米能级到受主 LUMO 的高度）的变化情况。从图 5.38 可以预期：$\varphi_{BR}>0.63$ eV 时对电池性能是不利的，$\varphi_{BR}<0.63$ eV 时对电池性能是有利的。图 5.39 给出了不同 φ_{BR} 值对应的 J-V 模拟结果。令人惊讶的是，在图 5.38 所示范围内，改变背电极高度（进而改变内建电场）对 V_{oc} 没有显著影响，但对填充因子却有显著的影响。这个结果再一次说明：基于直接产生自由电子-空穴对的吸收层的异质结，与基于产生激子的吸收层的异质结之间有很大的区别。在基于产生激子的 p 型吸收层和激子解离基于异质结诱发的异质结电池里，自由电子在 n 型材料中产生，而自由空穴在 p 型材料中产生。在基于产生自由电子-空穴对的 p 型吸

收层的异质结电池中，载流子会在吸收层中的各处产生，而电子必须被收集至 n 型材料中。激子电池中自由载流子的产生模式和收集要求是非常独特的。在 5.3.2.2 节的电池中，V_{oc} 由界面复合所控制，所以能带弯曲仅影响空穴（多子）从 p 型材料中逸出的效率和电子（多子）从 n 型受主材料中逸出的效率；也就是说，内建静电势影响了串联电阻和填充因子问题，从而改变了我们已经看到的这些电池特性。

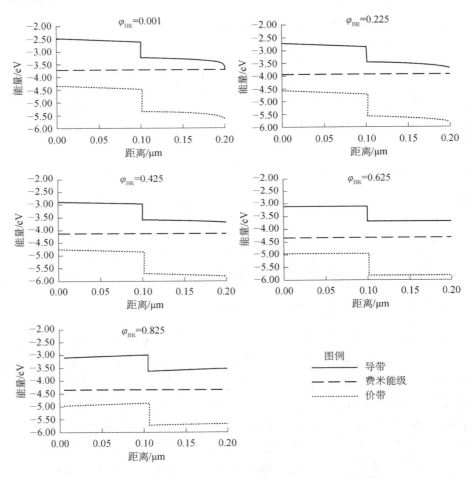

图 5.38　室温下，改变异质结背电极势垒高度（通过改变背电极层的功函数）得到的
热平衡能带图

电极复合速率仍源自表 5.4，没有改变。前电极势垒高度保持恒定。基准电池的（没有内建电场）φ_{BR}=0.63 eV

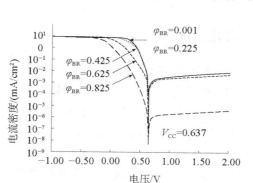

图 5.39　光照下，不同 φ_{BR} 时的半对数 J-V 特性，此模拟使用的界面复合强度为 $\gamma = 2 \times 10^{-14}$

5.4　异质结器件物理分析：解析方法

我们现在转向解析分析方法，而非数值分析方法，来描述在光照和电压作用下的异质结器件行为，从而将 J-V 特性的起源描述成方程形式。解析方法允许我们评估 J-V 特性解析表达式求解所需的所有近似条件。这个 J-V 模型最终会具有方程（5.2）的形式。我们的解析分析方法只限于具有一个内建静电场的突变型 pn 半导体-半导体异质结。我们将使用表面复合速率边界条件来描述选择性欧姆接触。在 5.4.1 节中，吸收过程设为直接产生自由电子和空穴的过程，在 5.4.2 节中则设为光吸收产生激子再通过异质结解离，从而产生自由电子和空穴的过程。需要指出的是，对于一些类型，本节所采用的异质结取向与本节之前所用的取向是相反的，如图 5.40 所示。

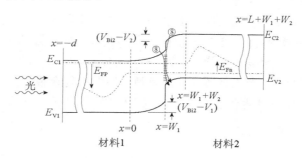

图 5.40　pn 异质结太阳电池结构示意图

光强为 $\Phi_0(\lambda)$ 的光在 $x = -d$ 处入射。这个电池有利之处在于有效电子-空穴力和电场力共同作用。假定存在界面复合(途径 8)。为清楚起见，少数载流子准费米能级的变化被放大了

5.4.1　光激发产生自由电子与空穴

图 5.40 给出了接下来我们将要分析的一维突变型异质结的能带图。它具有一个内建电场势垒，同时也存在一个有效力势垒(由于亲和势的改变)。这里给出的是器件在光照下的情况，产生的一个电压（V）。其中，V_1 部分形成于材料 1，而剩余的 V_2 部分形成于材料 2（$V=V_1+V_2$）。我们的目标是找到在光照条件下，此结构在电压为 V 时所产生的电流密度(J)的解析表达式。图 5.40 包含了我们在数值分析中见过的许多现象，包括少数载流子准费米能级的"上升"现象（这里被放大）和准费米能级在整个势垒区持平。这些特点在获得电池工作的解析图景上是非常有用的。

正如我们在第 4 章相应小节中做过的，我们用电流密度的方法来获得 J-V 特性，并且系统地讨论其中所涉及的近似条件。首先，我们选取材料 1 中位于静电场区域(空间电荷区)外的 $x=0$ 平面。根据这个选择

$$J=J_p(0)+J_n(0) \tag{5.15}$$

上式中 J_n（0）和 J_p（0）是电子和空穴的电流密度，同时定义图 5.40 中由左到右为正方向。在图 5.40 中选择内建电场势垒区的左边界平面（$x=0$）是有利的，因为正如我们在图 5.17（b）的数值分析结果中看到的，少数载流子空穴原则上只通过扩散在这里移动（注意到图 5.17 中异质结朝向是相反的）。所以 $J_p(0)$ 可以很好地近似为

$$J_p(0) = -eD_p \frac{\mathrm{d}p}{\mathrm{d}x}\Big|_{x=0} \tag{5.16}$$

应该注意的是，图 5.11（b）表明，对于内建电场势垒不存在或者很小的异质结电池来说，这个近似是不成立的。因为这种情况下，少数载流子空穴的漂移和扩散电流在数量级上是非常接近的。

通过假定 $x=0$ 界面左侧的电场很小①(在第 4 章及附录 E 中讨论过的准中性区假设)，我们能够得到公式（5.16）求值所需的 $p(x)$。如果我们再假定在这个半导体中，复合遵循线性复合寿命模型；即 $\mathscr{R}$ $(x)=(p-p_{n0})/\tau_p$，其中 τ_p 是空穴复合时间，在这里可以看作一个与位置无关的常量。用寿命复合模型来描述单分子和双分子复合过程，其合理性已在附录 B 和 C 中进行了讨论。在这些假定条件下，$p(x)$ 满足

---

① 正如我们在之前同质结中提到的，在准中性区引入方向有利的恒定静电场（通过梯度掺杂），必然会产生空穴漂移电流，在这里可以通过作出较小的调整来处理。Wolf[16]首先对此给出了完整的分析讨论，指出在分析中引入处于空间电荷中性区的恒定静电场简洁明了。它的物理作用只是协助了扩散。

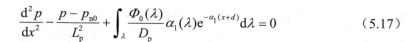

$$\frac{\mathrm{d}^2 p}{\mathrm{d}x^2} - \frac{p - p_{n0}}{L_p^2} + \int_\lambda \frac{\Phi_0(\lambda)}{D_p} \alpha_1(\lambda) e^{-\alpha_1(x+d)} \mathrm{d}\lambda = 0 \tag{5.17}$$

服从边界条件

$$\frac{\mathrm{d}p}{\mathrm{d}x}\Big|_{x=-d} = -\frac{S_p}{D_p}\big[p(-d) - p_{n0}\big] \tag{5.18a}$$

$$p(0) = p_{n0} e^{E_{Fp}(0)/kT} \tag{5.18b}$$

如同第 4 章的同质结情况,式(5.18b)中空穴的准费米能级 E_{Fp} 从与 n 型材料相接的金属电极的费米能级位置开始,向下测量为正;也就是如图 5.40 所示,它从 $x=-d$ 处的金属电极功函数位置开始测量。公式(5.17)假定材料 1 中的吸收遵循比尔-朗伯定律,而且产生的自由电子空穴对遵从

$$\int_\lambda G_{ph}(\lambda, x)\mathrm{d}\lambda = \int_\lambda G(\lambda, x)\mathrm{d}\lambda = \int_\lambda \Phi_0(\lambda)\alpha_1(\lambda) e^{-\alpha_1(\lambda)(x+d)}\mathrm{d}\lambda$$

在式(5.17)中,如图 5.40 所示光谱 $\Phi_0(\lambda)$ 从器件左侧入射,并假定器件前表面没有损失,在异质结界面没有反射,而且在背电极 $x=L+W_1+W_2$ 处也没有反射。公式中吸收系数的下标 1 提醒我们,这里的吸收系数是特指材料 1 的。

我们在之前构建同质结的 J-V 特性解析解时,遇到过如式(5.17)与式(5.18)的方程,并使用了相同的假设,因此我们可以将附录 F 中已经给出的这种形式的方程的解,用于式(5.16)中,得到

$$J_p(0) = e\int_\lambda \Phi_0(\lambda)\left\{\left[\frac{\beta_2^2}{\beta_2^2 - \beta_1^2}\right]\left[\frac{\beta_3\beta_1/\beta_2 + 1}{\beta_3 \sinh\beta_1 + \cosh\beta_1}\right] - \left[\frac{\beta_2^2 e^{-\beta_1}}{\beta_2^2 - \beta_1^2}\right]\left[\left(\frac{\beta_3 \cosh\beta_1 + \sinh\beta_1}{\beta_3 \sinh\beta_1 + \cosh\beta_1}\right)\left(\frac{\beta_1}{\beta_2}\right) + 1\right]\right\}\mathrm{d}\lambda$$

$$- \left\{\frac{eD_p p_{n0}}{L_p}(e^{V/kT} - 1)\right\}\left\{\frac{\beta_3 \cosh\beta_1 + \sinh\beta_1}{\beta_3 \sinh\beta_1 + \cosh\beta_1}\right\} \tag{5.19}$$

注意到,图 5.40 给出的空穴准费米能级以平带形式通过准中性区与材料 2(其中空穴是多子),这个假设条件在此处也用到了,即公式(5.19)中 $E_{FP}(0)=V$。这个假设在第 4 章关于同质结的叙述中进行过讨论,除了在短路条件时,5.3 节中的异质结仿真结果也支持了这一点。公式(5.19)中出现的 β 值定义见表 5.5。如同在同质结中一样,这些 β 值是非常有用的,因为它们省去了大量的赘述,更重要的是,它们揭示了不同材料参数之间的相互影响。正如我们预料的那样,$J_p(0)$ 的表达式取决于材料 1 中的吸收和整个电池形成的电压 V。这部分的 J-V 特性清晰地显示出了叠加效应,这也是理所当然的,因为其源于线性方程组(方程(5.15)~方程(5.18))。总之,我们的数值分析大体上支持这一部分 J-V 特性(公式(5.19))背后采用的所有假设,但是关键的一点在于,在异质结处必须存在内建静电势,

并且这个电势足以允许平面 $x=0$ 左边的任意位置处扩散移动比空穴漂移更占优势，并且可以抑制载流子在异质结界面的堆积。这个结论至少在一个太阳光照强度下是成立的（在数值模拟中我们采用的是 AM1.5G 光谱）。

表 5.5　材料 1 中的 β 值

β 值	定义	物理意义
β_1	d/L_P	材料 1 准中性区长度与空穴扩散长度的比率。描述了空穴在复合作用下，通过扩散在吸收层 1 中进行收集的物理图景。需要 $d \leqslant L_p$
$\beta_2(\lambda)$	$d_{\alpha 1}(\lambda)$	材料 1 准中性区长度和材料 1 对波长(λ)的光的吸收长度的比率 (这个比率取决于 λ) 表征了有多少波长 λ 的光在材料 1 中被吸收。　$d+W_1+W_2+L \approx 1/\alpha(\lambda)$
β_3	$L_P S_P/D_P$	材料 1 前表面空穴载流子复合速率 S_p 和空穴扩散速率 D_p/L_p 的比率。描述了电极复合和扩散过程中复合的物理关系。需要 $D_p/L_p > S_p$

正如同质结的例子那样，我们先求解 $J_p(0)$，因为对于这一项，它很容易得到一个解析表达式。同样如在同质结中所看到的，$J_n(0)$ 并不能很直接地求解，因为需要知道在 $x=0$ 处的电子漂移分量。这一点在之前的数值分析章节已解释清楚，即在势垒区多数载流子电子的输运是漂移占主导（图 5.17（b）和（c））。为得到材料 1 准中性区 $x \leqslant 0$ 中的电场，必须使用数值分析，如 5.3 节得到自洽解的过程。这里我们想看看使用纯解析分析能获得什么程度的解，如我们在同质结中做过的，我们将绕过 $J_n(0)$ 的求解问题。连续性概念提供了绕过的方法，并将问题转化为求解 $x=W_1+W_2$ 处的 J_n。由连续性原理可以得到 $J_n(0)$ 的表达式为

$$J_n(0) = e\int_0^{W_1}\int_\lambda G_{ph}(\lambda,x)\mathrm{d}\lambda\mathrm{d}x + e\int_{W_1}^{W_1+W_2}\int_\lambda G_{ph}(\lambda,x)\mathrm{d}\lambda\mathrm{d}x$$

$$-e\int_0^{W_1}\mathscr{R}(x)\mathrm{d}x - J_{IR} - e\int_{W_1}^{W_1+W_2}\mathscr{R}(x)\mathrm{d}x + J_n(W_1+W_2) \qquad (5.20)$$

这里，根据异质结的实际情况，界面复合 J_{IR} 从 $\int_{-d}^{L+W_1+W_2}\mathscr{R}(x)\mathrm{d}x$ 中摘了出来并明确地写为 J_{IR}。

式（5.20）的优点在于，在材料 $2x \geqslant W_1+W_2$ 的准中性区域中电子是少数载流子。这允许我们利用求解 $J_p(0)$ 的方法来求解 $J_n(W_1+W_2)$，即扩散运输占主导，正如 5.3 节的数值分析证实的那样，因此得到

$$J_n(W_1 + W_2) = eD_n \frac{dn}{dx}\bigg|_{x=W_1+W_2} \tag{5.21}$$

公式（5.21）的符号经过调整使器件作为太阳电池工作时，J 在图 5.40 中的 x 轴上为正值。当然我们也需要考虑：材料 1 的空间电荷区 $\int_0^W \int_\lambda G_{ph}(\lambda,x)d\lambda dx$ 的产生率，材料 2 空间电荷区 $\int_{W_1}^{W_1+W_2} \int_\lambda G_{ph}(\lambda,x)d\lambda dx$ 的产生率，材料 1 空间电荷区 $\int_0^{W_1} \mathscr{R}(x)dx$ 的复合率，异质结界面复合 J_{IR} 和材料 2 空间电荷区 $\int_{W_1}^{W_1+W_2} \mathscr{R}(x)dx$ 的复合率。在求解这五个因素之前，我们还是先完成对 $J_n(W_1+W_2)$ 的求解。

从公式（5.21）获得 $J_n(W_1+W_2)$ 需要求解材料 2 中 $x \geqslant W_1+W_2$ 区域的函数 $n=n(x)$。这个 $n(x)$ 满足：

$$\frac{d^2 n}{dx^2} - \frac{n - n_{p0}}{L_p^2} + \int_\lambda \frac{\Phi_0(\lambda)}{D_n} e^{-\alpha_1(d+W_1)} \alpha_2(\lambda) e^{-\alpha_2(x-W_1)} d\lambda = 0 \tag{5.22}$$

在 $x=W_1+W_2$ 遵从边界条件

$$n|_{W_1+W_2} = n_{p0} \exp\left[E_{Fn} \frac{W_1+W_2}{kT}\right] \tag{5.23a}$$

在 $x=W_1+W_2+L$ 遵从边界条件

$$\frac{dn}{dx}\bigg|_{L+W_1+W_2} = -\frac{S_n}{D_n}\left[n(L+W_1+W_2) - n_{p0}\right] \tag{5.23b}$$

公式（5.23a）中 $E_{Fn}(W_1+W_2)$ 是 $x=W_1+W_2$ 处的电子准费米能级在能带中的位置。另外，我们指出电子准费米能级是从 $x=W_1+W_2+L$ 处金属电极的功函数能量位置开始，向上测量为正，如图 5.40 所示。式（5.22）所用到的假设条件对应于建立公式（5.16）时所用的假设条件。对材料 2 在 $x=W_1+W_2$ 区域内对式（5.22）～式（5.23）进行求解，可以得到 $n(x)$，具体公式见附录 G。基于 $n(x)$ 函数，从公式（5.21）中可以得到

$$J_n(W_1+W_2) = e\int_\lambda \Phi_0(\lambda)\left\{\left[\frac{\beta_6^2 e^{-\beta_6} e^{-\beta_4}}{\beta_5^2 - \beta_6^2}\right]\left[\frac{[(\beta_3 \beta_5 / \beta_6) - 1]e^{-\beta_5}}{\beta_7 \sinh \beta_5 + \cosh \beta_5}\right] + \left[\frac{\beta_6^2 e^{-\beta_6} e^{-\beta_4}}{\beta_5^2 - \beta_6^2}\right]\left[1 - \left(\frac{\beta_5}{\beta_6}\right)\left(\frac{\beta_7 \cosh \beta_5 + \sinh \beta_5}{\beta_7 \sinh \beta_5 + \cosh \beta_5}\right)\right]\right\}d\lambda$$

$$-e\frac{D_n n_{p0}}{L_n}\left[e^{r/kT} - 1\right]\left[\frac{\beta_7 \cosh \beta_5 + \sinh \beta_5}{\beta_7 \sinh \beta_5 + \cosh \beta_5}\right] \tag{5.24}$$

图 5.18（a）和图 5.19（a）表明电子准费米能级在最大功率点以及开路状态下，以平带形式穿过准中性区与材料 1（空穴是多数载流子），即式（5.24）中采用

了 $E_{Fn}(W_1+W_2)=V$。式（5.24）中无量纲的 β 和公式（5.19）类似。它们的具体定义由表 5.6 给出。β 具体给出了材料 2 的不同参数之间的相互作用。正如我们料想的那样，公式（5.24）中 $J_n(W_1+W_2)$ 依赖于材料 2 的吸收以及贯穿整个电池的电压 V。这一部分 J-V 特性是线性方程组 5.21~5.23 的结果，而且它看起来也遵循叠加原理。我们的数值分析大体上支持这一 J-V 特性背后用到的所有假设，但重要的是，在异质结处必须有个内建静电势，并且这个电势足以允许平面 $x=W_1+W_2$ 右边的任意位置处，扩散电流分量更占优势，同时载流子在异质结界面的堆积也必须无足轻重。

表 5.6　材料 2 中的 β 值

β 量	定义	物理意义
$\beta_{41}(\lambda)$	$(d+W_1)\alpha(\lambda)$	对于波长为 λ 的光，材料 1 的厚度和材料吸收长度的比值（这个比值取决于光照 λ）描述了光进入 p 型材料之前的吸收情况。这一比值的期望值取决于吸收需要依赖多大部分的 p 区
$\beta_{42}(\lambda)$	$W_2\alpha_2(\lambda)$	材料 2 空间电荷区厚度和材料 2 对波长 λ 的光的吸收长度之比（这个比值取决于 λ）描述了光在进入 p 型材料准中性区之前，在 p 型材料中的吸收。这个比值的期望值取决于吸收需要依赖多大部分的 p 区准中性区
β_5	L/L_n	材料 2 准中性区长度和电子扩散长度的比值描述了电子在复合作用下，从 p 型材料准中性区通过扩散进行收集的物理图景。需要 $L\leqslant L_n$
$\beta_6(\lambda)$	$\lambda\alpha(\lambda)$	材料 2 的准中性区和材料 2 对于波长 λ 的光的吸收长度的比值（这个比值取决于 λ）需要 $d+W_1+W_2\approx 1/\alpha(\lambda)$
B_7	$L_n S_n/D_n$	材料 2 背面电子载流子复合速率 S_n 与材料 2 中电子扩散速率 D_n/L_n 的比值描述了电子电极复合与扩散复合比值的物理关系。需要 $D_n/L_n>S_n$

现在，我们的目标是求出异质结太阳电池的 J-V 解析表达式，把式（5.24）代入式（5.20）中，然后把得到的式（5.20）和式（5.19）代入式（5.15）中。这样可以得到完整的 J-V 特性，即

$$J = e\int_{\lambda} \Phi_0(\lambda)\left\{\left[\frac{\beta_2^2}{\beta_2^2-\beta_1^2}\right]\left[\frac{(\beta_3\beta_1/\beta_2)+1}{\beta_3\sinh\beta_1+\cosh\beta_1}\right] - \left[\frac{\beta_2^2 e^{-\beta_4}}{\beta_2^2-\beta_1^2}\right]\left[\left(\frac{\beta_3\cosh\beta_1+\sinh\beta_1}{\beta_3\sinh\beta_1+\cosh\beta_1}\right)\left(\frac{\beta_1}{\beta_2}\right)+1\right]\right\}d\lambda$$

$$+ e\int_{\lambda}\Phi_0(\lambda)\left\{\left[\frac{\beta_6^2 e^{-\beta_{41}}e^{-\beta_{42}}}{\beta_5^2-\beta_6^2}\right]\left[\frac{[(\beta_7\beta_5/\beta_6)-1]e^{-\beta_5}}{\beta_7\sinh\beta_5+\cosh\beta_5}\right] + \left[\frac{\beta_6^2 e^{-\beta_{41}}e^{-\beta_{42}}}{\beta_5^2-\beta_6^2}\right]\left[1-\left(\frac{\beta_5}{\beta_6}\right)\left(\frac{\beta_7\cosh\beta_5+\sinh\beta_5}{\beta_7\sinh\beta_5+\cosh\beta_5}\right)\right]\right\}d\lambda$$

$$-\left\{e^{\frac{D_p p_{n0}}{L_p}}\left(e^{V/kT}-1\right)\right\}\left\{\frac{\beta_3\cosh\beta_1+\sinh\beta_1}{\beta_3\sinh\beta_1+\cosh\beta_1}\right\} - e\frac{D_n n_{p0}}{L_n}\left[e^{V/kT}-1\right]\left[\frac{\beta_7\cosh\beta_5+\sinh\beta_5}{\beta_7\sinh\beta_5+\cosh\beta_5}\right]$$

$$+ e\int_0^{W_1}\int_{\lambda}G_{ph}(\lambda,x)d\lambda dx + e\int_{W_1}^{W_1+W_2}\int_{\lambda}G_{ph}(\lambda,x)d\lambda dx - e\int_0^{W_1}\mathscr{R}(x)dx - J_{IR} - e\int_{W_2}^{W_1+W_2}\mathscr{R}(x)dx$$

$$\text{(5.25)}$$

这一解析表达式相当复杂。通过进一步观察，我们可以确定地说，只要它们基于的假设条件成立，式（5.25）中的各项（除了最后五个）都不会造成叠加原理失效。对式（5.25）的最后五项，我们没有它们的解析表达式，因而不能作上述判断。这最后五项涵盖了 $0 < x < W_1 + W_2$ 的区域，从数值分析中可以看到，这一区域内界面陷阱和复合效应可以导致非常严重的非线性关系。

现在我们来处理这五项并且尝试一些解析模型。对于光生电子空穴对来说，其中两个空间电荷区的产生项很容易用比尔-朗伯模型求解。材料 1 的项为

$$e\int_0^{W_1}\int_{\lambda}G_{ph}(\lambda,x)d\lambda dx = \int_{\lambda}\Phi_0(\lambda)e^{-\alpha_1 d}(1-e^{-\alpha_1 W_1})d\lambda$$

或采用 β 量表示为

$$e\int_0^{W_1}\int_{\lambda}G_{ph}(\lambda,x)d\lambda dx = \int_{\lambda}\Phi_0(\lambda)e^{-\beta_2}(1-e^{-\beta_{41}}e^{\beta_2})d\lambda \qquad\text{(5.26)}$$

材料 2 中空间电荷区对产生率的贡献是

$$e\int_{W_1}^{W_1+W_2}\int_{\lambda}G_{ph}(\lambda,x)d\lambda dx = \int_{\lambda}\Phi_0(\lambda)e^{-\alpha_1(d+W_1)}(1-e^{-\alpha_2 W_2})d\lambda$$

或者用 β 量表示为

$$e\int_{W_1}^{W_1+W_2}\int_{\lambda}G_{ph}(\lambda,x)d\lambda dx = \int_{\lambda}\Phi_0(\lambda)e^{-\beta_{41}}(1-e^{-\beta_{42}})d\lambda \qquad\text{(5.27)}$$

式（5.26）和式（5.27）与光照强度 Φ_0 是清晰的线性关系，并且它们与电压没有依赖关系。因此，我们也可以肯定地说它们不会造成叠加效应的失效。

要获得两个空间电荷区的复合项 $-e\int_0^{W_1}\mathscr{R}(x)dx$ ，$-e\int_{W_2}^{W_1+W_2}\mathscr{R}(x)dx$ 和公式（5.25）中的界面复合项 J_{IR} 的解析表达式，是非常困难的。在这个区域存在

一个强的电场，并且存在缺陷态，它们会造成如下影响：①支持复合；②能俘获电荷并改变电场或者③两者均有，如在 5.3 节中看到的那样。因此这三项应用数据模拟来处理。为了尝试用解析分析的方法处理这三个复合项，我们首先遵循第 4 章同质结所采用的分析步骤，并注意到两个空间电荷区复合项的和通常具有如下的形式：

$$\int_0^{W_1} \mathscr{R}(x)\mathrm{d}x + \int_{W_2}^{W_1+W_2} \mathscr{R}(x)\mathrm{d}x = \left\{ J_{SCR}\left(\mathrm{e}^{V/n_{SCR}kT}-1\right)\right\} \tag{5.28}$$

其中前因子 J_{SCR} 和 n_{SCR} 实际上都会依赖于电压和光，对于界面复合项 J_{IR}，也经常能观测到类似的行为，具有如式（5.28）的形式：

$$J_{IR} = \left\{ J_I\left(\mathrm{e}^{V/n_1kT}-1\right)\right\} \tag{5.29}$$

这个公式里，前因子 J_I 和 n_1 实际上同样依赖于电压和光照。显而易见，正如我们在数值模型中看到的，J_{SCR}，J_I，n_1 和 n_{SCR} 取决于损失机制、载流子数量、空间电荷区的电场和光照。将式（5.26）~式（5.29）代入式（5.25），可以得到异质结太阳电池在光照条件下 J-V 的一般解析表达式：

$$
\begin{aligned}
J = &\; e\int_\lambda \Phi_0(\lambda)\left\{\left[\frac{\beta_2^2}{\beta_1^2-\beta_2^2}\right]\left[\frac{(\beta_3\beta_1/\beta_2)+1}{\beta_3\sinh\beta_1+\cosh\beta_1}\right]-\left[\frac{\beta_2^2\mathrm{e}^{-\beta_1}}{\beta_2^2-\beta_1^2}\right]\left[\left(\frac{\beta_3\cosh\beta_1+\sinh\beta_1}{\beta_3\sinh\beta_1+\cosh\beta_1}\right)\left(\frac{\beta_1}{\beta_2}\right)+1\right]\right\}\mathrm{d}\lambda \\
&+ e\int_\lambda \Phi_0(\lambda)\left\{\left[\frac{\beta_6^2\mathrm{e}^{-\beta_1}\,\mathrm{e}^{-\beta_{42}}}{\beta_5^2-\beta_6^2}\right]\left[\frac{[(\beta_7\beta_5/\beta_6)-1]\mathrm{e}^{-\beta_6}}{\beta_7\sinh\beta_5+\cosh\beta_5}\right]+\left[\frac{\beta_6^2\mathrm{e}^{-\beta_{41}}\,\mathrm{e}^{-\beta_{42}}}{\beta_5^2-\beta_6^2}\right]\left[1-\left(\frac{\beta_5}{\beta_6}\right)\left(\frac{\beta_7\cosh\beta_5+\sinh\beta_5}{\beta_7\sinh\beta_5+\cosh\beta_5}\right)\right]\right\}\mathrm{d}\lambda \\
&+\int_\lambda \Phi_0(\lambda)\mathrm{e}^{-\beta_2}\left(1-\mathrm{e}^{-\beta_{41}}\mathrm{e}^{\beta_2}\right)\mathrm{d}\lambda+\int_\lambda \Phi_0(\lambda)\mathrm{e}^{-\beta_1}\left(1-\mathrm{e}^{-\beta_{42}}\right)\mathrm{d}\lambda \\
&-\left\{ e\frac{D_p p_{n0}}{L_p}\left(\mathrm{e}^{V/kT}-1\right)\right\}\left\{\frac{\beta_3\cosh\beta_1+\sinh\beta_1}{\beta_3\sinh\beta_1+\cosh\beta_1}\right\} \\
&-e\frac{D_n n_{p0}}{L_n}\left[\mathrm{e}^{V/kT}-1\right]\left[\frac{\beta_7\cosh\beta_5+\sinh\beta_5}{\beta_7\sinh\beta_5+\cosh\beta_5}\right] \\
&-\left\{ J_{SCR}\left(\mathrm{e}^{V/n_{SCR}kT}-1\right)\right\}-\left\{ J_I\left(\mathrm{e}^{V/n_1kT}-1\right)\right\} \tag{5.30}
\end{aligned}
$$

这个公式中首先为光生电流项（包含 Φ_0 的项），而后为反向的暗态电流项，它很明显具有公式（5.2）的形式。当电池输出功率时，公式（5.30）给出一个正值 J，这和图 5.40 中的 x 轴正方向是一致的。如果这个 J 用到 J-V 曲线图中，则必须使用我们之前的约定，即 J 在能量象限为负。正如我们在 4.4.1 节中详细讨论过的，如果有需要，电池串联和并联电阻的影响可以很容易地添加到这个公式中。

5.4.2　激子吸收

现在我们将注意力转移到获取基于激子吸收的异质结太阳电池的 *J-V* 解析表达式，在这种异质结太阳电池中，光吸收将产生激子，激子扩散到异质结界面并进行解离然后得到自由电子与空穴。我们把受主一侧导带中的电子产生速率记为 I，这里 I 是单位面积单位时间到达异质结界面并解离的激子数目。因此，I 也是异质结界面施主一侧价带中空穴的产生速率。在电池中电子和空穴的产生仅发生在异质结界面。对这种情况进行解析模拟，一般假定叠加效应成立，并将公式（5.30）修正为

$$J = eI - e\frac{D_{\mathrm{p}}p_{\mathrm{n0}}}{L_{\mathrm{p}}}\left(\mathrm{e}^{V/kT}-1\right)\left[\frac{\beta_7\cosh\beta_5 + \sinh\beta_5}{\beta_7\sinh\beta_5 + \cosh\beta_5}\right]$$
$$-\left\{J_{\mathrm{SCR}}\left(\mathrm{e}^{V/n_{\mathrm{SCR}}kT}-1\right)\right\}-\left\{J_{\mathrm{I}}\left(\mathrm{e}^{V/n_{\mathrm{I}}kT}-1\right)\right\} \tag{5.31}$$

这里假定使用的是吸收层-窗口层结构，并考虑了吸收材料的 p 型特性。当然，这一公式采用了推导式（5.30）时用到的所有假设。但由于①缺乏对异质结界面电荷堆积的处理，②未明确考虑陷阱效应和界面复合现象，这个方程的适用性受到了一定限制。

5.5　其他形式的异质结结构

尽管我们已经关注了一些一维 pn 单结的异质结结构，用来探索器件物理机制，但需要指出的是，实际上许多异质结结构并不是如此简单。例如，图 5.41（a）显示了一种 n⁺-n 窗口层-吸收层型的同型异质结器件(在异质结界面的两边掺杂相同类型)。由于功函数不同，两种 n 型半导体之间存在一个静电场势垒区。我们也可以看到，异质结界面的电子亲和势的不同对该异质结器件没有帮助；也就是说，它和静电场势垒的方向是相反的。有趣的是，光生空穴必须在界面处被窗口材料导带中电子填充后，才能被这种类型的异质结电池收集。图 5.41（b）给出了一种半导体-中间层-半导体(S-I-S)情形，其将 HT-EBL 材料嵌入到 n⁺窗口层半导体和 n 吸收层之间。这种中间层被认为没有对吸收层中的内建电场带来不利的影响。这种变更的 S-I-S 结构提供了一个和静电场势垒朝向一致的有效电场势垒（电子亲和势之差）。这样的中间层允许将能带位置不利的材料也应用到电池当中。其他种类的 S-I-S 结构也已经研究过。例如，已经探索过 I 层含有纳米颗粒的 S-I-S 异质结结构，其 I 层被设计用来产生等离子体激元进而影响产生率 $G_{\mathrm{ph}}(\lambda,x)$[17]。

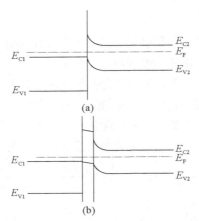

图 5.41　(a) 一种同型 n^+-n 器件与(b)相应的半导体-中间层-半导体 S-I-S 结构

如图 5.42 所示，已经制备出了具有纳米尺寸结构的三维无机异质结结构，从而利用图 3.28 中讨论过的那些优势[18]。对于激子电池来说，具有图 5.2 类型的三维体异质结结构的有机异质结太阳电池，已经成功地实现了[1]。通过使用多重异质结，这种体异质结结构已经应用到了叠层电池上[19]。具有图 5.1 所示类型的平面异质结结构的有机激子异质结电池，也已经成功地制备了出来[20]。

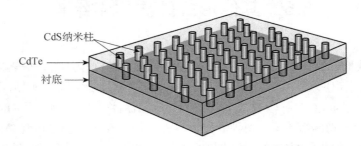

图 5.42　在图 3.29 和相关文献中讨论过的一个三维异质结结构示意图

参 考 文 献

[1]　B. Lei, Y. Yao, A. Kumar, Y. Yang, V. ozolins, Quantifying the relation between the morphology and performance of polymer solar cells using Monte Carlo simulations, J. Appl. Phys. 104 (2008) 024504.

[2]　S. Günes, H. Neugebauer, N.S. Sariciftci, Conjugated polymer-based organic solar cells, Chem. Rev. 107 (2007) 1324.

[3]　B.C. Thompson, J.M.J. Fréchet, Polymer-fullerene composite solar cells, Angew. Chem. Int. Ed. 47 (2008) 58.

[4]　W. Ma, C. Yang, X. Gong, K. Lee, A.J. Heeger, Thermally stable, efficient polymer solar cells with nanoscale control of the interpenetrating network morphology, Adv. Funct. Mater. 15 (2005) 1617.

[5]　D.D. Reynolds, G. Leies, L.L. Antes, R.E. Marburger, Photovoltaic effect in cadmium sulfide, Phys. Rev. 96 (1954) 533.

[6]　R. Williams, R.H. Bube, Photoemission in the photovoltaic effect in cadmium sulfide crystals, J. Appl. Phys. 31 (6) (1960) 968.

[7]　R.H. Bube, Hetrojunctions for thin film solar cells, in: L. Murr (Ed.), Solar Materials Science, Academic Press, New York, 1980.

[8]　E. Carlson, Research in Semiconductor Films, WADC Tech. Rep. 56–62, Clevite Corp., 1956.

[9]　National Solar Technology Roadmap CIGS PV, Management Report NREL/MP-520-41737, June 2007; National Solar Technology Roadmap CdTe PV, Management Report NREL/MP-520-41736 June 2007.

[10] S.H. Park, A. Roy, S. Beaupre, S. Cho, N. Coates, J.S. Moon, D. Moses, M. Leclerc, K. Lee, A.J. Heeger, Bulk heterojunction solar cells with internal quantum efficiency approaching 100%, Nature Photonics 3 (May 2009) 297.

[11] S. Taira,Y. Yoshimine, T. Baba, M. Taguchi, T. Kinoshita, H. Sakata, E. Maruyama, M. Tanaka, our Approaches for Achieving Hit Solar Cells with more than 23% Efficiency, Proceeding of the 22nd European Photovoltaic Solar Energy Conference, Milan, Italy, 3–7 Sept. 2007, p. 932

[12] J. Cuiffi, T. Benanti, W-J. Nam, S. Fonash, Application of the AMPS Computer Program to organic Bulk Heterojunction Solar Cells, 34th IEEE Photovoltaic Specialists Conference, Philadelphia, PA, June 7-12, 2009.

[13] J. F. Jordan, Thin Film Cu2S/CdS Solar Cells by Chemical Spraying, Final Report Contract Ex-76-C643579, Dept. of Energy, Washington, DC (1978).

[14] R.L. Anderson, Experiments on Ge-GaAs heterojunctions, Solid-State Electron 5 (1962) 341.

[15] C. Waldauf, P. Schilinsky, J. Hauch, C.J. Brabec, Material and device concepts for organic photovoltaics: towards competitive efficiencies, Thin Solid Films 503 (2004) 451-452.

[16] M. Wolf, Drift fields in photovoltaic solar energy converter cells, Proc. IEEE 51 (1963) 674.

[17] S. Forrest, J. Xue, Strategies for solar energy power conversion using thin film organic photovoltaic cells, Conference Record of the Thirty-first IEEE Photovoltaic Specialists

Conference, orlando, FL, January 2005.

[18] Z. Fan, H. Razavi, J. Do, A. Moriwaki, o. Ergen, Y.L. Chueh, P.W. Leu, J.C. Ho, T. Takahashi, L.A. Reichertz, S. Neale, K. Yu, M. Wu, J.A. Ager, A. Javey, Three-dimensional nanopillar-array photovoltaics on low-cost and flexible substrates, Nature Mater. 8 (2009) 648-653.

[19] J.Y. Kim, K. Lee, N. Coates, D. Moses, T-Q. Nguyen, M. Dante, A.J. Heeger, Efficient tandem polymer solar cells fabricated by all-solution processing, Science 317 (2007) 222.

[20] A.L. Ayzner, C.J. Tassone, S.H. Tolbert, B.J. Schwartz, Reappraising the need for bulk heterojunctions in polymer-fullerene photovoltaics: the role of carrier transport in all-solution-processed P3HT/PCBM bilayer solar cells, J. Phys. Chem. C 113 (2009) 20050.

第 6 章
表面–势垒太阳电池

6.1 引　言

表面–势垒太阳电池（surface-barrier solar cells）仅采用一种类型的掺杂半导体材料。来自于半导体表面的静电势垒是造成此类太阳电池光伏效应的起源。类似于 pin 型电池结构，表面–势垒太阳电池的内建电场可以横跨整个半导体材料，甚至在极端的情况下，可以接近半导体的表面区域。根据构成半导体静电势垒材料体系的不同，表面–势垒太阳电池可以分为两大类：一类是全固态太阳电池，另一类是电解质–固态太阳电池。其中，具备实用功能的全固态电池，又可分为两种结构：一种是金属–半导体（metal-semiconductor，M-S）结构，另一种是金属–介质层–半导体（metal-intermediate layer-semiconductor，M-I-S）结构。而电解质–固态电池采用液体–半导体结构。固态太阳电池主要利用金属与半导体之间的电化学势之差（典型情况下，电化学势用两种材料的功函数作量度）来建立半导体中的表面静电场；而电解质基的电池，则以电解质的氧化还原势作为它的电化学势，其与半导体的电化学势之差来建立表面静电场。采用金属–半导体和金属–介质层–半导体结构的电池通常被称为肖特基势垒（Schottky-barrier，SB）电池，而采用电解质–半导体结构的电池则通常称为电化学光伏电池（electrochemical photovoltaic cells，EPC）。采用金属–半导体结构的电池，当其内建电场横跨整个半导体材料时，有时也可把它称为 M-I-M 电池。此处的"I"被再次使用，意指低掺杂（本征）吸收层。

两类表面–势垒太阳电池的能带图如图 6.1 所示。电解质–半导体太阳电池又可以进一步分为两种类型，如图 6.2 所示。①再生型电池：氧化还原对的氧化态（从半导体表面捕获空穴）只在阳极（又称对电极（counter-electrode））处完成还原，期间不发生净化学反应。②光合作用型（photosynthesis 或者 photo-cleaving）

电池。其特点是在半导体表面捕获空穴（氧化）的过程中生成一种产物，而在阳极处被还原的过程中生成另一种产物。图 6.2(b)给出了光合作用型电池的一个典型示例，即通过光解作用分解水来形成氧气和氢气，这种结构于 1972 年即被论证[1]。

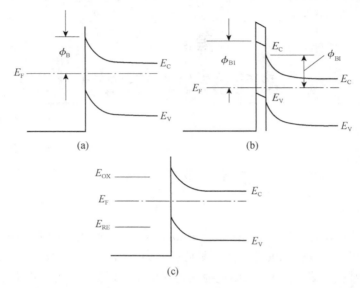

图 6.1　几种表面-势垒太阳电池在热力学平衡状态下的能带结构，其中半导体均以 n 型材料为例

(a)简单的金属-半导体结构的能带图；(b) 金属-介质层-半导体结构；(c)电解质-半导体结构，其中溶液能级以氧化还原对的能级来表征，即 E_{OX}、E_{RE} 分别代表溶液中氧化、还原的能级。图中亦给出正文中针对金属势垒形成所讨论过的两种肖特基势垒的高度

　　表面-势垒太阳电池的研究历史可追溯到 1839 年，由 Becquerel[2]首次报道的具有光伏行为的器件即用的电解质-固体结构。1904 年 Hallwachs[3]首次报道了具有光敏性的 Cu-Cu$_2$O 材料，开创了全固态表面-势垒太阳电池的先河，并于 1927 年[4]首次制备出光伏器件。到 20 世纪 30 年代，以 Cu-Cu$_2$O 材料为核心的金属-半导体表面势垒器件已在光度学（photometry）、光控制等领域实现了商业应用。在此研发阶段，全固态表面-势垒太阳电池[3]的光电转换效率不超过 1%。

　　然而至 20 世纪 50 年代初期，表面-势垒光伏结构被新兴的同质 pn 结太阳电池技术迅速超越，正像当时肖特基势垒二极管快速被 pn 结二极管所取代那样。直到 1970~1972 年，肖特基势垒太阳电池，在地面应用条件下，单晶硅的 M-S 和单晶砷化镓 M-S 的器件，仅能分别获得不超过 6%和 9%[5]的光电转换效率。这期间因电解质-半导体（EPC）结构的电化学光伏电池的性能不稳定，转换效率在地面光照条件下仅能达到 1%[6-8]。

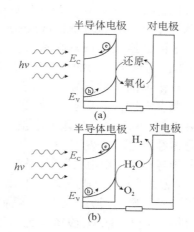

图 6.2　(a) 再生型电池：氧化还原对的氧化态全部在阳极（对电极）处完成还原，期间不发生净化学反应；(b) 光合作用型电池：半导体氧化的过程中生成一种产物，而在阳极处被还原的过程中生成另一种产物。上述两个示例均以 n 型半导体材料为例

　　1972 年，研究者通过实验发现[9]，当在 Al 电极与 p 型硅之间插入 SiO_x 绝缘层时可大幅提高 Al/(p)Si 型金属-半导体太阳电池的开路电压，使得表面-势垒太阳电池进入金属-绝缘体（insulator）-半导体结构的新时代。用叠加模型（superposition model）的话说，绝缘层的引入可以抑制暗电流从而提高开路电压，但其厚度必须足够薄以避免阻碍光生电流的收集。其他课题组也通过实验验证了 n 型硅[10]、n 型 III-V 族 GaAs 化合物[5,11]材料也可以采用金属-绝缘体-半导体结构制成表面-势垒太阳电池，并且可以进一步实现对暗电流中多数载流子成分的抑制[12-14]。20 世纪 70 年代末，基于单晶硅的金属-绝缘体-半导体太阳电池可以获得 16%[13]（AM1 条件下）的光电转换效率，而基于 n 型单晶 GaAs 的电池转换效率可以达到 17%[15]（AM1 条件下）。这种结构的电池，常要求光从表面势垒区入射。其优势在于，自由载流子电荷的分离（或者激子产生并成为自由载流子），正好是静电势垒区产生于表面光吸收最强的区域。然而不幸的是，当光从表面势垒区入射时，为降低光吸收损失，金属层必须是超薄的。由于采用超薄且通常偏离其化学计量比的绝缘层以及超薄（~10 nm）的金属电极，金属-绝缘体-半导体太阳电池普遍存在稳定性差的问题。作者的课题组对金属-介质层-半导体（MIS）太阳电池，就 20 世纪 70 年代的绝缘层材料以及现今的介质层材料（对于 n 型半导体采用空穴传输-电子阻挡层(HT-EBL)，而对于 p 型半导体采用电子传输-空穴阻挡层(ET-HBL)作为 MIS 电池的"I"材料），均进行过数值计算，结果如图 6.1(b)所示。

　　随着沉积技术的不断发展，诸如原子层沉积（atomic layer deposition，ALD）[16]、自组装单层（self-assembled mono-layer，SAM）沉积[17]、金属有机化学气相沉

积（metal-organic chemical vapor deposition，MOCVD），以及当今用于金属-氧化层半导体场效晶体管（metal-oxide-semiconductor field-effect transistor，MOSFET）[18]的超薄、稳定的栅绝缘层材料制备工艺的不断完善，研究者依然对制备以 HT-EBL、ET-HBL 材料为核心的、性能稳定的 M-I-S 电池以及类似 EPC 的电化学光伏电池抱有浓厚的兴趣。现今，由于不同类型的表面-势垒太阳电池普遍具有结构简单、制备温度低的优点，所以常常成为评价新材料可用性以及新概念可行性的有力工具。例如，很多课题组正对基于肖特基势垒的金属-纳米颗粒（量子点）半导体结构进行研发[19,20]。

下面简单介绍电解质-半导体太阳电池的发展历程。电解质-半导体太阳电池中产生自由电子和空穴时，一方面会引起半导体表面的化学反应（被称为光腐蚀效应），给太阳电池的性能造成不利影响；另一方面，这种效应也可以通过引起电解质的化学反应而带来有益的影响（图 6.2）。1976 年已制备出转换效率为 1%~2% 的多硫族电解质（n 型 CdS）器件[21,22]。研究表明，同时存在的光腐蚀和光分解反应的程度是可以控制的，即该器件采用的氧化还原对是水溶液中的硫化物/多硫化物（S^{2-}/S_n^{2-}），这样不仅可以在 CdS 的表面形成电池所必需的静电势垒，而且可以作为光生空穴的有效"陷阱"，降低其发生光腐蚀反应的概率。总地来讲，在 20 世纪 70 年代末，通过选择合适的氧化还原对并使其能级处于半导体能带边的位置；或者通过调制氧化还原对与半导体之间的电子输运机制；又或是两者同时进行，采用多砷化物电解质 n 型 GaAs，可以使液体-半导体表面势垒太阳电池的稳定转换效率达到 12%[23]。然而至今，光腐蚀效应仍然是此种电池所要面临的问题。考虑到宽带隙半导体材料具有更强的键能，在抵抗光腐蚀效应方面具有一定的优势，这就使空穴传输-电子阻挡层（用于 n 型半导体）和电子传输-空穴阻挡层（用于 p 型半导体）材料的研发更有意义。另外，这也促使了混合型叠层电池结构的提出，即将窄带隙单元置于宽带隙电解质/半导体的顶电池之后，也就是说，使宽带隙电池同时面对高能光子和抗腐蚀的电解质，因此兼备对电池性能有利的双重功效。最终具有这种结构的叠层电池可以获得高达 19.6% 的光电转换效率[24]。

6.2　表面-势垒太阳电池器件物理概述

6.2.1　输运特性

正如第 5 章对半导体-半导体异质结太阳电池中所描述的那样，表面-势垒太阳电池既可以通过扩散效应将光生少数载流子输运到相对窄的势垒区域，也可以通过漂移效应直接收集光生载流子，还可以通过扩散效应使激子到达界面进而实现解离。具体的结构设计取决于对光吸收过程的基本分析、吸收/扩散长度之比、吸收/漂移长度之比等因素。在本节中，为了更清晰地阐述载流子输运机制，我们忽略不同类型电池之间的细节差异，以图 6.3 统一代表金属-半导体（M-S）、金属-介质层-半导体太阳电池（M-I-S）以及电化学光伏电池（EPC）的电池结构。

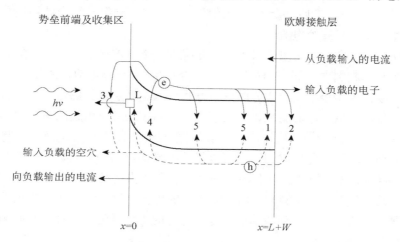

图 6.3　光照条件下表面-势垒太阳电池的结构图

复合路径 1~5 代表光生载流子的各种损失机制。路径 L 虽然有助于向外电路输出光生电流，但同时会产生局域化空穴并可能引起对电池有害的化学键的断裂

如前所述，表面-势垒太阳电池中的半导体材料在吸收光之后会产生自由电子和空穴或者会使激子分离。后者被认为是在半导体表面的高能静电场中完成的。然而，正如 2.2.6 节中讨论的那样，静电场本身能否使激子分离是存在疑问的。从金属-半导体型表面-势垒太阳电池的能带图来推论，激子分离也有可能只发生在界面处。不论其机制怎样，已有实验结果表明[25]，激子分离确实发生在有机材料表面-势垒电池中，至少在采用 p 型吸收层材料的表面-势垒电池中是这样。

然而，不论是有机还是无机吸收层材料，通过光吸收过程产生的自由载流子都面临多种损失机制。如图 6.3 所示，吸收层中的光生空穴损失机制主要有以下几种方式：

路径 1、2：背接触层（欧姆接触层）界面处以及自身的复合。这方面的损失可以通过采用合适的选择性欧姆接触层来降低。

路径 3：前表面层界面处和势垒形成层（barrier former）材料内的复合。

路径 4：半导体表面势垒区复合。

路径 5：体区内的复合。

在各种损失机制下得以幸存的光生空穴最终被势垒形成层（barrier-former）收集。在不同类型的表面势垒太阳电池中，势垒形成层可以是金属、金属-介质层结构或者氧化还原对。在电解质太阳电池中，空穴在势垒形成层/半导体界面处参与氧化还原过程，并最终形成连续的光电流。而在金属-半导体或者金属-介质层-半导体电池中，是通过金属电子的填充使空穴的产生与消失循环进行的，并最终在外电路形成连续电流。

另外，光生空穴也可以通过图 6.3 所示的路径 L 被势垒形成层收集。对于采用 n 型半导体材料的金属-半导体和金属-介质层-半导体电池，路径 L 代表界面区域的局域化光生少子（空穴）以隧穿方式进入金属层。虽然这种方式有助于输运光生电流，但也会伴随局域化空穴使化学键断裂，进而引起固态电池半导体表面的化学不稳定性[26,27]。另外，对于液体-半导体太阳电池，电解质在界面处可以自由运动，因而，化学键的断裂可以导致半导体材料的分解。举例来说，如式（6.1）中的半导体材料 C，在局域化空穴的作用下发生化学键断裂并生成自由的 C^+，最终形成图 6.3（左侧）中向负载输出的电流。这一过程正是之前所述的有害的光腐蚀效应。对于任何成功的、稳定运行的电化学光伏电池，都必须对此大力予以抑制[28]。

$$C + h^+ + solvent \longrightarrow C^+ \cdot solvent \qquad (6.1)$$

如果采用之前章节常用的分析方法来研究电子在 $x = L + W$ 截面处的输运特性（更准确地讲，是穿过图 6.3 中的路径 1、2 右侧截面的电子输运，参见 2.3.2.9 节中的讨论），可用如下公式描述：

$$J = -\left[e\int_0^{L+W} \int_\lambda G_{ph}(\lambda,x)\mathrm{d}\lambda\mathrm{d}x - e\int_0^{L+W} \mathscr{R}(x)\mathrm{d}x - J_{ST}(0) - J_{SB}(L+W) \right] \qquad (6.2)$$

其中，$G_{ph}(\lambda,x)$ 是 2.2.6 节中提到的光生载流子的产生率，积分符号的角标 λ 表示对整个入射光谱的积分。正如之前的章节中所描述的，如果光生自由电子和空穴是由光吸收直接产生，则 $G_{ph}(\lambda,x)$ 与光吸收谱一致。另外，如果光生自由电子和空穴是由势垒形成层界面处的激子解离产生，此时 $G_{ph}(\lambda,x)$，正如在第 5 章所讨论的，在半导体表面的 x 处，具有类 δ 函数的特性。积分 $\int_0^{L+W} \mathscr{R}(x)\mathrm{d}x$ 表示半导体表面势垒区复合（路径 4）以及体复合（路径 5）损失。$J_{ST}(0)$ 表示电子（或空穴）在光入射的势垒形成层的前表面通过复合路径 3 的损失，而 $J_{SB}(L+W)$ 表示电子（或空穴）在背面通过复合路径 1、2 的损失。另外，这里有必要讨论一下式（6.2）中的正负号问题。整个式子开头处为负号，是因为通常规定在太阳电池 J-V 曲线中功率象限（第四象限）的电流密度为负值，并且从图 6.3 的载流子输运角度来看，电流沿 x 轴的反方向流动时其符号也为负值。

式（6.2）中的 $J_{ST}(0)$ 电流损失项（路径 3）需要进一步讨论。根据势垒形成层材料的不同，$J_{ST}(0)$ 代表不同的电流损失机制。当势垒形成层是电解质材料时，$J_{ST}(0)$ 表示已被氧化的氧化-还原对被表面导带电子还原的过程中产生的电流复合损失。可以用公式 $J_{ST}(0)=eS_n[n(0)-n_0(0)]$ 表达，其中的 S_n 为表面复合速率，在这里用于表征还原过程的动力学，而且其数值可以根据需要进行适当调整。当然，$J_{ST}(0)=eS_n[n(0)-n_0(0)]$ 应包含前表面附近的还原过程以及其他并联损失通道。例如，如果界面处的电子-空穴复合以路径 3 的复合机制为主的话，此公式同样适用。另外，当势垒形成层是金属材料时，我们将 $J_{ST}(0)$ 表达为式（6.3）的形式，即导带电子向金属层的热电子发射，参照 2.3.2.1 节，则有

$$J_{ST} = eS_n[n(0) - n_0(0)] = \frac{A^+ T^2}{N_C}[n(0) - n_0(0)] = A^* T^2 e^{-\phi_B/kT}\left[e^{E_{Fn}(0^+)/kT} - 1\right] \quad (6.3)$$

此处 $E_{Fn}(0^+)$ 是指半导体中的电子准费米能级位置，由热力学平衡状态下界面处的费米能级位置测得。由式（6.3）可知，在热电子发射的情况下，表面复合速率 $S_n = A^+ T^2/eN_C$，如最早在第 2 章所示的，在室温下该数值约 10^7 cm/s。对于金属-半导体太阳电池，式（6.3）明确地显示出金属-吸收层界面处的肖特基势垒高度 ϕ_B 是评估热电子发射的重要参数。正如图 6.1 所示，金属-半导体以及金属-介质层-半导体太阳电池的势垒高度 ϕ_B 虽然有细微差别，但均对电池特性起着重要作用。

对于金属表面为势垒形成层的电池结构，我们感兴趣的是金属层与半导体的紧密接触。然而，有两种情形也需要关注：①在金属与吸收层界面处非故意形成高缺陷表面层；②在金属与吸收层界面处有目的地引入介质层（I-layers）。我们将前者归类为金属-半导体结构，是因为此情形下的高缺陷层不能作为多数载流子阻挡层。对于图 6.3 的 n 型半导体结构，多数载流子阻挡层是指电子阻挡层（EBL），而对于 p 型半导体结构，多数载流子阻挡层是指空穴阻挡层（HBL）。所谓的"非故意表面/界面层"，是指其将对内建电势分布起到重要影响，这一点将在随后的数值计算中体现出来。另外，在金属与半导体之间有目的地引入介质层，即可形成金属-介质层-半导体结构。作为多数载流子阻挡层材料，此过渡层的引入可以显著改善电池的输运特性。总之，无论对于金属-半导体还是金属-介质层-半导体结构，金属/半导体界面处的肖特基势垒高度 ϕ_B（对于图 6.1（b）中的 M-I-S 结构则是位于半导体界面处的 ϕ_{BI}）均是极其重要的参数。

6.2.2　表面势垒区

对于表面-势垒太阳电池，能级与态密度之差（有效驱动力）和静电场、半导体表面能带弯曲在打破器件中载流子输运的对称性和不同向性方面起着同样重要的作用。接触之前势垒形成层与半导体之间电化学势的差别是形成内建电场（V_{Bi}）的主要原因，而表面-势垒太阳电池的复杂性在于，V_{Bi} 并不总是与半导体材料内的能带弯曲完全一致，如图 6.1（b）所示，位于金属层与半导体层之间的"表面层"内的能带发生弯曲（如图中的倾斜带边所示），此时部分内建势 V_{Bi} 则由表面层的性能决定。

如果表面层是非天然形成而是有目地引入的中间层，则此时即为 M-I-S 器件；而当非故意天然形成的情况下，如化学反应（氧化）、互扩散等情况，表面层则通常缺陷较多并引起隙态的增加（隙态上亦可以负载电荷，此现象简称"荷电"）。表面层由于跳跃输运（hopping transport）机制的存在，很可能成为一种不影响载流子输运的"透明层"。也就是说，虽然表面层会因隙态带有电荷，但如果其厚度足够薄的话，载流子可以通过隧穿的方式无障碍地穿越，所以对载流子输运不会造成影响。然而，表面层的荷电会在其中产生静电场，进而也会使能带发生弯曲。表面层与半导体层中能带弯曲的叠加，共同构成了热力学平衡状态下表面-势垒太阳电池的 V_{Bi}。如果已知表面层以及表面层/半导体层的定域态能带分布，则从热动力学角度可知，半导体层与表面层中能带弯曲的叠加即为热力学平衡状态下的 V_{Bi}。这其中，由表面层中隙态（可以是类施主态或者类受主态）荷电所引起的能带弯曲很可能与半导体层中能带弯曲相反，使得半导体层中的能带弯曲部分会大于实际的 V_{Bi}。

如果希望获知载流子、隙态的数量及对电学输运的影响，或者探究 V_{Bi} 是如何转换为热力学平衡状态下表面-势垒电池中半导体层的能带弯曲的，均需要通过求解泊松方程（2.3.4 节中的式（2.45））的数值计算来完成。求解泊松方程后，可以获得场区的宽度、热力学平衡状态下 $E_C(x)$、$E_V(x)$、$E_{VL}(x)$ 和 $\xi(x)$ 的函数关系式，并且可以观察到它们随电压（V）的变化关系。当然，这些具体的计算都是通过计算机完成的。

在对表面-势垒太阳电池进行数值计算的过程中，还需要考虑费米能级钉扎效应（Fermi-level pinning）的影响，这方面的内容已在 3.2.2 节中首次给出过。当费米能级处于或者接近极高态密度的能量范围内时，很容易产生此效应。因此，我们在计算过程中通常会引入表面层（包括天然形成的或者有目的引入的），并且将表面层/半导体层的界面处设置为较高的隙态密度（以特定的能量 ϕ_0 为中心）。在这种情况下，改变势垒形成层以及随之 V_{Bi} 的改变都不会使处于 ϕ_0 位置上的费米能级发生移动。势垒形成层功函数的变化引起总能带的弯曲，均发生在表面层，这是因为，处于定域位置处费米能级位置的些微移动，都将会引起界面占据态的巨大变化，因而引起其内电荷分布的巨大变化。这就是所谓的费米能级钉扎效应，即隙态的费米能级位置不会根据电场的变化而变化[29]。由此可见，当发生费米能级钉扎效应时，便无法通过改变势垒形成层的电化学势来调制半导体层中的势垒高度，这是需要强调的。

6.3　表面–势垒太阳电池器件物理分析：数值方法

本节我们开始对具体的器件进行详细分析，进而了解计算机模拟研究能使我们获知什么信息。这些数值方法被用来求解 2.4 节中一系列公式，并进一步获得几种表面–势垒太阳电池在光态、暗态条件下的 J、V 关系式。在这方面的数值计算工作中，我们假设光吸收直接产生自由电子和空穴，并将图 6.3 视为具有 n 型半导体吸收层的固态 M-S 或者 M-I-S 电池。需要说明的是，这其中的数值分析方法同样适用于 p 型半导体吸收层乃至电化学太阳电池中。对于势垒形成层是电解质时的数值计算，我们假设电解质中的离子的漂移和扩散过程仅发生在电解质内，而需在电解质对电极处发生的还原过程是无速率限制的。换句话说，我们假设①半导体中的输运过程以及②电解质–半导体表面处的动力学过程（用 S_n 和 S_p 表征）都是受速率限制的（可调控的）。在这种情况下，S_p 表征表面空穴在电解质–半导体界面处对处于还原态的电解质进行氧化的有效性，而 S_n 则表征表面电子在界面处对处于氧化态的电解质进行还原的有效性。前者是保证光电流连续性的关键过程，而后者则是复合损失的过程。

本章的数值分析所针对的能带结构（热力学平衡状态下）如图 6.4 和图 6.5 所示。其中，引入图 6.4（a）所示的 pn 同质结对比分析。假设入射光为标准太阳光谱（AM1.5G）并且光线均从势垒形成层入射，而且不考虑光损失。为了保证计算结果的确定性，所有器件均设计为通过扩散的方式使载流子到达各自的静电势垒区。对于 pn 同质结电池，扩散收集区还包含 p、n 型材料的准中性区域。对于表面–势垒电池，扩散收集区从 n 型材料的准中性区域开始。基于硅的光吸收性能，在本书的 4.3.3 节中已对 pn 同质结电池进行了详细的计算分析，此处再次将该能带图给出以作对比之用。图 6.4 和图 6.5 中的所有表面–势垒太阳电池均采用上述硅的光吸收性能参数，且采用相同的 n 型材料及电子传输–空穴阻挡层（ET-HBL）（图 6.5 中未显示其放大图）。然而，对于 M-S 和 M-I-S 电池，我们在计算中将 n 型区的厚度加倍，为的是使所有电池的吸收层厚度相同，以便获得相

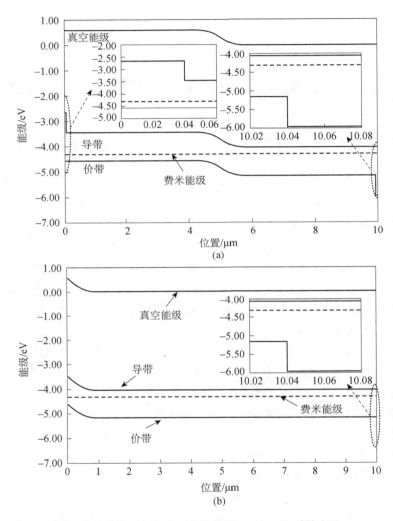

同的短路电流（图 3.20）。电池采用的 n 型吸收层材料的性能参数如表 6.1 所示，与表 4.1 中的 n 层性质相同，需特别指出的是，对于所有电池，其 n 层缺陷所导致的 S-R-H 体复合损失路径也都精确相同。

图 6.4　热力学平衡状态下的能带图（a）pn 同质结电池；

（b）金属-半导体电池，且具有与（a）相同的 n 型半导体层

其中，pn 同质结电池在前、后界面处分别具有 4.3.3 节中所述的空穴传输-电子阻挡层（HT-EBL）和电子传输-空穴阻挡层（ET-HBL）；而金属-半导体电池在后界面处具有相同的电子传输-空穴阻挡层（ET-HBL），以及表 6.2 所示低势垒 M-S 电池

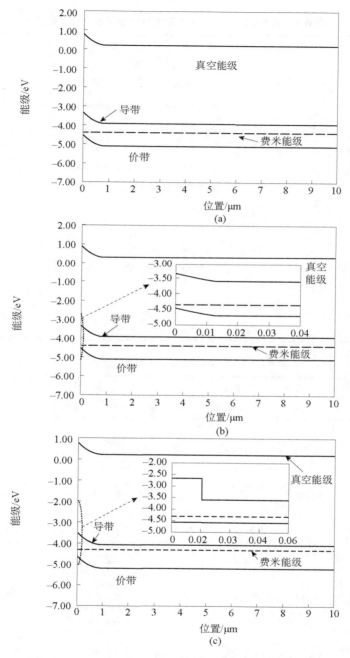

图 6.5　（a）高势垒的 M-S 电池；（b）费米能级钉扎效应下的电池（插图显示表面层的能带弯曲）；（c）对应表 6.2 所示参数的 M-I-S 电池

表 6.1　图 6.4 和 6.5 中所有电池的 n 型吸收层性能参数

n 区厚度	10000 nm
带隙	$E_G = 1.12$ eV
电子亲和势	$\chi = 4.05$ eV
光吸收性能	参考图 3.19 中的硅吸收谱数据
掺杂浓度（N_D）	$N_D = 1.0 \times 10^{15}$ cm^{-3}
电子、空穴迁移率	$\mu_n = 1350$ cm^2/（V·s），$\mu_p = 450$ cm^2/（V·s）
能带有效态密度	$N_C = 2.8 \times 10^{19}$ cm^{-3}，$N_V = 1.04 \times 10^{19}$ cm^{-3}
体缺陷参数	从价带到带隙中央的类施主隙态： $N_{TD} = 1 \times 10^{14}$ cm$^{-3} \cdot$ eV^{-1} $\sigma_n = 1 \times 10^{-14}$ cm^2 $\sigma_p = 1 \times 10^{-15}$ cm^2 从带隙中央到导带的类受主隙态： $N_{TA} = 1 \times 10^{14}$ cm$^{-3} \cdot$ eV^{-1} $\sigma_n = 1 \times 10^{-15}$ cm^2 $\sigma_p = 1 \times 10^{-14}$ cm^2

表 6.2　不同 M-S 和 M-I-S 电池的界面参数

参数	pn 同质结 电池	低势垒 M-S 电池	高势垒 M-S 电池	M-S 电池 （费米能级钉扎）	M-I-S 电池
势垒形成层/中间层的势垒高度（ϕ_B）（图 6.1）	不适用	0.80 eV（无中间层）	1.00 eV（无中间层）	1.00 eV	1.70 eV
中间层/吸收层界面处的势垒高度（ϕ_{BI}）（图 6.1）	不适用	0.80 eV（无中间层）	1.00 eV（无中间层）	0.75 eV	0.80 eV
总内建电势/eV	0.62	0.54	0.74	0.74	0.54
中间层	不适用	无中间层	无中间层	15 nm 的缺陷层	10 nm 的电子阻挡层
中间层的缺陷态	不适用	无中间层	无中间层	类施主隙态（位于导带底 0.80 eV 处，带宽 0.01 eV） $N_{TD} = 1 \times 10^{19}$ cm^{-3}； $\sigma_n = 1 \times 10^{-30}$ cm^2； $\sigma_p = 1 \times 10^{-15}$ cm^2	无缺陷
中间层中的内建电势	不适用	无中间层	无中间层	0.24 eV	可忽略
吸收层中的内建电势/eV	0.62	0.54	0.74	0.50	0.54

图 6.4（a）中的 pn 同质结电池为 pn 同质结与表面势垒结的对比研究提供了很好的基础。表面势垒器件具有如 $\int_0^{L+W} \int_\lambda G_{ph}(\lambda, x)\,\mathrm{d}\lambda\mathrm{d}x$ 所示的光激发率。对于 pn 结器件，由于在其前表面和背表面均有合适的欧姆接触层，因而接触损失是可以忽略的，其性能可以简单地由光激发及体复合过程决定。

对于所有的 pn 结和表面势垒电池，都具有相同的前表面空穴复合速率（$S_p = 10^7\,\mathrm{cm/s}$），也就是说，在 pn 结电池的前电极或者表面势垒电池的前表面都同样能很好地收集空穴。对于各种表面势垒电池，可以和 pn 同质结电池一样，在背表面选用合适的欧姆接触层。综合以上分析我们可以看到，表面势垒电池与 pn 结电池的最大区别在于光照条件下主要发生在静电势垒的左侧（对表面势垒器件是其前表面）的电子行为。如果图 6.3 代表 pn 同质结电池，当其处于功率输出条件下（光照下），其势垒区左端处的净电子流（此处电子以粒子看待）将从 p 区流向势垒区。然而，对于表面势垒电池，势垒区的左侧并没有 p 型吸收层，因而不会出现上述由 p 型吸收层到势垒区的净电子流；相反，它们会以图 6.3 中的复合路径 3 而"漏掉"了。其中，对于 M-S 或者 M-I-S 电池，这种发生在左手边（前表面处）的电子流来自于以热电子发射形式注入金属层中的电子（将电子视作粒子）或者进行界面复合的电子；对于 EPC 电池，相应的电子流则来自于溶液中氧化态物质的还原过程或者进行界面复合的过程。

表 6.2 给出了图 6.4 和图 6.5 中电池的界面参数，表 6.3 给出电池的性能参数。图 6.6 和图 6.7 分别给出了图 6.4 和图 6.5 中电池的光态、暗态 J-V 曲线。结果表明，具有低肖特基势垒（$\phi_B = 0.80\,\mathrm{eV}$）的 M-S 电池的性能远低于 pn 同质结电池。表 6.3 和图 6.7（a）表明，将肖特基势垒高度从 0.80 eV 提高到 1.00 eV，对电池性能的提高是有利的。这一点可以从式（6.3）中找到答案，因为提高 ϕ_B 可以降低肖特基势垒电池的 $J_{ST}(0)$ 损失。理想情况下，M-S 电池中 ϕ_B 的提高可以直接由图 6.1（a）中所示的 $\phi_B = \phi_W - \chi$ 得知，其中 ϕ_W 为金属的功函数，χ 是半导体的电子亲和势。对于两个不同的 M-S 电池，此公式都成立。势垒高度的提高可以通过提高金属的功函数来实现。值得注意的是，表 6.2 中所示的高势垒 M-S 电池拥有比 pn 同质结电池还要高的内建电势，然而，其电池性能仍然无法达到 pn 结电池的水平，如表 6.3 和图 6.7（a）所示。究其原因还是在于 $J_{ST}(0)$ 损失。此组模拟结果表明，采用 M-I-S 结构能抑制电池的前表面损失，其性能才可以与 pn 结电池相当。如图 6.5（c）所示，在金属层（与低势垒 M-S 电池中的金属层相同）与吸收层之间有意引入的 I 层（绝缘层，厚度为 10 nm）可以作为电子阻挡层，其电子亲和势为 3.15 eV 且空穴亲和势与吸收层材料相同，并且不存在明显的缺陷态。正如所预期的那样，通过抑制 $J_{ST}(0)$ 实现了电池性能的改善。另外，

如表 6.2 中所示，低势垒 M-S 电池与 M-I-S 电池的内建电势是相同的，与它们采用相同金属层的预设相一致，因此，电池性能得到改善的原因应该在于 M-I-S 结构本身。表 6.2 和表 6.3 指出，和 pn 结电池、高势垒 M-S 电池相比，虽然内建电势较低，但 M-I-S 电池仍然表现出优异的性能，特别是其 V_{oc} 甚至可以高于内建电势。我们认为出现这种情况的原因在于电子阻挡层中电子亲和势的梯度分布所带来的电荷堆积（charge pile-up）效应，而这种现象在异质结中的有效势垒层中是可能发生的。

另外，在太阳电池分析中常提到的一个"叠加"（superpositon）效应，它在 M-I-S 电池中也是成立的，但对于图 6.6 和图 6.7 中的 M-S 电池则不成立。我们经常分析电池是否存在叠加效应，以便对电池进行深入的认识。本书中对 M-S 电池的数值计算表明，叠加效应是不成立的，其原因在于：电子准费米能级平坦地穿过静电场以及多数载流子区的假设在此并不成立。虽然这个假设在第 4 章和第 5 章中有可能不成立，但在那些电池中并未出现由此而导致叠加效应失效的现象。在 M-S 电池中，受 $J_{ST}(0)$ 的影响，其前表面的准费米能级位置将会有所下降。这就意味着，由电池电压所决定的背接触层处的电子准费米能级位置会处于准费米能级 $E_{Fn}(0^+)$ 之上（根据式（6.3），$E_{Fn}(0^+)$ 可以引起 $J_{ST}(0)$ 的变化）。两者之间的差值会因为光照条件的不同而变化，这就是引起叠加效应失效的原因。但对于 M-I-S 电池，由于 $J_{ST}(0)$ 已经基本上降低至 0，所以叠加效应是成立的，即使之前提到的电荷堆积效应也不足以引起 M-I-S 电池叠加效应的失效。

表 6.3　电池性能的模拟结果

电池类型	$J_{sc}/\,(\mathrm{mA/cm^2})$	$V_{oc}\,/\,\mathrm{V}$	FF	$\eta\,/\,\%$
pn 同质结电池	28.4	0.55	0.79	12.4
低势垒 M-S 电池	27.7	0.27	0.69	5.1
高势垒 M-S 电池	27.9	0.46	0.78	10.0
M-S 电池(费米能级钉扎)	27.9	0.45	0.78	9.9
M-I-S 电池	27.9	0.56	0.79	12.1

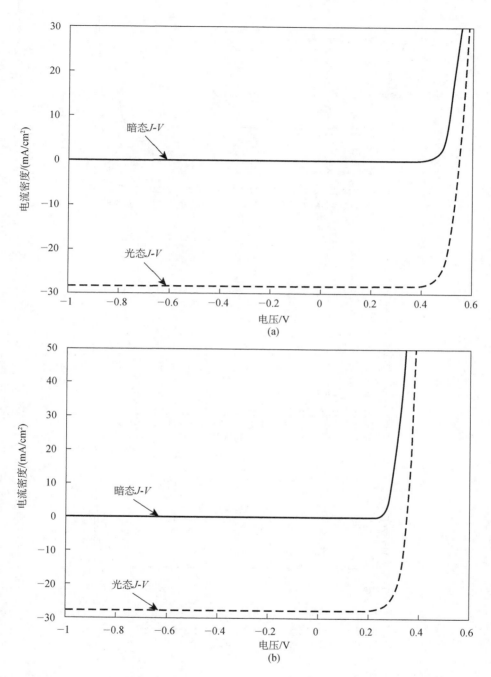

图 6.6　图 6.4 中电池的暗态和光态 *J-V* 曲线：（a）pn 同质结电池（b）表 6.2 中的低势垒 M-S
　　　　电池

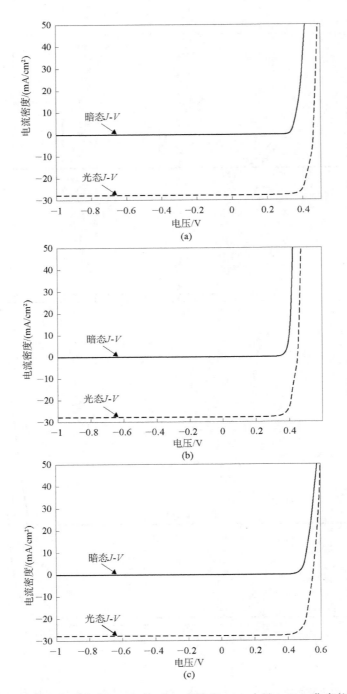

图 6.7 电池 *J-V* 特性，分别为表 6.2 中的（a）高势垒 M-S 电池；（b）费米能级钉扎电池；（c）M-I-S 电池

在实际应用中,改变金属的功函数(或者电解质的电化学势)通常无法使势垒高度如 $\phi_B = \phi_W - \chi$ 改变,这是因为会在无意间引入一个介质层(intermediate layer)以及相应如前所述的隙态。我们采用如图 6.5(b)所示的器件结构,选取与表 6.2 中高势垒 M-S 电池相同的金属和半导体材料,进而使两者具有相同的功函数差和总内建电势。所不同的是,图 6.5(b)中的器件具有一个位于金属界面之下 10 nm 处、厚度为 15 nm 的高缺陷层。如表 6.2 中给出的详细参数,该缺陷层所引起的隙态为类施主型,位于导带底以下 0.80 eV 处。通过表 6.2 中给出的定域态俘获截面数据可知,其占据态主要受到价带空穴数量的影响。位于势垒形成层之下 10 nm 处的高密度的隙态,将费米能级钉扎在导带底之下 0.80 eV 附近(表 6.2 的模拟计算中设定 $\phi_{BI} = 0.75$ eV),即缺陷能级的物理位置。这些缺陷态是带电的,进而使穿过表面层的静电场发生显著的能带弯曲。此处的模拟计算中,如表 6.2 所示,在表面层附近存在三分之一大小的内建电势 V_{Bi}。值得一提的是,尽管 M-S 电池的费米能级已被钉扎、出现了内建电势的再分配,但其电池性能的数值模拟结果与无缺陷层的高势垒 M-S 电池相似。这种情况在实际的电池中是不太可能发生的。事实上,高缺陷层会使电子以跳跃或者隧穿的形式穿过势垒,但这种情况并未计入此模拟计算中。其结果是,实际控制电流横穿中间层以及决定 $J_{ST}(0)$ 大小的势垒高度,已经变为 $\phi_{BI} = 0.75$ eV 而不是 $\phi_B = 1.00$ eV。此时,起决定作用的势垒高度值取决于内建电势的再分配。简而言之,肖特基势垒电池中缺陷层的存在,会使决定 $J_{ST}(0)$ 大小的势垒高度变得与金属功函数不甚相关或者完全无关。

6.4 表面-势垒太阳电池器件物理分析:解析方法

本节将对如图 6.8 所示的表面-势垒电池进行解析分析。从能带图中可以看到,此时光线从左边入射,首先穿过吸收层,进而进入表面势垒区,而不是之前假设的光线从表面势垒区入射。而且,结的方向也是相反的。采用我们标准的方式,选取静电场区(空间电荷区)的边界处为 $x = 0$(图 6.8),此时电流密度 J 可以表示为式(6.4)。

$$J = J_n(0) + J_p(0) \tag{6.4}$$

式(6.4)为常规的电子和空穴电流密度,并且定义从左至右(图 6.8)流动时符号为正。由于此时 n 型材料的准中性区域与 pn 结中的 n 区很相似,此处忽略漂

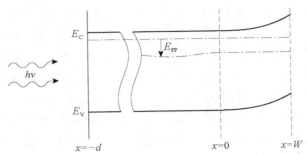

图 6.8　光照条件下表面-势垒太阳电池的能带图

其中吸收层为 n 型半导体，光线从左侧入射

移运动，$J_p(0)$ 可表示为式（6.5）。

$$J_p(0) = -eD_p \frac{\mathrm{d}p}{\mathrm{d}x}\Big|_{x=0} \tag{6.5}$$

正如第 4 章和第 5 章那样，为了获得半导体准中性区中 $p(x)$ 的解析式，我们假设半导体中的复合遵循一种线性复合寿命模型，即 $\mathscr{R}(x) = (p - p_{n0})/\tau_p$，其中 τ_p 是空穴复合时间，为不随位置变化的常数。在这种假设下，$p(x)$ 满足式（6.6），并且符合式（6.7a）、式（6.7b）的边界条件。

$$\frac{\mathrm{d}^2 p}{\mathrm{d}x^2} - \frac{P - P_{n0}}{L_p^2} + \int_\lambda \frac{\Phi_0(\lambda)}{D_p} \alpha_1(\lambda) \mathrm{e}^{-\alpha_1(x+d)} \mathrm{d}\lambda = 0 \tag{6.6}$$

$$\frac{\mathrm{d}p}{\mathrm{d}x}\Big|_{x=-d} = -\frac{S_p}{D_p} + [p(-d) - p_{n0}(-d)] \tag{6.7a}$$

$$p(0) = p_{n0}\mathrm{e}^{E_{Fp}(0)/kT} \tag{6.7b}$$

正如第 4 章中对同质结的分析，式（6.7b）中的空穴准费米能级 E_{Fp} 是通过测试 n 材料接触层 $x = -d$ 处的费米能级位置获得的，即测试 $x = -d$ 处金属接触层的功函数。式（6.6）中假设半导体中的光吸收满足比尔-朗伯模型，并且依据下式生成自由电子-空穴对（忽略 $x = W$ 处势垒形成层界面处的光反射）：

$$\int_\lambda G_{ph}(\lambda, x)\mathrm{d}\lambda = \int_\lambda G(\lambda, x)\mathrm{d}\lambda = \int_\lambda \Phi_0(\lambda)\alpha_1(\lambda)\mathrm{e}^{-\alpha_1(\lambda)(x+d)}\mathrm{d}\lambda$$

上式中关于光激发的表达以及式（6.6）中的光激发部分，可以很容易地修改为光从势垒形成层表面入射的情况，将光激发公式中的 $x + d$ 改为 $W - x$ 即可。

将第 4 章和第 5 章中 $p(x)$ 的结果代入式（6.6）中，并且假设 $E_{Fp}(0) = V$，可以将式（6.5）表达为式（6.8）。式（6.8）中具体的 β 数值已列入表 6.4。

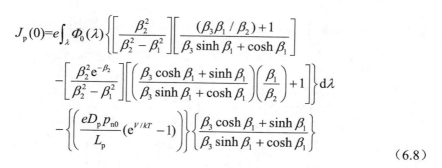

$$
\begin{aligned}
J_{\mathrm{p}}(0)=e\int_{\lambda}\Phi_0(\lambda)&\left\{\left[\frac{\beta_2^2}{\beta_2^2-\beta_1^2}\right]\left[\frac{(\beta_3\beta_1/\beta_2)+1}{\beta_3\sinh\beta_1+\cosh\beta_1}\right]\right.\\
&\left.-\left[\frac{\beta_2^2\mathrm{e}^{-\beta_2}}{\beta_2^2-\beta_1^2}\right]\left[\left(\frac{\beta_3\cosh\beta_1+\sinh\beta_1}{\beta_3\sinh\beta_1+\cosh\beta_1}\right)\left(\frac{\beta_1}{\beta_2}\right)+1\right]\right\}\mathrm{d}\lambda\\
&-\left\{\left(\frac{eD_{\mathrm{p}}p_{\mathrm{n}0}}{L_{\mathrm{p}}}(\mathrm{e}^{V/kT}-1)\right)\right\}\left\{\frac{\beta_3\cosh\beta_1+\sinh\beta_1}{\beta_3\sinh\beta_1+\cosh\beta_1}\right\}
\end{aligned}
$$

$$(6.8)$$

表 6.4 吸收层中的 β 数值

β 数值	定义	物理意义
β_1	d/L_{p}	半导体准中性区长度与空穴扩散长度的比值；表征通过扩散实现从吸收层准中性区收集空穴的能力；需要满足 $d \leqslant L_{\mathrm{p}}$
$\beta_2(\lambda)$	$d\alpha_1(\lambda)$	半导体准中性区长度与光吸收长度的比值，与波长 λ 相关；表征有多少光可以被半导体吸收；希望 $d \approx 1/\alpha(\lambda)$
β_3	$L_{\mathrm{p}}S_{\mathrm{p}}/D_{\mathrm{p}}$	$x=-d$ 处空穴表面复合速率 S_{p} 与空穴扩散速率 $D_{\mathrm{p}}/L_{\mathrm{p}}$ 的比值；表征空穴扩散、复合与空穴接触复合之间的关系；需要满足 $D_{\mathrm{p}}/L_{\mathrm{p}} > S_{\mathrm{p}}$

为了获得 J 的完整表达式，我们还需要对 $J_{\mathrm{n}}(0)$ 进行解析。通过之前的数值分析可知，这种多数载流子电流会在 $x = 0$ 处具有显著的漂移成分。我们无法获得电场的数值，因此也无法获得 $J_{\mathrm{n}}(0)$ 的解析式，为了规避这一事实，我们利用电流连续的概念将 $J_{\mathrm{n}}(0)$ 写成下式的形式

$$
J_{\mathrm{n}}(0) = e\int_0^W\int_{\lambda}G_{\mathrm{ph}}(\lambda,x)\mathrm{d}\lambda\mathrm{d}x - e\int_0^W\mathscr{R}(x)\mathrm{d}x - eS_{\mathrm{n}}[n(W)-n_0(W)] \tag{6.9}
$$

式（6.9）对于 M-S 电池、M-I-S 电池以及 EPC 电池均是成立的，并且对于具有优化结构的 M-I-S 电池，式（6.9）的最后一项（表面复合损失）基本为 0。

利用

$$
\int_0^W\int_{\lambda}G_{\mathrm{ph}}(\lambda,x)\mathrm{d}\lambda\mathrm{d}x = \int_{\lambda}\Phi_0(\lambda)\mathrm{e}^{-\alpha_1 d}(1-\mathrm{e}^{-\alpha_1 W})\mathrm{d}\lambda
$$

以及

$$
e\int_0^W\mathscr{R}(x)\mathrm{d}x = \left\{J_{\mathrm{SCR}}(\mathrm{e}^{V/n_{\mathrm{SCR}}kT}-1)\right\}
$$

可将式（6.9）展开为式（6.10）

$$
\begin{aligned}
J_{\mathrm{n}}(0) = & e\int_{\lambda}\Phi_0(\lambda)\mathrm{e}^{-\alpha_1 d}(1-\mathrm{e}^{-\alpha_1 W_1})\mathrm{d}\lambda\\
& -\left\{J_{\mathrm{SCR}}(\mathrm{e}^{V/n_{\mathrm{SCR}}kT}-1)\right\} - eS_{\mathrm{n}}[n(W)-n_0(W)]
\end{aligned}
\tag{6.10}
$$

式中的复合损失项 $e\int_0^W \mathscr{R}(x)\mathrm{d}x$ 可以参考第 4 章和第 5 章中的模型。

将式（6.8）与式（6.10）相结合，即 $J = J_\mathrm{p}(0) + J_\mathrm{n}(0)$，获得如下电流的表达式：

$$
\begin{aligned}
J = e\int_\lambda \Phi_0(\lambda) &\left\{ \left[\frac{\beta_2^2}{\beta_2^2 - \beta_1^2} \right]\left[\frac{(\beta_3\beta_1/\beta_2)+1}{\beta_3\sinh\beta_1 + \cosh\beta_1} \right] \right. \\
&- \left[\frac{\beta_2^2 \mathrm{e}^{-\beta_2}}{\beta_2^2 - \beta_1^2} \right]\left[\left(\frac{\beta_3\cosh\beta_1 + \sinh\beta_1}{\beta_3\sinh\beta_1 + \cosh\beta_1} \right)\left(\frac{\beta_1}{\beta_2} \right) + 1 \right] \\
&\left. + \left[\mathrm{e}^{-\beta_2}(1 - \mathrm{e}^{\alpha_1 W}) \right] \right\}\mathrm{d}\lambda - \left\{ \frac{eD_\mathrm{p}p_{n0}}{L_\mathrm{p}}(\mathrm{e}^{V/kT} - 1) \right\} \\
&\times \left\{ \frac{\beta_3\cosh\beta_1 + \sinh\beta_1}{\beta_3\sinh\beta_1 + \cosh\beta_1} \right\} - \left\{ J_\mathrm{SCR}\left(\mathrm{e}^{V/n_\mathrm{SCR}kT} - 1 \right) \right\} \\
&- eS_\mathrm{n}[n(W) - n_0(W)]
\end{aligned}
$$

(6.11a)

基于电子的准费米能级直到 $x = W$ 处始终是一条直线的假设（虽然这个假设可能值得商榷），式（6.11a）中最后一项（表面复合损失）可以进一步准确地表达为电压 V 的关系式。因此，对于 EPC 电池，式（6.11a）仅是一种简化的表达；而对于 M-S 电池，此式可进一步表示为

$$
\begin{aligned}
J = e\int_\lambda \Phi_0(\lambda) &\left\{ \left[\frac{\beta_2^2}{\beta_2^2 - \beta_1^2} \right]\left[\frac{(\beta_3\beta_1/\beta_2)+1}{\beta_3\sinh\beta_1 + \cosh\beta_1} \right] \right. \\
&- \left[\frac{\beta_2^2 \mathrm{e}^{-\beta_2}}{\beta_2^2 - \beta_1^2} \right]\left[\left(\frac{\beta_3\cosh\beta_1 + \sinh\beta_1}{\beta_3\sinh\beta_1 + \cosh\beta_1} \right)\left(\frac{\beta_1}{\beta_2} \right) + 1 \right] \\
&\left. + \left[\mathrm{e}^{-\beta_2}(1 - \mathrm{e}^{\alpha_1 W}) \right] \right\}\mathrm{d}\lambda - \left\{ \frac{eD_\mathrm{p}p_{n0}}{L_\mathrm{p}}(\mathrm{e}^{V/kT} - 1) \right\} \\
&\times \left\{ \frac{\beta_3\cosh\beta_1 + \sinh\beta_1}{\beta_3\sinh\beta_1 + \cosh\beta_1} \right\} - \left\{ J_\mathrm{SCR}\left(\mathrm{e}^{V/n_\mathrm{SCR}kT} - 1 \right) \right\} \\
&- A^* T^2 \mathrm{e}^{-\phi_\mathrm{B}/kT}\left[\mathrm{e}^{V/kT} - 1 \right]
\end{aligned}
$$

(6.11b)

式（6.11b）依然是基于整个器件的电子准费米能级直到 $x = W$ 处始终是一条直线的假设，而这个假设已在 6.3 节中被认为不一定完全成立。另外，对于具有优化的器件结构的 M-I-S 电池，其 J-V 特性的解析模型可以写成

$$J = e\int_\lambda \Phi_0(\lambda)\left\{\left[\frac{\beta_2^2}{\beta_2^2-\beta_1^2}\right]\left[\frac{(\beta_3\beta_1/\beta_2)+1}{\beta_3\sinh\beta_1+\cosh\beta_1}\right] - \left[\frac{\beta_2^2 e^{-\beta_2}}{\beta_2^2-\beta_1^2}\right]\right.$$

$$\times\left.\left[\left(\frac{\beta_3\cosh\beta_1+\sinh\beta_1}{\beta_3\sinh\beta_1+\cosh\beta_1}\right)\left(\frac{\beta_1}{\beta_2}\right)+1\right]+\left[e^{-\beta_2}(1-e^{\alpha_1 W})\right]\right\}d\lambda$$

$$-\left\{\frac{eD_p p_{n0}}{L_p}(e^{V/kT}-1)\right\}\left\{\frac{\beta_3\cosh\beta_1+\sinh\beta_1}{\beta_3\sinh\beta_1+\cosh\beta_1}\right\}-\left\{J_{SCR}\left(e^{V/n_{SCR}kT}-1\right)\right\} \quad (6.11c)$$

式（6.11）中涉及的 $\Phi_0(\lambda)$ 项以及对全光谱的积分，均与电压无关而是光激发的结果。$\Phi_0(\lambda)$ 包含两个部分：①来自准中性区的空穴扩散收集；②空间电荷区产生的额外光生空穴。其中，前者可以很容易地通过 β_1（代表空穴从准中性区扩散出去时的复合损失）和 β_3（代表空穴扩散过程中在 $x=-d$ 处的表面复合损失）来表达。式中第一个与电压相关的复合损失项：

$\left[eD_p p_{n0}/L_p\right](e^{V/kT}-1)\left\{[\beta_3\cosh\beta_1+\sinh\beta_1]/[\beta_3\sinh\beta_1+\cosh\beta_1]\right\}$ 是二极管暗电流的损失，该损失是由空穴在 n 型材料的准中性区中以及从接触处流出时由扩散与随之伴随的复合所导致的。式中第二个与电压相关的复合损失项，是我们以唯象模型对静电势垒区的复合的描述，同样是暗电流的一部分。对于 EPC 和 M-S 电池还有第三项复合损失，同样属于暗电流的部分，分别表示已氧化的电解质被还原的过程（EPC 电池）或是热电子发射（M-S 电池）所带来的损失。其重要意义在于，虽然对于大多数的 EPC 或者 M-S 电池，电解质还原或者热电子发射损失虽是起主宰作用的损失机制并决定着 V_{oc} 大小，但是体复合以及空间电荷区的复合亦会对 V_{oc} 产生不小的影响。

对于表面-势垒电池，以上所完成的解析分析使我们清楚地认识到，在吸收层的准中性区，光生少子收集过程中扩散所起到的作用。更为重要的是，建立了空间尺寸、体复合以及表面复合在光生少子收集过程中重要的评价标准，即 β 的数值。由于式（6.11）是由与电压 V 无关的 J_{sc} 和与电压相关的暗电流 $J_{DK}(V)$ 构成，所以电池的 J-V 表达式可以服从叠加效应。另外，如果采用第 4 章中的分析方法，式（6.11）也可以用于电池串、并联电阻效应的分析。

如果对 M-S 电池的表达式进行深入分析，当热电子发射是影响暗电流的主要因素时，根据式（6.11）以及叠加效应，存在如下的关系：

$$e^{V_{oc}/kT} = \frac{J_{sc}}{A^*T^2}e^{\phi_B/kT}$$

或者可以表达为

$$V_{oc} = \phi_B + kT\ln\left(\frac{J_{sc}}{A^*T^2}\right) \quad （6.12）$$

在进行 M-S 电池数值分析的过程中,对材料性能参数的设定会导致热电子发射（相对于体复合）是影响暗电流的主要因素。而刚刚完成的解析分析,有助于我们建立起一种材料性能参数的设定标准,其具体过程如下。通过式（6.11b）可以看到, 相对于空穴的扩散-复合（体复合）所带来的二极管暗电流,如果热电子发射是主导的复合机制, 则有

$$A^*T^2 e^{-\phi_B/kT} > \left\{\frac{eD_p p_{n0}}{L_p}\right\}\left\{\frac{\beta_3 \cosh \beta_1 + \sinh \beta_1}{\beta_3 \sinh \beta_1 + \cosh \beta_1}\right\}$$

假设金属电极与半导体接触良好（我们在之前的数值模型中也是这样设定的）, 则该不等式可改写成

$$A^*T^2 e^{-\phi_B/kT} > \left\{\frac{eD_p p_{n0}}{L_p}\right\}\left\{\frac{\sinh \beta_1}{\cosh \beta_1}\right\}$$

因为

$$\{[\sinh \beta_1]/[\cosh \beta_1]\} \leqslant 1$$

所以, 其上的不等式可写成

$$A^*T^2 e^{-\phi_B/kT} > \left\{\frac{eD_p p_{n0}}{L_p}\right\} \tag{6.13}$$

这表示热电子发射将主导 M-S 电池的损失机制并建立 V_{oc}。式（6.13）可改写为

$$\left\{\frac{A^*T^2 L_p}{eD_p p_{n0}}\right\} > e^{\phi_B/kT}$$

则决定热发射为主时的势垒 ϕ_B 的上限值可由下式得知

$$kT\ln\left\{\frac{A^*T^2 L_p}{eD_p p_{n0}}\right\} > \phi_B \tag{6.14}$$

采用典型的材料性能参数: $A^* = 120 \text{ A/(cm}^2 \cdot \text{K)}$, $T = 300 \text{ K}$, $L_p = 10^{-3} \text{ cm}$, $D_p = 2.6 \text{ cm}^2/\text{s}$, $p_{n0} = 10^5 \text{ cm}^{-3}$, 可以计算出式（6.14）中的左边部分。通过计算结果可知, 在如上的材料性能参数中, 当肖特基势垒高度 ϕ_B 大到高于 1.17 eV 时, 才能使扩散-复合（体复合）机制超过热电子发射,成为主导的复合机制而控制表面-势垒电池的性能。总之, 对于由各种不同性能参数半导体材料构成的表面-势垒电池,式（6.14）成为评估这两种损失机制重要性的基本工具。

6.5　其他表面–势垒的结构形式

正如之前所述，表面–势垒器件具有结构简单和制备温度低的优势，使其成为评估新材料、新结构性能的理想选择。举例来讲，新型 p 型 PbSe[20]和 PbS[30]量子点（纳米颗粒）材料，可以作为半导体激子型吸收层并用于 M-S 电池结构进行研究。图 6.9 总结了部分 PbSe 量子点 M-S 电池的结果。给出了随半导体颗粒尺寸的变化，带隙以及在量子点中由实验测得可以产生一个激子的长波限相应变化的规律。后者是对此 M-S 电池进行外量子效率（在 4.2.1 节中有所介绍）测试获得的，如图 6.10 所示。另外，图 6.9 中也给出了当金属势垒形成层的功函数保持不变时，实验测得的 V_{oc} 随颗粒尺寸（带隙）的变化规律。我们之前的讨论中，对于 n 型半导体材料，理论上有 $\phi_B = \phi_W - \chi$。而对于 n 型半导体 M-S 电池，此公式必须修正为 $\phi_B = \chi + E_G - \phi_W$。$V_{oc}$ 与 E_G 的变化关系以及其斜率接近 1（从图 6.9 中看出）可以说明[20]：①只是 E_G 而不是 χ 随颗粒尺寸变化，并且由于没有费米能级钉扎效应使 $\phi_B = \chi + E_G - \phi_W$ 成立；或者②费米能级被钉扎在量子点表面的缺陷处，且其能级位置随 E_G 而变化。

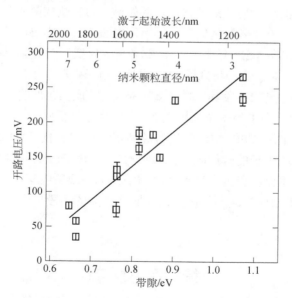

图 6.9　实验测得的 V_{oc} 以及激子起始峰（长波吸收限）随纳米颗粒（NP）尺寸（以带隙表征）的变化关系（参考文献[20]，已得到引用许可）

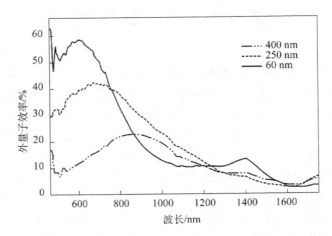

图 6.10　实验测得具有不同薄膜厚度但带隙均为 0.72 eV 的量子点电池的外量子效率（EQE）曲线（参考文献[20]，已得到引用许可）

　　另外，由于在量子效率的测试过程中，光线是从没有金属层的半导体表面入射，并且没有外加偏置光和偏置电压，所以图 6.10 中的短波 EQE 响应来自距离静电势垒最远处的吸收层。这就使电池的短波 EQE 响应随吸收层厚度的增加而降低，并且使载流子分离势垒进一步远离入射表面处。本书的作者进一步获得了内量子效率（同样在 4.2.1 节中有所介绍），其数值低于 100%。从 2.2.6 节和 3.4.2 节的讨论中可知，对于这种特殊的 M-S 电池，由于有激子引发的载流子倍增效应的存在，在某些特定的波段其内量子效率是可以超过 100% 的[20]。

　　3.4.1.4 节中给出了另一个利用表面-势垒器件对新材料、新结构的性能进行评估的例子，是采用 EPC 电池结构对硅纳米线阵列的收集性能进行研究。这其中，将垂直于衬底生长的硅纳米线作为吸收层，并填充电解质作为势垒形成层，光生少数载流子可以被包围在硅纳米线周围的电解质所收集。实验表明[31]，控制半导体-电解质界面处的缺陷是提高此种器件性能的手段。

参 考 文 献

[1]　A. Fujishima, K. Honda, Electrochemical photolysis of water at a semiconductor electrode, Nature 238 (1972) 37.

[2] E. Becquerel, Memoire sur les effects electriques produit sous l'influence des rayons, C. R. Acad. Sci. 9 (1839) 145.

[3] M. Wolf, Historical development of solar cells, Proc. Power Sources Symp., 25th, May 23-25, 1972, p. 120.

[4] L. O. Grondahl, The copper-cuprous-oxide rectifier and photoelectric cell, Rev. Mod. Phys. 5 (1933) 141.

[5] R. J. Stirn, Y-C. M. Yeh, Proc. 10th IEEE Photovoltaic Spec. Conf. (IEEE, New York, 1974) p. 15; Y-C.M. Yeh, R.J. Stirn, Proc. 11th IEEE Photovoltaic Spec. Conf. (IEEE, New York 1975) p. 391.

[6] N. N. Winogradoff, H.K. Kessler, U.S. Patent 3,271,198 (1966).

[7] W. W. Anderson, Y.G. Chai, Becquerel effect solar cell, Energy Convers 15 (1976) 85.

[8] A. J. Nozik, Photoelectrochemical cells, Philos. Tram. R. Soc. London, Ser. A 295 (1980) 453.

[9] E. J. Charlson, A.B. Shak, J.C. Lien, A New Silicon Schottky Photovoltaic Energy Converter, Int. Electron Devices Meet. Washington, D.C. IEEE, New York, 18, 16 (1972).

[10] S. Shevenock, S. Fonash, J. Geneczko, Studies of M-I-S Type Solar Cells Fabricated on Silicon, Tech. Dig.-Int. Electron Devices Meet. Washington, D.C. p. 211. IEEE, New York, 1975.

[11] R.J. Stirn, Y.-C.M. Yeh, A 15% efficient antireflection-coated metal-oxide-semiconductor solar cell, Appl. Phys. Lett. 27 (1975) 95; and Proc. 11th IEEE Photovoltaic Spec. Conf. (IEEE, New York 1975) p. 437.

[12] J. Shewchun, M.A. Green, F.D. King, Minority carrier MIS tunnel diodes and their application to electron- and photo-voltaic energy conversion—II. Experiment, Solid-State Electron. 17 (1974) 563; J. Shewchun, R. Singh, M.A. Green, Theory of metalinsulator-semiconductor solar cells, J. Appl. Phys. 48, 765 (1977).

[13] R. E. Thomas, R. B. North, C. E. Norman, Low cost high efficiency MIS/inversion layer solar cells, IEEE Electron Device Lett. 1 (1980) 79.

[14] M.A. Green, R.B. Godfrey, M.R. Willison, A.W. Blakers, High Efficiency (Greater than 18%, Active Area, AM1) Silicon MinMIS Solar Cells, Proc. 14th IEEE Photovoltaic Spec. Conf. (IEEE, New York 1980) p. 684.

[15] Y.-C. M. Yeh, R. J. Stirn, A Schottky-barrier solar cell on sliced polycrystalline GaAs, Appl. Phys. Lett. 33 (1978) 401; Y.-C. M. Yeh, F.P. Ernest, R.J. Stirn, Progress towards high efficiency thin film GaAs AMOS cells, Proc. 13th IEEE Photovoltaic Spec. Conf. (IEEE, New York 1978) p. 966.

[16] H. Kim, H.-B.-R. Lee, W.-J. Maeng, Applications of atomic layer deposition to nanofabrication and emerging nanodevices, Thin Solid Films 517 (2009) 2563.

[17] H. O. Finklea, Self-Assembled Monolayers on Electrodes, Encyclopedia of Analytical Chemistry, vol. 11, John Wiley & Sons Ltd., New York, 2000, pp. 10090-10115.

[18] A. C. Jones, H.C. Aspinall, P.R. Chalker, R.J. Potter, T.D. Manning, Y.F. Loo, R. O'Kane, J.M. Gaskell, L.M. Smith, MOCVD and ALD of high-k dielectric oxides using alkoxide precursors, Chem. Vap. Deposition 12 (2006) 83.

[19] P. V. Kamat, Quantum dot solar cells. Semiconductor nanocrystals as light harvesters, J. Phys. Chem. C. 112 (2008) 18737.

[20] J. M. Luther, M. Law, M. C. Beard, Q. Song, M. O. Reese, R. J. Ellingson, A. J. Nozik, Schottky solar cells based on colloidal nanocrystal films, Nano Lett. 8 (2008) 3488.

[21] A. B. Ellis, S.W. Kaiser, M. S. Wrighton, Visible light to electrical energy conversion. Stable Cadmium Sulfide and Cadmium Selenide photoelectrodes in aqueous electrolytes, J. Am. Chem. Soc. 98 (1976) 1635.

[22] B. Miller, A. Heller, Semiconductor liquid junction solar cells based on anodic sulphide films, Nature 262 (1976) 680.

[23] B. A. Parkinson, A. Heller, B. Miller, Enhanced photoelectrochemical solar-energy conversion by Gallium Arsenide surface modification, Appl. Phys. Lett. 33 (1978) 521.

[24] S. Licht, Multiple band gap semiconductor/electrolyte solar energy conversion, J. Phys. Chem. B, 105 (2001) 6281.

[25] D. Morell, A.K. Ghosh, T. Feng, E.L. Stogryn, P.E. Purwin, R.F. Shaw, C. Fishman, High-efficiency organic solar cells, Appl. Phys. Lett. 32 (1978) 495.

[26] E. H. Nicollian, A.K. Sinha, Effects of interfacial reactions on the electrical characteristics of M-S contacts, in: J. M. Poate, K. N. Tu, J. W. Mayer (Eds.) Thin Films-Interdiffusion and Reactions, Wiley, New York, 1979, p. 481.

[27] S. J. Fonash, Metal-insulator-semiconductor solar cells: Theory and experimental results, Thin Solid Films 36 (1976) 387.

[28] M. Gratzel, Photoelectrochemical cells, Nature 414 (2001) 338.

[29] E. H. Rhoderick, R.H. Williams, Metal-semiconductor contacts, second ed., Oxford Univ. Press, USA, 1988.

[30] J. P. Clifford, K.W. Johnston, L. Levina, E.H. Sargent, Schottky barriers to colloidal quantum dot films, Appl. Phys. Lett. 91 (2007) 253117.

[31] J. R. Maiolo, B.M. Kayes, M.A. Filler, M.C. Putnam, M.D. Kelzenberg, H.A. Atwater, N.S. Lewis, High aspect ratio silicon wire array photoelectrochemical cells, J. Am. Chem. Soc. 129 (2007) 12346.

[32] US patents 6399177, 6919119, and 7341774.

第 7 章
染料敏化太阳电池

7.1 引　　言

　　染料敏化太阳电池是一种新型的光伏器件，其结构如图 7.1 所示。它是由 O'Reagan 和 Grätzel 于 1991 年首次开发出的[1]。该类电池已取得突破性进展，至 2006 年其效率已超过 11%[2]。染料敏化太阳电池的基本结构包括一层宽带隙的透明 n 型半导体材料，该半导体的最佳结构应为纳米级的柱状网络、彼此相互接触的纳米颗粒或类珊瑚状的触点。鉴于这种半导体网络具有非常大的比表面积，因此能完全覆盖单层的染料或者起到染料作用的量子点材料，由此将覆盖有染料的纳米网络统称为染料敏化剂（sensitizer），它为该类太阳电池的吸收层。在涂覆染料之后引入电解质，这种电解质应该能渗透到吸附有染料的纳米网络结构的缝隙之中，以起到染料与光阳极之间导电通道的作用，也就是说染料分子与光阳极之间的电荷传输是通过电解质进行的。染料吸收太阳光后即产生激子，激子在染料与半导体的界面处发生分离，在半导体处产生光生电子，而染料分子因失去电子而被氧化；通过上述电荷传输通道，染料在电解质的作用下得到电子又被还原从而再生。对于光生电子，透明的半导体网络为其提供了传输至外部、再通过外部回路回到阴极①的途径。液态电解质为染料分子产生的光生电子提供传输到阳极的途径，又为因失去电子而成氧化态的染料分子（荷载空穴）提供电子使其还原。图 7.1 描述了阳极处（注：涂覆在玻璃上的 TCO 和 TiO$_2$ 共同构成光阳极）电解

---

① 这里存在一个术语问题。对于固态光伏电池，在功率输出中带负电的电极被定义为阴极。对于电化学电池和染料敏化太阳电池，将电解质被还原处的电极也定义为阴极。

质如何使染料持续产生氧化，通过阴极持续提供电子而使其还原的过程，以及如何通过光阳极持续地向外电路提供电子，进而在外回路形成电荷循环流动的全过程。覆盖有染料分子或者量子点材料的半导体网络要求其尽量透明，从而允许更多的光能进入吸收层，而且半导体网络还必须有非常大的比表面积，使其能大量吸附染料以满足对光的吸收。电解质必须能够渗入整个半导体网络缝隙之中，从而保证电流的连续性。在此，液态电解质已被证明是非常有效的，有很好的渗透性。

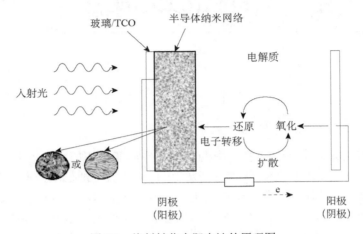

图 7.1 染料敏化太阳电池的原理图

图左侧两处放大的形貌图分别代表纳米颗粒（左）和丝状纳米网络（右）。阳极和阴极的名称与文中的表述相一致，括号中的阳极和阴极是电化学领域常用的定义

最先用于染料敏化太阳电池的染料是钌染料。目前，一些有机染料[3-5]和无机量子点"染料"[6,7]也已经开发利用起来。起初，仅有 TiO$_2$（锐钛矿）被用作透明的 n 型半导体网络，目前，其他的一些透明导电氧化物（TCO）半导体，包括 SnO$_2$ 和 ZnO[8,9]，也得到应用。对于液态电解质的替代物也包括胶体[10]和固态空穴导体[11,12]。后者是通过固态空穴传输直接实现已氧化的染料分子中空穴的传输作用的。

7.2　染料敏化太阳电池的器件物理概述

7.2.1　输运特性

在染料敏化太阳电池中，无论有机染料分子还是无机的量子点材料，均是通过产生激子的方式来吸收太阳光的。正如我们之前遇到的类似情况（图 3.29 及相关的讨论），染料的 LUMO 能级（注：最低未占据态）必须高于半导体的导带底（图 7.2），从而使染料中的光生激子在染料与半导体的界面处得以分离，这样光生电子进入半导体网络中而光生空穴位于染料分子的位置处。在染料敏化太阳电池中不存在内建静电场势垒，而是（图 7.2）仅存在有效场势垒。正如 5.3.2 节中所讨论的激子异质结电池那样，激子在界面处的分离使染料敏化电池中的光生载流子出现在势垒的"收集"端，例如，电子和空穴将分别出现在有效力场势垒（effective force-field barrier）中各自的"下游端（或称顺流端）"。半导体为光生电子提供将其传输到阴极得以收集的通道。当然，在电池中的电荷损失机制，通常应与开路状态下的光激发相同。假如忽略掉电子从半导体返回注入变成氧化态的染料分子，那么载流子损失机制可以认为主要发生在半导体和染料的界面[13]。图 7.2 示出了载流子损失的复合路径，即路径 1 和路径 2，两者均会造成光生电子和光生空穴的复合。如图 7.2 中看到的，路径 1 是一个直接复合的过程，而路径 2 涉及半导体表面处的界面态。在 7.3 节中的数值模型会进一步说明，不管是路径 1 还是路径 2，均决定着光生载流子的数量，从而都会对电池的开路电压有决定性的影响。染料分子处那些没被复合的空穴，将通过电解质中的还原基而迁移（如果是全固态的染料敏化电池，则通过空穴传输媒质而迁移）。一般而言，空穴迁移的动力学过程是很快的，否则会引入接触问题。为了保证电流连续性，在液态电解质情况下，参见图 7.1，染料分子因空穴的迁移而形成的阳离子需移动到阳极，在那里俘获在外电路做功而回流的电子。而后这个得到电子的阳离子作为还原剂再去还原单分子染料层。还原剂以及阳离子的输运靠扩散过程进行。对于阳离子而言，还会涉及漂移运动。在阳极处，来自阳极的阳离子对电子的捕获过程亦起到一定的作用。如果在电子转移和氧化还原对传输过程中任何一个环节出现问题的话，因该过程不属于载流子损失机制的范畴，则在 J-V 曲线中会呈现出由接触问题而导致的现象。由以上概述，我们可以看到染料敏化太阳电池与第 5 章讨论过的平面异质结（PHJ）和体异质结（BHJ）有机太阳电池非常相似。半导体和染料分子界面处的能级以及态密度的差异使得激子分离，从而使光生电子和空穴分别位于界面的两侧，即"天生"就将光生电子-空穴对进行了分离，正如有机平面异质结和体异质结电池中的那样。从图7.2中可以看到，允许电子传输靠的是能级差，因此能级差的存在将打破电荷在不同方向上输运能力的对称性，也就是说，光生电子向某个方向的移动会比向另一个方向更容易，因此产生光伏效应。正如有机电池那样的激子器件一样，图7.2中所示的一维能带图非常直观地描述了该类电池内光生电子和空穴的输运过程。

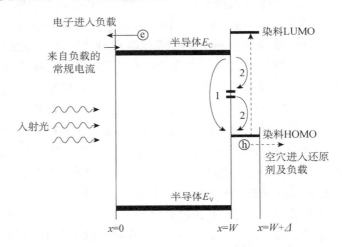

图7.2 光照（光从左侧入射）条件下的染料敏化太阳电池能带图

给出了光生载流子界面损失机制（复合路径1和复合路径2）。W是指电子从半导体网络（如 TiO$_2$）传输到阴极的距离。其中的 Δ 是指染料单分子层或者量子点覆盖层的厚度。图中不存在静电场势垒，只有有效力场势垒

对于载流子的输运过程可以采用规范的数学表达式予以讨论。利用 2.3.3 节中提出的积分形式的电流连续性方程，其分析方法与之前其他种类电池的相类似。选择电子作为计算的粒子，然后通过总的电流密度 J 给出其结果，如下式：

$$J = eI - e\int_0^w \mathscr{R}(x)\mathrm{d}x - J_{ST}(0) - J_{IR}(W) \tag{7.1}$$

式（7.1）中 J 表示电子刚好到达左端 $x=0$ 位置处的电流密度。I 的定义首次出现在 5.4.1 节中，它表示单位时间、单位面积内激子分离的数量，这也正是刚好在 $x=W$ 左端处单位时间、单位面积内产生的光生电子的数量。$J_{ST}(0)$ 表示接触界面 $x=0$ 处界面复合导致的电子损失，$\int_0^w \mathscr{R}(x)\mathrm{d}x$ 表示半导体内体载流子复合损失的积分值，而 $J_{IR}(W)$ 表示界面载流子损失（以电流密度的形式表达），其损失机制可以参考图7.2中的路径1和路径2。一般来说，$J_{IR}(W)$ 的大小取决于所

描述的那两种复合方式的速率常数，即既取决于在界面处半导体内部光生电子数，亦取决于染料分子（或者量子点）中光生空穴数。而后者的大小依赖于 I 的数值，既取决于通过路径 1 和路径 2 的传输，也取决于染料分子的还原动力学，还取决于先前描述过的在电解质的输运过程以及光阳极处的还原过程。另外，$J_{IR}(W)$ 项也依赖于电池电压。在 $x = W$ 处忽略了电子反向注入已氧化的染料分子中的情况，式（7.1）中对此亦未予表述。同时也忽略了体复合损失 $\int_0^W \mathscr{R}(x)\mathrm{d}x$ 以及前电极接触损失 $J_{ST}(0)$，这是由于网络状的半导体因采用 n 型掺杂且没有明显的光激发作用（带隙宽、透明），故其内几乎没有空穴存在。

7.2.2　染料敏化太阳电池的势垒区

正如 3.2 节中的论述，光伏行为的产生有两个基本的来源：①内建静电场势垒；②内建有效力场势垒。两者均可以打破平衡，使载流子在一个方向与另一个方向上的运动能力不同，进而产生光伏效应。已知，当能级位置或者态密度随空间位置发生改变（或两者同时改变）时，即会产生有效力场势垒[14]。在第 4 章中介绍的简单的同质 pn 结电池中，其光伏行为完全依赖于内建的静电场势垒，而染料敏化太阳电池则完全依赖有效力场势垒。在这方面，染料敏化太阳电池与第 5 章中介绍的固态异质结器件是相类似的，其内部均不存在静电场势垒区。图 5.33 所示的能带图可以与染料敏化太阳电池完全等同，均不存在静电场势垒，而更重要的是，认为一定的能态梯度能产生有效场势垒以实现对激子的分离；如图 5.33 所示，电池内具有一个产生激子的吸收过程以及激子在界面处因能级差而分离的过程，将导致光生电子和光生空穴分别出现在有效力场势垒的各自流向（亦可称为"顺流"）的一侧，进而顺利完成载流子收集过程。将用于图 5.33 中的电池术语用于本书的染料敏化太阳电池中，我们可以说在 DSSC 中，染料（或者量子点材料）覆盖层可以被称为给体材料，而透明的半导体可以被称为受体材料。

总地来说，图 5.33 和图 7.2 所示的器件均可以称为激子太阳电池，其特征是通过光吸收产生激子然后在界面处发生分离[15]。在激子型太阳电池中，激子的分离会使光生电子和空穴分别出现在有效力场势垒界面处各自的"顺流端"。正如我们已经提到的，后者正是这类电池的一个非常显著的特征[16,17]。

7.3　染料敏化太阳电池的器件物理分析：数值方法

本节主要利用对 2.4 节中的方程式进行数值求解以确立在光照和外加电压条件下对染料敏化太阳电池性能的模拟，进而得到其 J-V 特性。数值分析方法尤其适用于染料敏化太阳电池，是因为它能够完美处理有效力场势垒的相关问题及其对器件物理的影响。正如所见到的，它能揭开电池内部的"秘密"，使我们能够窥视电池内部深层的工作机制。为确保激子的分离在半导体网络的导带中产生电子以及在染料分子的 HOMO 能级（或者在量子点的价带）产生空穴（图 7.2），在 DSSC 数值模型中，如同 5.3.2 节中对激子太阳电池所做的一样[16,17]，人为地引入一个厚度为 2 nm 的薄层（注：原书称此层为"factious"），该层的导带底和价带顶的能量具有陡峭梯度变化的形式（参见图 7.3 中用点线圈出的椭圆部分）。使用这个模型并不能够直接处理氧化还原电对的输运问题，染料分子在染料-电解质界面处的还原或者阳离子在阳极处的还原等问题。但可形象地通过空穴传导半导体的串联电阻以及背接触层中的空穴传输系列过程予以处理。同样在图 7.3 中可以看到。染料敏化太阳电池中的空穴输运性能，与有机异质结电池中给体所扮演的空穴传输的角色是类似的。

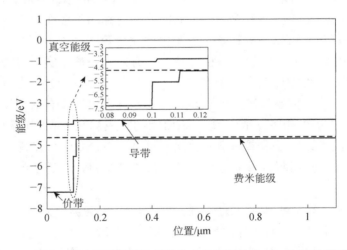

图 7.3　用于 DSSC 器件模拟计算的热力学平衡状态（TE）下的能带图

图中不存在内建静电场势垒。插图展示了有效力场势垒使激子分离的具体过程。人为引入的厚度为 2 nm 的薄层位于 x = 100 nm 与 x = 102 nm 之间，紧随其后的是厚度为 10 nm 的染料或者量子点覆盖层，从 x = 112 nm 处开始即为空穴传输层

表 7.1 给出了数值模拟分析时基本材料参数的预设值，包括透明半导体网络、染料（或者量子点）层以及空穴传输层（电解质的参数及其输运、氧化、还原过程）。此外，空穴传输层的参数也可以准确描述全固态染料敏化电池中的空穴传输材料（参考 7.4 节）。

表 7.1　染料敏化太阳电池数值模拟中所使用的材料参数

参数	半导体网络	染料或者量子点层	空穴传输层
长度	100 nm	10 nm	1000 nm
带隙	$E_G = 3.20$ eV	｜HOMO - LUMO｜= 1.7 eV	$E_G = 0.88$ eV
电子亲和势	$\chi = 4.00$ eV	$\chi = 3.80$ eV	$\chi = 3.80$ eV
光吸收	无	调整至产生电流密度 18.9 mA/cm²	无
掺杂浓度	$N_D = 1.0 \times 10^{12}$ cm^{-3}	无	$N_A = 1.0 \times 10^{18}$ cm^{-3}
前接触层功函数以及表面复合速率	$\phi_W = 4.65$ eV $S_n = 1 \times 10^7$ cm/s $S_p = 0.0$ cm/s	不涉及	不涉及
背接触层功函数以及表面复合速率	不涉及	不涉及	$\phi_W = 4.65$ eV $S_n = 0.0$ cm/s $S_p = 1 \times 10^7$ cm/s
电子和空穴迁移率	$\mu_n = 1350$ cm²/（V·s） $\mu_p = 450$ cm²/（V·s）	$\mu_n = 1350 \times 10^{-3}$ cm²/（V·s） $\mu_p = 450 \times 10^{-4}$ cm²/（V·s）	$\mu_n = 1350$ cm²/（V·s） $\mu_p = 450 \times 10^{-4}$ cm²/（V·s）
能带有效态密度	$N_C = 2.8 \times 10^{19}$ cm^{-3} $N_V = 1.0 \times 10^{19}$ cm^{-3}	$N_C = 2.8 \times 10^{19}$ cm^{-3} $N_V = 1.0 \times 10^{19}$ cm^{-3}	$N_C = 2.8 \times 10^{19}$ cm^{-3} $N_V = 1.0 \times 10^{19}$ cm^{-3}
缺陷	无缺陷	无缺陷	无缺陷

从表中的参数我们可以看到，半导体网络在暗态条件下具有很高的电阻。另外，模拟假设，各层材料内部不存在载流子复合损失，只计入在界面处通过路径 1 和路径 2 的载流子损失机制，本数值模拟中设定以图 7.2 中的路径 1 的界面复合机制为主。路径 1 的复合以公式 $\mathscr{R}^R = \gamma(n_s p_D - n_{s0} p_{D0})$ 表示，这与 5.3 节中的模拟计算是一致的。其中，n_s 和 p_D 代表半导体中的电子和染料中的空穴分别在各自界面处的光生载流子数目，下角标 0 代表热平衡状态。采用表 7.1 中给出的材料参数的预设值，并且取 $\gamma = 10^{-11}$ cm³/s，得到如图 7.4 所示的暗态和光照下的 J-V 曲线，其电池性能参数为 $J_{sc} = 11.9$ mA/cm²，$V_{oc} = 1.27$ V，$FF = 0.84$，以及效率 $\eta = 12.6\%$。图 7.5 给出了在 $\gamma = 10^{-9}$ cm³/s 下相应的暗态以及光照下的 J-V 特性曲线，其电池性能为 $J_{sc} = 11.9$ mA/cm²，$V_{oc} = 1.15$V，$FF = 0.76$ 以及效率 $\eta = 10.4\%$。图 7.6 给出了在 $\gamma = 10^{-7}$ cm³/s 时暗态和光照下的 J-V 特性曲线，其电池性能参数为

J_{sc}=11.9 mA/cm^2，V_{oc}=1.03 V，FF = 0.58 以及效率 η=7.14%。很明显，填充因子和开路电压随着界面载流子损失程度的增加而下降。

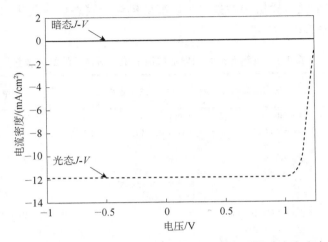

图 7.4　如图 7.3 所示电池在 γ=10^{-11} cm^3/s 条件下计算得到的暗态和光态 J-V 特性

暗态 J-V 呈现如此的特征，是由于本模拟中设定半导体网络为高阻、低暗电导率特性。曲线中的电流在功率象限中为负值，与实际情况一致

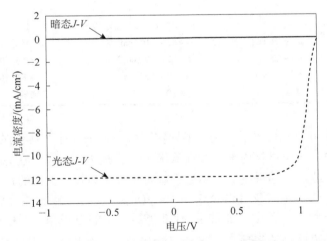

图 7.5　如图 7.3 所示电池在 γ=10^{-9} cm^3/s 条件下计算得到的暗态和光态 J-V 特性

暗态 J-V 呈现如此的特征，是由于本模拟中设定半导体网络为高阻、低暗电导率特性

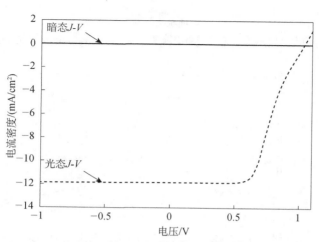

图 7.6　如图 7.3 所示电池在 $\gamma=10^{-7}\ \mathrm{cm^3/s}$ 条件下计算得到的暗态和光态 $J\text{-}V$ 特性

暗态 $J\text{-}V$ 呈现如此的特征，是本模拟中设定半导体网络为高阻、低暗电导率特性所致

在三个不同 γ 值的模拟计算中均采用图 7.3 所示的能带图。图 7.7 给出了 $\gamma=10^{-11}\ \mathrm{cm^3/s}$ 条件下，电池处于短路状态时的电子总电流密度以及其分解为漂移流和扩散流的成分，其特征在三种 γ 值条件中都具有典型性。有趣的是，图 7.7 清晰地展示出，由于电子以粒子形式在透明半导体网络中以扩散方式离开界面，因而，粒子形式的电子向阴极的移动就必须克服一种显著的、反向漂移的作用。此处没绘出相应的空穴电流，是因为与电子流相比其数值很小。图 7.8 示出热平衡状态下（三种 γ 值条件下均为 0）以及 $\gamma=10^{-11}\ \mathrm{cm^3/s}$ 下处于开路状态时贯穿器件的静电场分布。虽然对于不同的 γ 值其分布有所不同，但是图中所给出的开路状态下的电场分布特征也是具有典型性的。可以看到，开路条件需要界面区的电场得到增强，才能使载流子损失精确地与光生载流子数值相等。此电场，由于在"透明半导体-染料"界面处电子的积累以及在"染料-电解质"界面处正电荷的相应积累，所以必然会增强。在我们的模拟计算中，后者描绘在图 7.3 中 $x=112\mathrm{nm}$ 的界面处。在开路状态下，对图 7.3 所示的器件，按照公式 $V=-\int_{\mathrm{structure}}[\xi(x)-\xi_0(x)]\,\mathrm{d}x$ 从左电极到右电极进行积分，即可获得电池的开路电压值 V_{oc}。这一点已在 2.4 节中有所阐述，并且适用于各类太阳电池。对图 7.3 所示的电池结构，开路时上述的积分数值，应该等于左电极处费米能级相对于右电极的费米能级位置向上移动的数值。因此，对于染料敏化太阳电池，由于热平衡下的静电场为 0（$\xi_0(x)=0$），也就是说这些电池中不存在内建静电场，在开路状态时上式可以简化为

$$V_{oc} = -\int_{\text{structure}} \left[\xi(x)\right] dx \tag{7.2}$$

式（7.2）中的负号是依据于图 7.2 和图 7.3 中所选择的正向 x 方向以及实际中左电极为阴极而来。

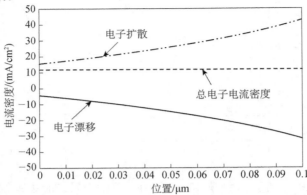

图 7.7　电池处于短路状态时，半导体网络中的电子总电流密度以及其漂移和扩散的部分
此图给出的是 $\gamma=10^{-11}\,\text{cm}^3/\text{s}$ 条件下的结果。符号为正的短路电流密度与图 7.3 中的正向 x 轴方向一致

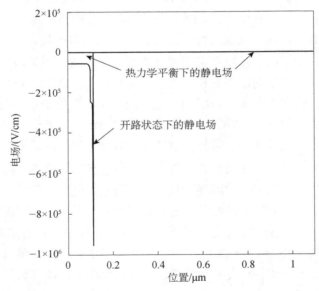

图 7.8　热平衡状态下（三种 γ 值条件下均为 0）以及 $\gamma=10^{-11}\,\text{cm}^3/\text{s}$ 下处于开路状态时贯穿器件的静电场分布。符号为正的电场与图 7.3 中的正向 x 轴方向一致

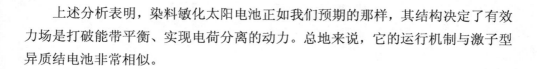

上述分析表明，染料敏化太阳电池正如我们预期的那样，其结构决定了有效力场是打破能带平衡、实现电荷分离的动力。总地来说，它的运行机制与激子型异质结电池非常相似。

7.4　一些新型染料敏化太阳电池结构

自用液态电解质作为空穴传输介质的染料敏化太阳电池的出现，就已经有人开始了采用固态空穴传输介质代替液态电解质的研究[11,12,18,19]。全固态电池日益增加的实用性以及可以避免化学不可逆性（源于离子放电和活性基团的生成[19]）成为推动这些工作的源泉。固态染料敏化太阳电池（dye-sensitized solid-state solar cell, DSSSC）的能带图与我们用于数值模拟计算的图 7.3 相一致，主要包括覆盖染料或量子点的半导体网络以及固态的空穴传导半导体。根据所采用空穴传导材料的不同，其电子亲和势和带隙也会显著变化。固态染料敏化太阳电池的物理结构如图 7.9（a）所示，有些研究者把这种版本的染料电池看成一种异质结器件。我们没有采用上述分类，仍将 DSSSC 归入染料敏化太阳电池的范畴，是由于按本书对异质结太阳电池的定义，至少要求有一个形成异质结的半导体应同时具有吸收层和传输层的双重作用。而在染料敏化太阳电池和固态染料敏化太阳电池中染料都没有起到传输载流子的作用。如图 7.9（b）所示样品的外量子效率曲线仅与所用染料的吸收光谱紧密相关，证实此处的染料只起电池吸收层的作用。

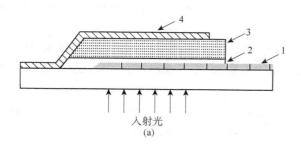

入射光
(a)

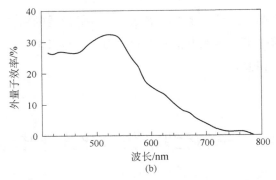

(b)

图 7.9　(a) 固态染料敏化太阳电池结构：材料 1 为透明接触层；材料 2 为避免短路而覆盖在透明接触层上的透明平面型空穴阻挡层；材料 3 为染料或者量子点材料覆盖的纳米结构网络，该纳米网络中嵌入空穴传输介质；材料 4 为背电极。(b) 以百分比表示的固态染料敏化太阳电池的外量子效率曲线（EQE），此器件以有机空穴导体 OMeTAD 作为空穴传输介质（参考文献[18]，已得到引用许可）

参 考 文 献

[1]　B. O'Reagan, M. Grätzel, A low-cost, high-efficiency solar cell based on dye-sensitized colloidal TiO_2 films, Nature 353 (1991) 737.

[2]　Y. Chiba, A. Islam, Y. Watanabe, R. Komiya, N.Koide, L.Y.Han, Dye-sensitized solar cells with conversion efficiency of 11.1%, Jpn. J. Appl. Phys. 45 (2006) L638. Part 2.

[3]　S.L. Li, K. Jiang, K.F. Shao, L.M. Yang, Novel organic dyes for efficient dye-sensitized solar cells, Chem. Commun. (2006) 2792.

[4]　S.C.R. Yanagida, Recent research progress of dye-sensitized solar cells in Japan, Chim. 9 (2006) 597.

[5]　L. Schmidt-Mende, U. Bach, R. Humphry-Baker, T. Horiuchi, H. Miura, S. Ito, S. Uchida, M. Grätzel, Organic dye for highly efficient solid-state dye-sensitized solar cells, Adv. Mater. 17 (2005) 813.

[6]　A. Zaban, O.I. Micic, B.A. Gregg, A.J. Nozik, Photosensitization of nanoporous TiO_2 electrodes with InP quantum dots, Langmuir 14 (1998) 3153.

[7]　Q. Shen, D. Arae, T. Toyoda, Photosensitization of nanostructured TiO_2 with CdSe quantum dots: effects of microstructure and electron transport in TiO_2 substrates, J. Photochem.

Photobiol. A 164 (2004) 75.

[8]　G. Kumara, K. Tennakone, I.R.M. Kottegoda, P.K.M. Bandaranayake, A. Konno, M. Okuya, S. Kaneko, K. Murakami, Efficient dye-sensitized photoelectrochemical cells made from nanocrystalline tin(IV) oxide–zinc oxide composite films, Semicond. Sci. Technol. 18 (2003) 312.

[9]　K. Keis, E. Magnusson, H. Lindstrom, S.E. Lindquist, A. Hagfeldt, A 5% efficient photoelectrochemical solar cell based on nanostructured ZnO electrodes, Sol. Energy Mater. Sol. Cells 73 (2002) 51.

[10]　W. Kubo, S. Kambe, S. Nakade, T. Kitamura, K. Hanabusa, Y. Wada, S. Yanagida, Photocurrent-determining processes in quasi-solid-state dye-sensitized solar cells using ionic gel electrolytes, J. Phys. Chem. B 107 (2003) 4374.

[11]　B. O'Regan, D.T. Schwartz, Large enhancement in photocurrent efficiency caused by UV illumination of the dye-sensitized heterojunction TiO$_2$/RULL'NCS/CuSCN: initiation and potential mechanisms, Chem. 10 (1998) 1501.

[12]　A. Konno, G.R.A. Kumara, R. Hata, K. Tennakone, Effect of imidazolium salts on the performance of solid-state dye-sensitized photovoltaic cell using copper iodide as a hole collector, Electro-chemistry 70 (2002) 432.

[13]　L.M. Peter, Characterization and modeling of dye-sensitized solar cells, J. Phys. Chem. C 111 (2007) 6601.

[14]　S.J. Fonash, S. Ashok, An additional source of photovoltage in photoconductive materials, Appl. Phys. Lett. 35 (1979) 535; S.J. Fonash, Photovoltaic Devices, CRC Critical Reviews Solid State Mater 9, 107 (1980).

[15]　B.A. Gregg, Excitonic solar cells, J. Phys. Chem. B 107 (2003) 4688.

[16]　J. Cuiffi, T. Benanti, W.J. Nam, S. Fonash, Open circuit voltage behavior of bulk hererojunction solar cells, Appl. Phys. Lett. 9 (2009).

[17]　U. Bach, D. Lupo, P. Comte, J.E. Moser, F. Weissortel, J. Salbeck, H. Spreitzer, M. Grätzel, Solid-state dye-sensitized mesoporous TiO$_2$ solar cells with high photonto-electron conversion efficiencies, Nature 395 (1998) 583.

[18]　G.R.A. Kumara, A. Konno, K. Shiratsuchi, J. Tsukahara, K. Tennakone, Dye-sensitized solid-state solar cells: use of crystal growth inhibitors for deposition of the hole collector, Chem. Mater. 14 (2002) 954.

[19]　K. Tennakone, G.K.R. Senadeera, D.B.R.A. De Silva, I.R.M. Kottegoda, Highly stable dye-sensitized solid-state solar cell with the semiconductor 4CuBr 3S(C$_4$H$_9$)$_2$ as the hole collector, Appl. Phys. Lett. 77 (2000) 2367.

附录 A

吸 收 系 数

光伏中使用的一些术语可以含有多于一种的定义。其中一种情况，也是非常重要的一个，是"吸收系数"的定义；一种定义使用自然对数，而另一种则使用以 10 为底的对数。

如果波长 λ 与密度 $I(\lambda)$（每 cm^2 每秒的光子数）的光照射到厚度为 d 的材料上，一些光被反射 $R(\lambda)$，一些从材料的另一侧 d 处透射出来 $T(\lambda)$。光通量 I, R 与 T 通过简单的关系式联系起来：

$$I(\lambda) = T(\lambda) + R(\lambda) + A(\lambda) \tag{A.1}$$

其中 $A(\lambda)$ 是针对此波长发生的吸收。当比尔-朗伯定律适用时[1]，那么 T 与 $I-R$ 之间的关系可以表示成

$$T(\lambda) = [I(\lambda) - R(\lambda)] \exp(-\alpha(\lambda)d) \tag{A.2}$$

其中 $\alpha(\lambda)$ 是材料在波长 λ 处的吸收系数。这意味着

$$A(\lambda) = [I - R][1 - \exp(-\alpha(\lambda)d)] \tag{A.3}$$

回到方程（A.2），它可以被重整为

$$\frac{T(\lambda)}{I(\lambda) - R(\lambda)} = [\exp(-\alpha(\lambda)d)] \tag{A.4}$$

这是一个便捷的形式，因为方程（A.4）的负自然对数（$-\ln$）定义为波长 λ 的吸收率；即

$$A_{abs}(\lambda) = -\ln\left[\frac{T(\lambda)}{I(\lambda) - R(\lambda)}\right] \tag{A.5}$$

从方程（A.4）和方程（A.5）可以看到，最后一个表达式非常有用，因为波长 λ 处的吸收系数 $\alpha(\lambda)$ 能够从中提取出来：

$$\alpha(\lambda) = \frac{A_{abs}(\lambda)}{d} \tag{A.6}$$

方程（A.6）给出的吸收系数定义使用在本书当中。

吸收系数带来的复杂之处在于可以在文献中找到不同的吸收率定义。另一个定义为

$$A_{abs}(\lambda) = -\log_{10}\left[\frac{T(\lambda)}{I(\lambda) - R(\lambda)}\right]$$

（A.7）

方程（A.7）用于确定方程（A.6）中的 $\alpha(\lambda)$。这个影响在于由 T、R 和 I 使用方程（A.7）推导出的吸收系数必须乘上 ln10，才能转换为使用方程（A.5）与方程（A.3）推导出的吸收系数数据。

很明显，当看到吸收系数数据时，必须仔细确定用的是哪种 $\alpha(\lambda)$。

参 考 文 献

[1]　J. D. J. Ingle, S. R. Crouch, Spectrochemical Analysis, Prentice Hall, New Jersey, 1988.

附录 B
辐 射 复 合

在本书中，"辐射复合"指的是图 B.1 中由路径 1 与路径 2 的运输导致的净带间复合。此类复合对于能量释放（路径 1）与湮没（路径 2）涉及光子与可能的声子，但是不涉及能隙态。路径 1（单位时间单位体积的电子或空穴复合）需要存在导带中的电子浓度 n 与价带中的空穴浓度 p，而且与它们的乘积成正比；即

$$\text{path}_1 = \kappa_R np \tag{B.1}$$

辐射复合对此 np 乘积的依赖性是所谓的双分子(bimolecular)过程的标志。

图 B.1　带间运输

图 B.1 中的路径 2 与路径 1 相反，其将价带的电子激发到导带。它被认为只依赖于温度，即

$$\text{path}_2 = g_{th}^{R}(T) \tag{B.2}$$

其中 $g_{th}^{R}(T)$ 给出了单位时间单位体积导带中的电子数与价带中的空穴数。使用方程（B.1）与方程（B.2）使得净辐射复合输运 $\mathscr{R}^{R}$ 的一般表达式可以写成

$$\mathscr{R}^{R} = \kappa_R np - g_{th}^{R}(T) \tag{B.3}$$

在热平衡时 R^R 为零，根据细致平衡原理，允许我们推导出：

$$g_{th}^{R}(T) = \kappa_R n_0 p_0 \tag{B.4}$$

使用方程（B.3）中的实际情况最终给出

$$\mathscr{R}^{R} = \left[\frac{g_{th}^{R}}{n_{i}^{2}}\right]\left(pn - n_{i}^{2}\right) \tag{B.5}$$

其中 $n_{i}^{2} = n_{0}p_{0}$ 是本征浓度的平方，下标 0 代表热平衡时的值。在所有这些表达式中，$g_{th}^{R}(T)$ 假定为已知量。$\mathscr{R}^{R}$ 的量纲为单位体积单位时间湮没的（自由空穴或等价的自由电子）净数量。当太阳电池产生能量时，它不处在热平衡，所以方程（B.5）适用，但因为 $np > n_{i}^{2}$ 它经常简化为

$$\mathscr{R}^{R} = \left[\frac{g_{th}^{R}}{n_{i}^{2}}\right](pn) \tag{B.6}$$

电子准费米能级 E_{Fn} 与空穴准费米能级 E_{Fp} 可以通过方程（2.17）与方程（2.26）引进方程（B.6）；即通过

$$n = N_{C}\exp\left[-\frac{(E_{C} - E_{Fn})}{kT}\right] \tag{B.7}$$

$$p = N_{V}\exp\left[-\frac{(E_{Fp} - E_{V})}{kT}\right] \tag{B.8}$$

通过方程（B.7）和方程（B.8），方程（B.6）变为

$$\mathscr{R}^{R} = g_{th}^{R}\exp\left[\frac{(E_{Fn} - E_{Fp})}{kT}\right] \tag{B.9}$$

方程（B.9）弄清楚了分开准费米能级会增加辐射复合。这有助于给出有关准费米能级的有用的物理"感觉"。

附录 C
肖克莱-里德-霍尔（带隙态辅助）复合

此附录推导了肖克莱-里德-霍尔（S-R-H）带隙态辅助复合-产生的数学模型[1,2]。推导始于图 C.1，其描绘了位于某能量 E_T 处的带隙态。这些态正被载流子利用以提供导带与价带间复合-产生的渠道。我们将导带的电子（单位体积单位时间的电子数）前往单位体积数量 N_T 的这些态上的运输所遵循的路径 1 写成 $path_1 = n\tilde{p}_T v \sigma_n$，其中 v 为电子热速率，σ_n 为这些带隙态的电子俘获截面（其数量取决于单位体积数量 N_T 位于能级 E_T 的态是否电离），$\tilde{p}_T$ 是空的这些态的单位体积数目（可以接受一个电子），n 为通常的单位体积导带电子数。我们将遵循路径 2 从这些态前往导带的运输（单位体积单位时间的电子数）写成 $path_2 = \kappa_n \tilde{n}_T$，其中 κ_n 表征了电子单位时间从 N_T 的能态到导带的发射，$\tilde{n}_T$ 为包括电子的这些态的单位体积数目。我们认为 κ_n 只依赖于温度。

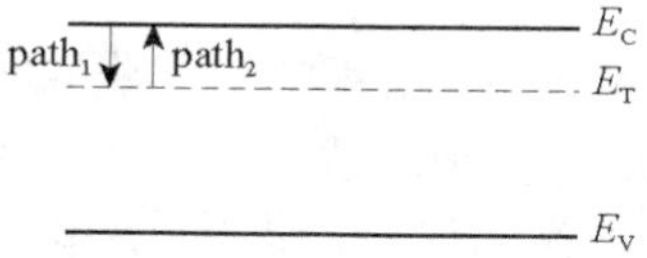

图 C.1 带隙态-导带的运输

所示的是通过位于能级 E_T 的能态，电子从导带的俘获过程路径 1，电子向导带的发射过程路径 2

细致平衡原理指出，在热动力平衡时，路径 1=路径 2。因此我们得出

$$\kappa_n \tilde{n}_{T0} = n_0 \tilde{p}_{T0} v \sigma_n$$

其中下标 0 表示热动力平衡时的值。通过一些重整，给出：

$$\kappa_n = \frac{n_0 \tilde{p}_{T0}}{\tilde{n}_{T0}} v \sigma_n = v \sigma_n n_1$$

其中使用了 $n_1 \equiv n_0 \tilde{p}_{T0} / \tilde{n}_{T0}$ 的定义。对和使用费米-狄拉克统计的表达式（附录 D）$\tilde{p}_{T0}$ 与 $\tilde{n}_{T0}$ 对 n_0 使用玻尔兹曼估计（假设 $E_C - E_F \geqslant kT$，其中 k 为玻尔兹曼常量），导致我们可将 n_1 写成

$$n_1 = N_C e^{-(E_C - E_F)/kT} \left[\frac{1 + e^{(E_T - E_F)/kT}}{1 + e^{-(E_T - E_F)/kT}} \right]$$

或最终如

$$n_1 = N_C e^{-(E_C - E_T)/kT}$$

通过上式，可以表达出非热力学平衡时，单位时间、单位体积内从导带到这些位于能级 ET 的态的净电子运输 $\mathscr{R}$ c。

此表达式为

$$\mathscr{R}_C = \text{path}_1 - \text{path}_2 = v\sigma_n (n\tilde{p}_T - n_1\tilde{n}_T) \tag{C.1}$$

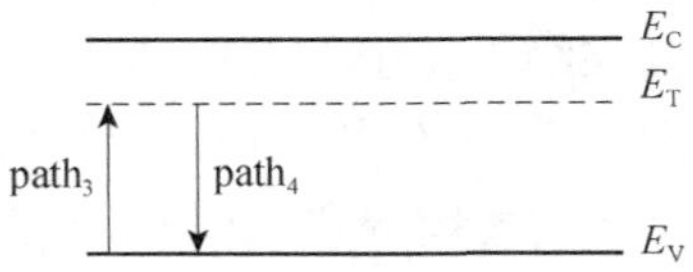

图 C.2　带隙态-价带的运输

所示的是通过位于能级 E_T 的能态，空穴从价带被俘获过程路径 3，空穴向价带的发射路径 4

位于能级 E_T 的带隙态与价带之间的运输关系式的推导，也遵循推导方程（C.1）的方式，只是此时我们把每件事都放置在空穴的背景之下。图 C.2 中的路径 3 支持了空穴从价带到这些带隙态之间的运输。此路径可以模拟为 $\text{path}_3 = p\tilde{n}_T v\sigma_p$，其中 v 为空穴热运动速率（假定等于电子的热运动速率——载流子之间任何热运动速率的差别可以通过调节 $v\sigma_p$ 或 $v\sigma_n$ 乘积中的俘获截面来补偿）。此表达式也使用了这些态对空穴的俘获截面 σ_p（其值取决于这些带隙态的电离情况），为这些态被电子（记号已在前面介绍）占据的单位体积数量，p 为价带中单位体积的空穴数。遵循对从这些态到导带的电子运输的做法，单位时间单位体积从位于能级 E_T 的能态到价带的空穴运输为 $\text{path}_4 = \kappa_p \tilde{p}_T$，其中表征了空穴单位时间从 N_T 的能态到价带的发射，而且如上述，$\tilde{p}_T$ 为包括空穴的这些态的单位体积数目（记号也已于前面介绍）。如 κ_n 一样，我们认为 κ_p 将只依赖于温度。

细致平衡原理指出在热动力平衡时，$\text{path}_3 = \text{path}_4$，其指引我们发现

$$\kappa_p p_{T0} = p_0 n_{T0} v\sigma_p$$

其中，如之前下标 0 表示热动力平衡时的值。它可以被重整为

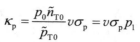

$$\kappa_{\mathrm{p}} = \frac{p_0 \tilde{n}_{\mathrm{T0}}}{\tilde{p}_{\mathrm{T0}}} \upsilon \sigma_{\mathrm{p}} = \upsilon \sigma_{\mathrm{p}} p_1$$

其中使用了 $p_1 \equiv p_0 \tilde{n}_{\mathrm{T0}} / \tilde{p}_{\mathrm{T0}}$ 的定义。使用这些量的统计方程（附录 D）可以导出

$$p_1 = N_{\mathrm{V}} \mathrm{e}^{-(E_{\mathrm{T}} - E_{\mathrm{V}})/kT}$$

将这些表达式放在一起，可以写出单位时间单位体积从价带到这些所讨论能态的净空穴运输 $\mathscr{R}_{\mathrm{V}}$ 的表达式

$$\mathscr{R}_{\mathrm{V}} = \mathrm{path}_3 - \mathrm{path}_4 = \upsilon \sigma_{\mathrm{p}} (p \tilde{n}_{\mathrm{T}} - p_1 \tilde{p}_{\mathrm{T}}) \tag{C.2}$$

通过有两个涉及此两未知量的方程，我们可以消除方程（C.1）与方程（C.2）的 $\tilde{n}_{\mathrm{T}}$ 与 $\tilde{p}_{\mathrm{T}}$。第一个方程是

$$\tilde{n}_{\mathrm{T}} + \tilde{p}_{\mathrm{T}} = N_{\mathrm{T}} \tag{C.3a}$$

此式总是正确的。第二个等式为 $\mathscr{R}_{\mathrm{C}} = \mathscr{R}_{\mathrm{V}}$；即方程 C.1 与 C.2 相等，这只在稳态时成立。这已经足够了，因为我们对稳态的太阳电池运行感兴趣。由此可以得出

$$\upsilon \sigma_{\mathrm{n}} (n \tilde{p}_{\mathrm{T}} - n_1 \tilde{n}_{\mathrm{T}}) = \upsilon \sigma_{\mathrm{p}} (p \tilde{n}_{\mathrm{T}} - p_1 \tilde{p}_{\mathrm{T}}) \tag{C.3b}$$

对方程（C.3a）与方程（C.3b）的 $\tilde{n}_{\mathrm{T}}$ 与 $\tilde{p}_{\mathrm{T}}$ 求解，得出

$$\tilde{n}_{\mathrm{T}} = \left[\frac{N_{\mathrm{T}} (\sigma_{\mathrm{p}} p_1 + \sigma_{\mathrm{n}} n)}{\sigma_{\mathrm{p}} (p + p_1) + \sigma_{\mathrm{n}} (n + n_1)} \right] \tag{C.4a}$$

与

$$\tilde{p}_{\mathrm{T}} = \left[\frac{N_{\mathrm{T}} (\sigma_{\mathrm{n}} n_1 + \sigma_{\mathrm{p}} p)}{\sigma_{\mathrm{p}} (p + p_1) + \sigma_{\mathrm{n}} (n + n_1)} \right] \tag{C.4b}$$

使用 $\mathscr{R}_{\mathrm{C}}$ 与 $\mathscr{R}_{\mathrm{V}}$ 中这些与 $\tilde{n}_{\mathrm{T}}$ 和 $\tilde{p}_{\mathrm{T}}$ 的稳态表达式，给出

$$\mathscr{R}^{\mathrm{L}} = \frac{\upsilon \sigma_{\mathrm{n}} \sigma_{\mathrm{p}} N_{\mathrm{T}} (np - n_{\mathrm{i}}^2)}{\sigma_{\mathrm{p}} (p + p_1) + \sigma_{\mathrm{n}} (n + n_1)} \tag{C.5}$$

其中 $\mathscr{R}^{\mathrm{L}} = \mathscr{R}_{\mathrm{C}} = \mathscr{R}_{\mathrm{V}}$。方程 C.5 是导带与价带之间带隙态辅助复合的一般稳态表达式。因为它是稳态，此机制要求每一个导带电子的湮没产生一个对应的价带空穴湮没。

如果电子准费米能级 E_{Fn} 与空穴准费米能级 E_{Fp} 通过方程（2.17）与方程（2.26）引入方程（C.5），即通过表达式

$$n = N_{\mathrm{C}} \exp \left[-\frac{(E_{\mathrm{C}} - E_{\mathrm{Fn}})}{kT} \right] \tag{C.6}$$

$$p = N_{\mathrm{V}} \exp \left[-\frac{(E_{\mathrm{Fp}} - E_{\mathrm{V}})}{kT} \right] \tag{C.7}$$

并且如果 $np > n_{\mathrm{i}}^2$，则方程（C.5）变成

$$\mathscr{R}^{\mathrm{L}} = \frac{v\sigma_{\mathrm{n}}\sigma_{\mathrm{p}}N_{\mathrm{T}}}{\sigma_{\mathrm{p}}(p+p_1)+\sigma_{\mathrm{n}}(n+n_1)}\exp\left[\frac{(E_{\mathrm{Fn}}-E_{\mathrm{Fp}})}{kT}\right] \tag{C.8}$$

方程（C.8）分母中含有 p 和 n（因而也存在 E_{Fn} 与 E_{Fp}），但它确实表明了准费米能级的分裂会增加带间复合。

导出的表达式允许我们确定能级 E_{T} 处失去电子的单位体积的带隙态与 p_{T} 之间的关系，认识这一点很重要。p_{T} 用于表达式 ep_{T}，其为 E_{T} 处的带隙态对方程（2.48e）中空间电荷（电荷密度）项中正电荷的贡献。类似地，这些表达式允许我们确定能级 E_{T} 处已获取一个电子的单位体积单电子态与 n_{T} 之间的不同。数值 n_{T} 出现在表达式 $-en_{\mathrm{T}}$ 中，其为 E_{T} 处的带隙态对空间电荷项中负电荷的贡献。注意到仅当图 C.1（和图 C.2）中 E_{T} 处的能态为类施主型时，$\tilde{p}_{\mathrm{T}}$ 才对 p_{T} 有贡献，这些关系才可以建立。在此情况下，

$$p_{\mathrm{T}} = \tilde{p}_{\mathrm{T}} \tag{C.9a}$$

与

$$n_{\mathrm{T}} = 0 \tag{C.9b}$$

相应地，仅当图 C.1（和图 C.2）中 E_{T} 处的能态为类受主型，$\tilde{n}_{\mathrm{T}}$ 才对 n_{T} 有贡献。在此情况下，

$$n_{\mathrm{T}} = \tilde{n}_{\mathrm{T}} \tag{C.10a}$$

与

$$p_{\mathrm{T}} = 0 \tag{C.10b}$$

明显地，方程（C.9）与方程（C.10）提供了计算 E_{T} 处的这些能态对空间电荷密度贡献的工具，只需确定它们是类受主型还是类施主型。

刚推导出的方程也帮助我们看清复合中心与缺陷的区别。例如，我们把 E_{T} 处的定域态设为对空穴具有很大的俘获截面，而为了用极端情况来说明我们的观点，对电子的俘获截面设为零。在这些条件下，方程（C.5）表明此种能态不会作为复合的通道，即 $\mathscr{R}^{\mathrm{L}}=0$。然而，在这些条件下方程（C.4a）与方程（C.4b）表明，这些 E_{T} 处的能态的占据情况并不为零，即它们具有的占据情况为

$$\tilde{n}_{\mathrm{T}} = \left[\frac{N_{\mathrm{T}}(p_1)}{p+p_1}\right]$$

与

$$\tilde{p}_{\mathrm{T}} = \frac{N_{\mathrm{T}}(p)}{p+p_1}$$

如果 $p>p_1$，这些表达式将简化成 $\tilde{n}_{\mathrm{T}}=0$ 和 $\tilde{p}_{\mathrm{T}}=N_{\mathrm{T}}$。

注意到方程（C.5）与方程（C.8）是针对带隙中位于能级 E_{T} 处的 N_{T} 定域态而写的，这一点很重要。总的带隙态辅助复合率 $\mathscr{R}^{\mathrm{L}}$ 必须沿着所有的带隙态求和得到。记住这一点，比如方程（C.5）可以概括为

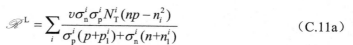
$$\mathscr{R}^{\mathrm{L}} = \sum_i \frac{\upsilon \sigma_{\mathrm{n}}^i \sigma_{\mathrm{p}}^i N_{\mathrm{T}}^i (np - n_i^2)}{\sigma_{\mathrm{p}}^i (p + p_1^i) + \sigma_{\mathrm{n}}^i (n + n_1^i)} \tag{C.11a}$$

这一陈述也可以表达为沿带隙的一个积分

$$\mathscr{R}^{\mathrm{L}} = \int_E \frac{\upsilon \sigma_{\mathrm{n}} \sigma_{\mathrm{p}} N_{\mathrm{T}} (np - n_i^2)}{\sigma_{\mathrm{p}} (p + p_1) + \sigma_{\mathrm{n}} (n + n_1)} \mathrm{d}E \tag{C.11b}$$

在这个最后版本中，N_{T} 的单位现在是单位能量单位体积下的状态数。

确定定域带隙态分布中的哪个能态对复合的影响最大，是令人感兴趣的。在合适的时候，通过数值方法可以很直接地考察不同的能态对方程（C.11a）与方程（C.11b）的贡献。它也可以通过解析方法完成，如果我们假设方程（C.11）中求和或积分所沿能态的俘获截面比 $\sigma_{\mathrm{n}}/\sigma_{\mathrm{p}}$ 不随 E_{T} 改变[3]。这个首次在文献[3]中完成了分析，表明在所谓的电子分界①能级 E_{Tn} 之上能态本质上是空的，在其之下能态本质上是满的，因为电子很容易发射回导带。相应地，也有空穴分界能级 E_{Tp}，在其之下能态本质上是满的，因为空穴很容易发射回价带。承载着肖克莱-里德-霍尔缺陷辅助复合运输的能态，因此是位于这些分界能级之间的能态。情况就是如此，因为这些态含有发生复合所需的空穴与电子。事实上，此分析给出了分界能级之间的这些态的电子占据概率，为 $Rn/(Rn+p)$，其中 $R \equiv \sigma_{\mathrm{n}}/\sigma_{\mathrm{p}}$。分界能级为[3]

$$E_{\mathrm{Tn}} = E_{\mathrm{F}} + kT \ln\left[\frac{\sigma_{\mathrm{p}}p + \sigma_{\mathrm{n}}n}{\sigma_{\mathrm{n}}n_0}\right] \tag{C.12}$$

与

$$E_{\mathrm{Tp}} = E_{\mathrm{F}} - kT \ln\left[\frac{\sigma_{\mathrm{p}}p + \sigma_{\mathrm{n}}n}{\sigma_{\mathrm{p}}p_0}\right] \tag{C.13}$$

这里 E_{F} 是热平衡时带隙中的费米能级位置。

参 考 文 献

[1]　W. Shockley, W. T. Read, Phys. Rev. 87（1952）835.

[2]　R. N. Hall, Phys. Rev. 87（1952）387.

[3]　G. W. Taylor, J. G. Simmons, J. of Non-Crystalline Solids 8-10（1972）940.

---

① 分界能级的概念由泰勒和西蒙斯提出[3]，他们将分界能级称为"缺陷的准费米能级"。

附录 D
导带与价带输运

现在将注意力转至半导体中模拟输运的漂移-扩散方程。一般而言，电荷输运发生在半导体中导带与价带的电子上。此书中用到的半导体一词包括有机和无机材料。使用的术语导带与价带也包括有机材料相应的分子轨道。

导带单位体积的电子数 n 与价带单位体积的空穴数 p，通常为[1-3]

$$n = \int_{E_C}^{\infty} \frac{g_e^c(E)\mathrm{d}E}{[1 + \exp(E - E_{Fn}) / kT_n]} \tag{D.1}$$

与

$$p = \int_{-\infty}^{E_V} \frac{g_e^v(E)\mathrm{d}E}{[1 + \exp(E_{Fp} - E) / kT_p]} \tag{D.2}$$

此处 $g_e^c(E)$ 为单位体积导带的单电子态密度 $g_e(E)$，$g_e^v(E)$ 为单位体积价带的单电子态密度 $g_e(E)$（态密度的概念 $g_e(E)$ 在 2.2.3.1 节中介绍过）。E_{Fn} 是电子准费米能级，E_{Fp} 是空穴准费米能级，T_n 是电子有效温度，T_p 是空穴有效温度。使用准费米能级与有效温度来描述能带中的载流子，假定了能带中的载流子本身处于平衡态，所以这些概念才有意义[1]。一般而言，$g_e^c(E)$、$g_e^v(E)$，E_{Fn}，E_{Fp}，T_n，T_p 的表达式都可以是位置 x 的函数。

这些准费米能级与有效温度的概念被发明之后，由费米-狄拉克统计给出热动力平衡时的 n 与 p 的表达式

$$n = \int_{E_C}^{\infty} \frac{g_e^c(E)\mathrm{d}E}{1 + \exp[(E - E_F) / kT]} \tag{D.3}$$

和

$$p = \int_{-\infty}^{E_V} \frac{g_e^v(E)\mathrm{d}E}{1 + \exp[(E_F - E) / kT]} \tag{D.4}$$

仍可以使用，当材料系统不处于热平衡时只需把费米能级与温度妥当地替换一下。当达到热平衡时，准费米能级会坍缩回费米能级 E_F，有效温度坍缩回温度 T。方程（D.3）与方程（D.4）的 $g_e^c(E)$ 与 $g_e^v(E)$ 仍然可以是位置的函数，而 E_F 和 T 在热平衡时则不能随着位置改变。

对于无机晶体半导体，它们各自能带边附近的态密度在能量上严格地呈抛物线形[3]；即

$$g_e^C(E) = A_C(E - E_C)^{1/2} \tag{D.5}$$

与

$$g_e^V(E) = A_V(E_V - E)^{1/2} \tag{D.6}$$

这里 A_C 与 A_V 为材料属性，因此当材料成分随位置变化时，其也会随位置而改变。这些表达式在计算方程（D.1）～方程（D.4）的值时非常有用，因为大多数的载流子会位于它们各自的能带边。对于有机半导体，函数 $g_e^c(E)$ 与 $g_e^v(E)$ 被认为具有高斯分布的形状[4]。

在方程（D.1）和方程（D.2）中使用方程（D.5）与方程（D.6），得出

$$n = \int_{E_C}^{\infty} \frac{A_C(E - E_C)^{1/2}\, \mathrm{d}E}{1 + \exp[(E - E_{Fn}) / kT_n]} \tag{D.7}$$

与

$$p = \int_{-\infty}^{E_V} \frac{A_V(E_V - E)^{1/2}\, \mathrm{d}E}{1 + \exp[(E_{Fp} - E) / kT_p]} \tag{D.8}$$

如果玻尔兹曼分布可以替换费米函数项，那么这些表达式现在可以以解析方法积分。具体来讲，如果在导带中对于所有的能量 E 而言 $(E-E_{Fn}) > kT_n$ 为真，玻尔兹曼估计 $\exp[-(E-E_{Fn})/kT_n]$ 可以用于 $[1+\exp[-(E-E_{Fn})/kT_n]]^{-1}$；如果在价带中对于所有能量而言 $(E_{Fn}-E) > kT_p$ 为真，玻尔兹曼估计 $\exp[-(E_{Fn}-E)/kT_p]$ 可以用于 $[1+\exp[-(E_{Fn}-E)/kT_p]]^{-1}$。假定这些条件可以满足，使用这些玻尔兹曼估计允许方程（D.7）与方程（D.8）解析地积分成

$$n = N_C \exp\left[-(E_C - E_{Fn}) / kT_n\right] \tag{D.9}$$

与

$$p = N_V \exp\left[-(E_{Fp} - E_V) / kT_p\right] \tag{D.10}$$

其中 N_C 与 N_V 为与温度有关的材料属性，分别称为导带与价带有效状态密度。因为它们产生于 A_C 与 A_V，当材料成分随位置变化时，它们会随位置改变。在热平衡时，方程（D.9）与方程（D.10）坍缩为

$$n = N_C \exp\left[-(E_C - E_F) / kT\right] \tag{D.11}$$

与

$$p = N_V \exp\left[-(E_F - E_V)/kT\right] \qquad (D.12)$$

方程（D.9）～方程（D.12）也能根据（或热平衡时）与（或热平衡时）来写。导带的 V_n 与 E_{Fn} 在图 D.1 中说明。

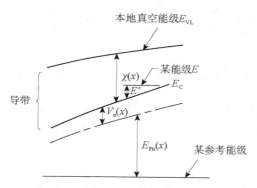

图 D.1　非常普适的半导体导带图，其电子亲和势为位置的函数

此类情况可以发生在成分随位置变化的合金半导体中。导带的上方是本地真空能级。一个常量的参考能级也予以了显示

　　导带中的单位体积电子数 n 与价带中的单位体积空穴数 p 能够承载传统电流。在热动力平衡时，电子传统电流密度 J_n 与空穴传统电流密度 J_p 都等于零。当材料系统被光照、电压、温度梯度或这些的组合驱离热平衡时，J_n 与 J_p 都不需为零。

　　当材料系统被驱离热平衡时，那么 J_n 为[5-8]

$$J_n = e\mu_n n \mathrm{d}E_{Fn}/\mathrm{d}x - en\mu_n S_n \mathrm{d}T_n/\mathrm{d}x \qquad (D.13)$$

其中 μ_n 为电子迁移率，S_n 为电子的泽贝克系数。泽贝克系数也称为热电能。我们强调方程（D.13）非常通用，而且当存在静电场、变化的材料性质、有效电子温度梯度时，对于由导带电子输运的电流都适用。方程（D.13）表明了甚至在最普通的情况，电子电流密度也可以简单地被电子准费米能级的梯度与电子有效温度的梯度驱动。

　　方程（D.13）有许多替代写法。一个特别有用的格式是将 $\mathrm{d}E_{Fn}/\mathrm{d}x$ 用静电场项、有效力场项和浓度梯度项来替代。通过图 D.1，可写为

$$E_{VL}(x) = \chi(x) + V_n(x) + E_{Fn}(x) \qquad (D.14)$$

将此替代方程（D.13）中的 J_n，得到

$$J_n = e\mu_n n\left(\xi - \frac{\mathrm{d}\chi}{\mathrm{d}x} - \frac{\mathrm{d}V_n}{\mathrm{d}x}\right) - en\mu_n S_n \frac{\mathrm{d}T_n}{\mathrm{d}x}$$

再通过方程（D.9），变为[①]

$$J_n = e\mu_n n\left(\xi - \frac{d\chi}{dx} - kT_n\frac{d\ln N_C}{dx}\right) + ekT_n\mu_n\frac{dn}{dx} - \left(\frac{eV_n\mu_n n}{T_n} + e\mu_n nS_n\right)\frac{dT_n}{dx} \quad (D.15)$$

导带电流密度 J_n 现在可以表示为[8,9]

$$J_n = e\mu_n n\left(\xi - \frac{d\chi}{dx} - kT_n\frac{d\ln N_C}{dx}\right) + ekT_n\mu_n\frac{dn}{dx} + eD_n^T\frac{dT_n}{dx} \quad (D.16)$$

或另一种方式

$$J_n = e\mu_n n\xi + e\mu_n n\xi_n' + eD_n\frac{dn}{dx} + eD_n^T\frac{dT_n}{dx} \quad (D.17)$$

这里 ξ 为静电场，ζ 为作用在电子上的有效力场。在 J_n 的后两种表达式中，电子扩散系数 D_n 与电子热扩散系数 D_n^T（或电子的索雷特系数）被引入，其中

$$D_n = kT_n\mu_n \quad (D.18)$$

与

$$D_n^T = -\mu_n n(V_n + S_n T_n)/T_n \quad (D.19)$$

如方程（D.15）与方程（D.16）表示的，电子电流密度 J_n 可以看成由作用在电子上的 $F_e = -e[\xi - d\chi/dx - kT_e d\ln N_C/dx]$（给出总漂移项），电子浓度梯度（扩散项）与温度梯度（热扩散项）的合力[9]驱动。除了那些性质（亲和势、态密度）随位置变化的材料，电子受的合力 F_e 可以看成是静电力 $-e\zeta$[10,11]。方程（D.13）与方程（D.16）或方程（D.17）是电流密度 J_n 的等效表达式。然而，当分析太阳电池结构时，其中之一被证明有时比其他表达式更加便捷。方程（D.17）强调了一点，即有两种可能的电子漂移：静电场中的漂移与因电子亲和势、态密度或二者同时的空间变化引起的有效场中的漂移。

现在转向 J_p。注意到对价带空穴承载的总电流密度的这一部分，也存在类似于方程（D.13）与方程（D.16）或方程（D.17）的表达式。始于化学势的公式，类似于方程（D.13）的公式为[5-11]，

$$J_p = e\mu_p p\frac{dE_{Fp}}{dx} - ep\mu_p S_p\frac{dT_p}{dx} \quad (D.20)$$

其中根据空穴准费米能级 E_{Fp} 与空穴有效温度 T_p 给出了 J_p。空穴迁移率与空穴泽贝克系数也在这方程中出现，空穴的泽贝克系数为正值。依据电场 ξ，空穴亲和势 $\chi + E_G$ 与态密度的梯度，载流子浓度梯度与有效空穴温度梯度，方程的表达式为

[①] 通过使用方程（D.9）得到方程（D.15），我们限于特定的态密度模型与非简并的导带，即针对导带遵循 $E - E_{Fn} > kT_n$ 的情况。更普适的讨论可以在文献[5]～[9]中找到。

$$J_p = e\mu_p p \left(\xi - \frac{d(\chi + E_G)}{dx} + kT_p \frac{d\ln N_V}{dx} \right) - ekT_p\mu_p \frac{dp}{dx}$$
$$+ \left(\frac{eV_p\mu_p p}{T_p} - e\mu_p p S_p \right) \frac{dT_p}{dx} \tag{D.21}$$

此表达式通过使用方程（D.10）与方程（D.20）中方程（D.14）对应的价带表达式获得。依据静电场 ξ，有效空穴力场 ξ'，浓度梯度 dp/dx 与温度梯度 dT_p/dx，重写方程（D.21）得出[①][5-11]

$$J_p = e\mu_p p \xi + e\mu_p p \xi_p' - eD_p \frac{dp}{dx} - eD_p^T \frac{dT_p}{dx} \tag{D.22}$$

此方程使用的空穴有效力场 ξ' 定义为

$$\xi_p' = -\frac{d(\chi + E_G)}{dx} + kT_p \frac{d\ln N_V}{dx} \tag{D.23}$$

我们也在方程（D.22）中使用了空穴扩散系数 D_p 与空穴热扩散系数 D_n^T（或空穴的索雷特系数），其中

$$D_p = kT_p\mu_p$$

与

$$D_p^T = \mu_p p(S_p T_p - V_p)/T_p$$

方程（D.22）显示了 J_p 现在可以看成由作用在空穴（总漂移项）、空穴浓度梯度（扩散项）与温度梯度（热扩散项）的合力驱动[9]。

$$F_h = e\left(\xi - \frac{d(\chi + E_G)}{dx} + kT_p \frac{d\ln N_V}{dx} \right)$$

除了那些性质（亲和势、态密度）随位置变化的材料，合力 F_h 可以简单地就是静电力 $e\xi$[9~11]。方程（D.22）强调了一点，即有两种可能的空穴漂移：静电场中的漂移，与因空穴亲和势、态密度或二者同时的空间变化引起的有效场中的漂移。

参 考 文 献

[1] S. Wang, Fundamentals of Semiconductor Theory and Device Physics, Prentice Hall, Englewood Cliffs, NJ, 1989.

---

① 方程（D.20）具有普遍性，但方程（D.21）使用了价带态密度的特定模型，它只适用于非简并的价带，因为其使用了 $p=N_V\exp(-V_p/kT_p)$。方程（D.21）更普适的公式可以在参考文献中找到。

[2]　S. Fonash, Solar Cell Device Physics, Academic Press, NY, 1981.

[3]　S. Sze, K. K. Ng, Physics of Semiconductor Devices, third ed., John Wiley & Sons, Hoboken, NJ, 2007.

[4]　R. Hoffmann, Solids and Surfaces: A Chemist's View of Bonding in Extended Structures, Wiley-VCH, NY, 1988.

[5]　C. T. Sah, F. A. Lindholm, Solid-State Electron. 16（1973）1447.

[6]　A. H. Marshak, K. M. van Vleit, Solid-State Electron. 21（1978）417；K. M. van Vliet, A. H. Marshak, Solid-State Electron. 23（1980）49.

[7]　See, for example, B. R. Nag, Theory of Electrical Transport in Semiconductors, Pergamon, Elmsford, NY, 1972; A. van der Ziel, Solid State Physical Electronics, Prentice-Hall, Englewood Cliffs, NJ, 1976; A.C. Smith, J.F. Janak, R.B. Adler,Electronic Conduction in Solids, McGraw-Hill, NY, 1967; J.S. Blakemore, Semiconductor Statistics, Pergamon, Oxford, 1962.

[8]　J. Bardeen, in: E.V. Condon (Ed.), Handbook of Physics, McGraw-Hill, NY, 1967.

[9]　See, for example, H. Kromer, RCA Rev. 18 (1957) 332; J. Tauc, Rev. Mod. Phys. 29 (1957) 308; P.R. Emtage, J. Appl. Phys. 33 (1962) 1950; L.J. Van Ryuven, F.E. Williams, Am. J. Phys. 35 (1967) 705; Y. Marfaing, J. Chevallier, IEEE Trans. Electron. Devices 18 (1971) 465.

[10] S.J. Fonash, CRC Crit. Rev. Solid State Mater. Sci. 9 (1980) 107.

[11] S.J. Fonash, S. Ashok, Appl. Phys. Lett. 35 (1979) 535.

附录 E
准中性区假设与寿命半导体

在描述太阳电池行为的数学系统的解析分析中，被迫假定电池结构中的某段区域可以被视为准中性的，甚至在有电流的时候。这样做是为了得到一个可以处理的情形。当提到准中性时，它意味着方程（2.48e）的右手边假定基本上为零；即假定空间电荷（电荷密度）

$$e[p - n + \sum p_\mathrm{T} - \sum n_\mathrm{T} + N_\mathrm{D}^+ - N_\mathrm{A}^-] \approx 0$$

如我们已经看到的，当此假设有效时，可以极大地方便太阳电池的数学分析。

甚至当电流存在时，势垒区之外也存在准中性区的假设，是通过少子寿命 $\tau_\mathrm{n,p}$（2.2.5.1 节）远大于介电弛豫时间 τ_D 断定而来的。介电弛豫时间的定义为[1,2]

$$\tau_\mathrm{D} = \varepsilon / \sigma = \varepsilon \rho \qquad (\text{E.1})$$

其中 ε 为材料介电常数，σ 为电导率，ρ 为电阻率。如果 $\tau_\mathrm{n,p} > \tau_\mathrm{D}$，那么移动载流子可以存在足够长的时间以使得它们可以中和电荷；因此，这种情况下，甚至当电流存在时，也可能有准中性区。图 E.1 展示了一个假设的材料 $\tau_\mathrm{n,p} > \tau_\mathrm{D}$（载流子寿命半导体（lifetime semiconductor））与 $\tau_\mathrm{n,p} < \tau_\mathrm{D}$（弛豫半导体（relaxation semiconductor））的范围，其介电常数 ε 满足 $\tau_\mathrm{D} = \rho \times 10^{-12}\,\mathrm{s}$（$\rho$ 单位为 $\Omega \cdot \mathrm{cm}$），载流子寿命为 $\tau_\mathrm{n,p} \approx 10^{-8}\,\mathrm{s}$。在弛豫半导体的领域[3]，准中性不是一个合理的先验假设。在图 E.1 所示的空间电荷限制区的极端情况下，由载流子本身形成的空间电荷引发的电场控制着电流。低于 $10^{-8}\,\mathrm{s}$ 的载流子寿命存在于如非晶和有机材料的固体当中。

当我们使用计算机模拟来求解描述太阳电池器件物理的整套方程组时，所有这些是有争议的。数学自动计算并考虑了空间电荷。换言之，在本书使用的计算机模拟当中，空间电荷限制、弛豫与寿命半导体的行为都已自动地处理了。

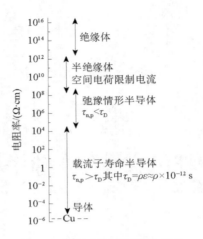

图 E.1　通过电阻率划分的材料

这里 ρ 为单位为 $\Omega \cdot cm$ 的电阻率。对于此图，材料介电常数 ε 被设为 10^{-12} F/cm，载流子寿命为 $\tau_{n,p}$ 设为 10^{-8} s。此图中所示的范围随介电常数与寿命值而改变

参 考 文 献

[1]　R.H. Bube, Electronic Properties of Crystalline Solids, John Wiley & Sons, Ltd., New York, 1974.

[2]　S. Sze, K.K. Ng, Physics of Semiconductor Devices, third ed., John Wiley & Sons, Ltd., Hoboken NJ, 2007.

[3]　W. van Roosbroeck, H.C. Casey, Jr., Phys. Rev. B: Solid State 5 (1972) 2154.

附录 F

确定同质结空间电荷中性区的 $p(x)$ 与 $n(x)$

在第 4.4.1 节中，顶部准中性区需要知道以 x 为变量的空穴密度 p，底部准中性区需要知道以 x 为变量的电子密度 n。这些区域在图 F.1 中显示。如 4.4.1 节所建立的，$p(x)$ 满足

$$\frac{\mathrm{d}^2 p}{\mathrm{d}x^2} - \frac{p - p_{n0}}{L_p^2} + \int_\lambda \frac{\Phi_0(\lambda)}{D_p} \alpha(\lambda) \mathrm{e}^{-\alpha(x+d)} \mathrm{d}\lambda = 0 \tag{F.1}$$

服从边界条件

$$\frac{\mathrm{d}p}{\mathrm{d}x}\Big|_{x=-d} = \frac{S_p}{D_p} \big[p(-d) - p_{n0} \big] \tag{F.2a}$$

$$p(0) = p_{n0} \mathrm{e}^{E_{Fp}(0)/kT} \tag{F.2b}$$

对于假定的空间电荷中性区 $-d \leqslant x \leqslant 0$，方程（F.1）的解为

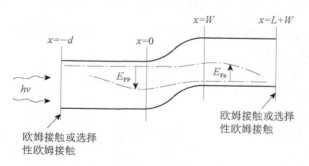

图 F.1　光照时的 np 同质结

准费米能级的测量如图中描述。它们随位置的变化在图中被夸大了。实际的变化由 $J_n = en\mu_n \mathrm{d}E_{Fn}$ 与 $J_p = -ep\mu_p \mathrm{d}E_{Fp}$

来决定。第二个表达式中的负号是必要的，因为 E_{Fp} 用图中所示来测量

$$p = Ae^{-x/L_p} + Be^{x/L_p} + p_{n0} + \int \frac{L_p^2}{D_p(1-\alpha^2 L_p^2)} \Phi_0(\lambda)\alpha(\lambda)e^{-\alpha(x+d)}d\lambda \qquad \text{（F.3）}$$

方程（F.3）可以通过把它代回方程（F.1）中予以验证。应用上面给出的方程（F.3）的边界条件，可知

$$A = \left(\frac{-1}{\frac{2}{L_p}\cosh d/L_p + \frac{2S_p}{L_p}\sinh d/L_p} \right)$$
$$\times \left[\int \frac{\Phi_0 L_p^2 \alpha^2}{D_p(1-\alpha^2 L_p^2)}d\lambda + \int \frac{S_p \Phi_0 L_p^2 \alpha}{D_p^2(1-\alpha^2 L_p^2)}d\lambda - \left(\frac{e^{-d/L_p}}{L_p} - \frac{S_p e^{-d/L_p}}{D_p} \right) \right.$$
$$\left. \times \left(p_{n0}(e^{E_{Fp}(0)/kT} - 1) - \int \frac{\Phi_0 L_p^2 \alpha^2}{D_p(1-\alpha^2 L_p^2)}e^{-d/L_p}d\lambda \right) \right] \qquad \text{（F.4）}$$

$$B = \left(\frac{1}{\frac{2}{L_p}\cosh d/L_p + \frac{2S_p}{L_p}\sinh d/L_p} \right)$$
$$\times \left[\int \frac{\Phi_0 L_p^2 \alpha^2}{D_p(1-\alpha^2 L_p^2)}d\lambda + \int \frac{S_p \Phi_0 L_p^2 \alpha}{D_p^2(1-\alpha^2 L_p^2)}d\lambda + \left(\frac{e^{d/L_p}}{L_p} + \frac{S_p e^{d/L_p}}{D_p} \right) \right.$$
$$\left. \times \left(p_{n0}(e^{E_{Fp}(0)/kT} - 1) - \int \frac{\Phi_0 L_p^2 \alpha^2}{D_p(1-\alpha^2 L_p^2)}e^{-d/L_p}d\lambda \right) \right] \qquad \text{（F.5）}$$

为了找到也被假定为空间电荷中性的 $W \leqslant x \leqslant W+L$ 区域的 $n(x)$，我们需要找到下面方程的解

$$\frac{d^2 n}{dx^2} - \frac{n - n_{p0}}{L_n^2} + \int_\lambda \frac{\Phi_0(\lambda)}{D_n}\alpha(\lambda)e^{-\alpha(x+d)}d\lambda = 0 \qquad \text{（F.6）}$$

服从边界条件

$$n(W) = n_{p0}e^{E_{Fn}(W)/kT} \qquad \text{（F.7a）}$$

与

$$\frac{dn}{dx}\Big|_{x=W+L} = -\frac{S_n}{D_n}\left[n(W+L) - n_{p0} \right] \qquad \text{（F.7b）}$$

方程（F.6）的解必须具有形式

$$n = Ce^{-x/L_n} + De^{x/L_n} + n_{p0} + \int \frac{L_n^2}{D_n(1-\alpha^2 L_n^2)} \Phi_0(\lambda)\alpha(\lambda)e^{-\alpha(x+d)} \mathrm{d}\lambda \qquad (\text{F.8})$$

其可通过把它代回方程（F.6）中予以验证。按照与之前 $p(x)$ 同样的过程，可以得到边界条件中的 C 和 D。

附录 G

确定异质结 p 型底材料的
空间电荷中性区的 $n(x)$

这里考虑图 5.40 中，位于异质结底层的空间电荷中性区 $W_1+W_2 \leqslant x$ $\leqslant W_1+W_2+L$。为了有这么一层，我们已经假设材料 2 是寿命半导体（附录 E）。现在也假设光照下电子还是少子，并且使用线性的寿命模型进行复合。在这些条件下，支配 $n(x)$ 的方程为

$$\frac{\mathrm{d}^2 n}{\mathrm{d}x^2} - \frac{n-n_{p0}}{L_n^2} + \frac{1}{D_n}\int_\lambda \Phi_0(\lambda)\mathrm{e}^{-\alpha_1(\lambda)(W_1+d)}\alpha_2(\lambda)\mathrm{e}^{-\alpha_2(\lambda)(x-W_1)}\mathrm{d}\lambda = 0 \qquad (\text{G.1})$$

这里的目标是寻找方程（G.1）的解，其边界条件为

$$n(W_1+W_2) = n_{p0}\mathrm{e}^{E_{Fn}(W_1+W_2)/kT} \qquad (\text{G.2})$$

与

$$\frac{\mathrm{d}n}{\mathrm{d}x}\bigg|_{L+W_1+W_2} = -\frac{S_n}{D_n}\Big[n(L+W_1+W_2)-n_{p0}\Big] \qquad (\text{G.3})$$

根据我们在附录 F 中得到的经验，我们可以直接求解方程（G.1）～（G.3）的系统。从附录 F 中，知道方程（G.1）的解是二次线性微分方程，可以写成

$$n(x) = A\mathrm{e}^{-x/L_n} + B\mathrm{e}^{x/L_n} + n_{p0} + \Theta\mathrm{e}^{-\alpha_2 x} \qquad (\text{G.4})$$

其中 Θ 定义为

$$\Theta \equiv \int_\lambda \frac{\alpha_2(\lambda)L_n^2\Phi_0(\lambda)\mathrm{e}^{-\alpha_1(\lambda)(d+W_1)}\mathrm{e}^{\alpha(\lambda)_2 W_1}}{D_n[1-\alpha_2^2(\lambda)L_n^2]}\mathrm{d}\lambda \qquad (\text{G.5})$$

其可通过在方程（G.4）中使用方程（G.5）和通过将方程（G.4）代回方程（G.1）中予以验证。在边界条件用于方程（G.4）之后，可得方程（G.4）的 A 和 B 为

$$A = n_{p0}\left[e^{E_{Fn}(W_1+W_2)/kT} - 1\right]\left[\frac{e^{(W_1+W_2)/L_n} e^{\beta_5}(\beta_7+1)}{2(\beta_7 \sinh\beta_5 + \cosh\beta_5)}\right]$$

$$- \int_\lambda \frac{\alpha_2(\lambda)L_n^2 \Phi_0(\lambda) e^{-\alpha_1(\lambda)(d+W_1)} e^{\alpha(\lambda)_2 W_1}}{D_n[1-\alpha_2^2(\lambda)L_n^2]}$$

$$\times \left[(e^{(W_1+W_2)/L_n})(e^{-\alpha_2(W_1+W_2)})\right]\left[\frac{(\beta_7+1)e^{\beta_5} + \left(\dfrac{\beta_6}{\beta_5} - \beta_7\right)e^{-\beta_6}}{2(\beta_7 \sinh\beta_5 + \cosh\beta_5)}\right]d\lambda \tag{G.6}$$

与

$$B = n_{p0}\left[e^{E_{Fn}(W_1+W_2)/kT} - 1\right]\left[\frac{e^{-(W_1+W_2)/L_n} e^{-\beta_5}(1-\beta_7)}{2(\beta_7 \sinh\beta_5 + \cosh\beta_5)}\right]$$

$$- \int_\lambda \frac{\alpha_2(\lambda)L_n^2 \Phi_0(\lambda) e^{-\alpha_1(\lambda)(d+W_1)} e^{\alpha(\lambda)_2 W_1}}{D_n[1-\alpha_2^2(\lambda)L_n^2]}$$

$$\times \left[(e^{-(W_1+W_2)/L_n})(e^{-\alpha_2(W_1+W_2)})\right]\left[\frac{(\beta_7+1)e^{-\beta_5} + \left(\dfrac{\beta_6}{\beta_5} - \beta_7\right)e^{-\beta_6}}{2(\beta_7 \sinh\beta_5 + \cosh\beta_5)}\right]d\lambda \tag{G.7}$$

方程（G.6）与方程（G.7）中引入的无量纲参数 β，其定义在表 G.1 中。

表 G.1

β 量	定义	物理意义
β_5	L/L_n	材料 2 准中性区长度与电子扩散长度之比
$\beta_6(\lambda)$	$L\alpha_2(\lambda)$	材料 2 准中性区长度与材料 2 中波长 λ 光的吸收长度之比（此比值取决于 λ）
β_7	$L_n S_n/D_n$	材料 2 的背表面电子截流子复合速率 S_n 与电子扩散速率 D_n/L_n 之比。包含了电子扩散/复合与电子电极复合的物理关系。需要 $D_n/L_n > S_n$

索　引